工学结合·基于工作过程导向的项目化创新系列教材
国家示范性高等职业教育机电类"十三五"规划教材

数控机床

SHUKONG JICHUANG

▲主　审　刘让贤

▲主　编　凡进军　刘　　坚

▲副主编　刘　清　欧阳海菲

▲参　编　程　璋　潘　　冬　孙甲尧　王　萍

U0313670

华中科技大学出版社
http://www.hustp.com
中国·武汉

内 容 简 介

本书反映了近几年来高等职业技术教育课程改革的经验,与经济发展、科技进步和生产实际对教学内容提出的新要求相适应,反映了生产实际中的新知识、新技术、新工艺和新方法,突出了职业教育特色,紧密联系生产实际,具有广泛的实用性。全书共七章,主要介绍了数控机床概述、数控机床的插补原理、计算机数控系统、位置检测装置、数控机床的伺服系统、数控机床的典型机械结构、常用数控机床,各章后均附有思考与练习题。书中采用了新国标规定的名词术语,较系统地介绍了数控机床的工作原理,以及数控系统的基本知识。

本书可供高等职业技术学院、职工大学等相关专业选用,也可供中职学校和从事数控加工工作的工程技术人员参考,还可作为工厂数控机床操作工人的自学教材。

图书在版编目(CIP)数据

数控机床/凡进军,刘坚主编.—武汉:华中科技大学出版社,2016.8
ISBN 978-7-5680-1781-7

Ⅰ.①数… Ⅱ.①凡… ②刘… Ⅲ.①数控机床-高等职业教育-教材 Ⅳ.①TG659

中国版本图书馆 CIP 数据核字(2016)第 092260 号

数控机床
Shukong Jichuang

凡进军 刘 坚 主编

策划编辑:倪 非
责任编辑:倪 非
责任监印:朱 玢
出版发行:华中科技大学出版社(中国·武汉)　　　电话:(027)81321913
　　　　　武汉市东湖新技术开发区华工科技园　　　邮编:430223
录　排:武汉正风天下文化发展有限公司
印　刷:武汉华工鑫宏印务有限公司
开　本:787mm×1092mm　1/16
印　张:16.5
字　数:406 千字
版　次:2017 年 8 月第 1 版第 1 次印刷
定　价:40.00 元

本书根据数控技术的迅速发展对人才素质的需要而确立课程的教学内容,体现了以创新意识和实践能力为重点的教育教学指导思想,反映了数控技术发展对数控技术应用型人才素质的要求。

本书在调查研究的基础上,总结了近几年来高等职业技术教育课程改革的经验,与经济发展、科技进步和生产实际对教学内容提出的新要求相适应,反映了生产实际中的新知识、新技术、新工艺和新方法,突出了高等职业教育特色,紧密联系生产实际,注重基本理论、基本知识和基本技能的叙述。另外,本书中编写了形式多样的例题、习题和思考题。

全书共七章,主要介绍了数控机床概述、数控机床的插补原理、计算机数控系统、位置检测装置、数控机床的伺服系统、数控机床的典型机械结构、常用数控机床等内容。

本书第1章由陕西国防工业职业技术学院潘冬老师编写,第2章由张家界航空工业职业技术学院刘坚老师和欧阳海菲老师编写,第3章由张家界航空工业职业技术学院凡进军老师和孙甲尧老师编写,第4章由陕西工业职业技术学院王萍老师编写,第5章由张家界航空工业职业技术学院凡进军老师和陕西工业职业技术学院刘清老师编写,第6章由张家界航空工业职业技术学院刘坚老师编写,第7章由中国航空工业(集团)有限公司株洲南方航空工业公司程璋研究员级高级工程师和张家界航空工业职业技术学院刘坚老师编写。凡进军老师、刘坚老师为主编,刘清老师和欧阳海菲老师为副主编。

本书由张家界航空工业职业技术学院刘让贤副教授主审。参加审稿会者除编审人员外,还有湖南工业大学熊显文教授、张家界航空工业职业技术学院胡细东副教授和赵学清副教授、湖南工业职业技术学院王雪红副教授等。他们在审稿会前和会中对书稿提出了许多宝贵的意见,在此谨向他们表示衷心的感谢。

由于编者水平有限,经验不足,书中的缺点和错误在所难免,恳请读者给予批评指正。

编　者
2017 年 7 月

目录 MULU

第 1 章
数控机床概述

◀ **1.1 机床数控技术的发展** ▶

1.1.1 数控技术的发展历史

1. 数控机床的产生

随着生产和科学技术的发展,机械产品日趋精密、复杂,而且改型频繁,因此对加工机械产品的机床提出了新的要求,即高性能、高精度和高自动化。在机械产品中,单体和小批量产品占到 70%~80%。

1948 年,美国帕森斯公司接受美国空军委托,研制飞机螺旋桨叶片轮廓样板的加工设备。由于样板形状复杂多样,精度要求高,一般加工设备难以适应,于是提出计算机控制机床的设想。1949 年,该公司和麻省理工学院开始研制数控机床,于 1952 年试制成世界上第一台三坐标数控铣床。

2. 数控机床的发展史

1952 年第一台数控机床问世后,随着微电子技术、控制技术、通信技术的不断发展,数控系统也在不断地更新换代,先后经历了两个阶段六个时代,即电子管(1952 年)、晶体管(1959 年)、集成电路板(1965 年)、小型计算机(1970 年)、微处理器(1974 年)和基于工控 PC机的通用型 CNC 系统六代数控系统。其中,前三代为第一阶段,称作硬件直接数控阶段,简称为 NC 系统阶段;后三代为第二阶段,称作计算机软件数控系统阶段,简称为 CNC 系统阶段。我国从 1958 年由清华大学和北京机床研究所研制了第一台数控机床以来,也同样经历了六代历史。我国与其他国家机床的发展对比情况如表 1-1 所示。

表 1-1 我国与其他国家机床发展对比

数控系统的发展历史		其他国家数控机床的发展史	我国数控机床的发展史
NC 阶段	第一代电子管数控系统	1952 年	1958 年
	第二代晶体管数控系统	1959 年	1964 年
	第三代集成电路板数控系统	1965 年	1972 年
CNC 阶段	第四代小型计算机数控系统	1970 年	1978 年
	第五代微处理器数控系统	1974 年	1981 年
	第六代基于工控 PC 机的通用型 CNC 系统	1990 年	1992 年

1.1.2 数控机床加工的特点

数控机床加工的特点,主要有以下几个。

1. 加工精度高,质量稳定

数控机床是按数字形式给出的指令进行加工的,脉冲当量普遍达到 0.001 mm,且传动链之间的间隙得到了有效补偿。同时,数控机床的传动装置与床身结构具有很高的刚度和热稳定性,容易保证零件尺寸的一致性。因此,数控机床不仅具有较高的加工精度,而且质量稳定。

2. 生产效率高,经济效益好

数控机床加工零件时可以进行大切削用量的强力切削,移动部件的空行程时间短,工件装夹时间短,更换零件时几乎不需要调整机床,有效地缩短了加工时间。

3. 对加工对象的适应性强

数控机床改变加工零件时,只需改变加工程序,特别适合于单件、小批量、加工难度大和精度要求较高的零件的加工。

4. 自动化程度高,劳动强度低

数控机床加工是自动进行的,工件加工过程不需要人工干预,且自动化程度较高,大幅度地降低了操作者的劳动强度。

5. 有利于现代化管理

数控机床使用数字信息与标准代码处理、传递信息,使用了计算机控制方法,为计算机辅助设计、制造及管理一体化奠定了基础。

6. 具有很强的通信功能

数控机床通常具有 RS-232 接口,有的还备有 DNC 接口,可与 CAD/CAM 软件的设计与制造相结合。高档机床还可与 MAP(制造自动化协议)相连,接入工厂的通信网络,适应于 FMS(柔性制造系统)、CIMS(计算机集成制造系统)的应用要求。

当然,数控机床在应用中也有其不足之处:

(1)初期投资大;

(2)维护费用高;

(3)对操作者的技能水平及管理人员的素质要求较高。

因此,应合理地选择与使用数控机床,提高经济效益。

1.1.3 数控机床的工作原理

数控机床的工作原理为:根据被加工零件图样进行工艺分析,编写加工程序,将加工程序输入数控装置中,数控装置完成轨迹插补运算,控制机床执行机构的运动轨迹,加工出符合零件图所要求的工件。

图 1-1 所示为数控机床的主要工作过程。

1. 加工程序编制

加工程序编制前,首先根据被加工零件图纸所规定的零件的形状、尺寸、材料及技术要求等,确定加工零件的工艺过程、工艺参数,然后用数控系统规定的代码和程序格式编写零件加工程序清单。

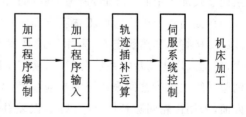

图 1-1 数控机床的主要工作过程

加工程序的编写方法通常有手工编程和自动编程两种方法,这两种方法分别针对简单零件加工和复杂零件加工。

2. 加工程序输入

加工程序输入的方法根据数控机床输入装置不同有所不同。数控装置的读入有两种方式：一种是一边读一边加工，为间歇式操作方法；另一种是将加工程序全部读入数控装置内部的存储器，加工时从存储器中直接往外调用。

加工程序较短时，可用手动数据输入方式，即用键盘直接将程序输入到数控装置中。

3. 轨迹插补运算

加工程序输入到数控装置后，在控制软件的支持下，数控装置进行一系列处理和计算。运算结果以脉冲信号的形式输出到伺服系统中。

零件的形状是由直线、圆弧或其他曲线组成的，这就要求数控机床的刀具必须按零件的形状和尺寸的要求进行运动，即按图形轨迹运动。所谓轨迹插补，就是在线段的起点和终点的坐标之间进行数据点的密化，求出一系列中间点的坐标值，并向相应坐标输出脉冲信号。

4. 伺服系统控制和机床加工

伺服系统接受数控装置输出的插补脉冲信号，经过信号转换，功率放大，通过伺服电动机和机械传动机构，使机床的执行部件带动刀具进行加工，加工出满足图纸要求的零件。

1.1.4 国内外数控技术发展现状和趋势

随着科学技术的发展，特别是微电子技术、计算机控制技术、通信技术的不断发展，世界先进制造技术的兴起和不断成熟，数控设备性能日趋完善，应用领域不断扩大，成为新一代设备发展的主流。而作为数控设备中的典型代表——数控机床，已成为衡量一个国家工业化水平和综合实力的重要标志。

随着科学技术的发展，数控技术的发展有着广阔的空间，数控技术的发展趋势和研究方向如下。

1. 高精度化

高精度化一直都是数控机床加工所追求的指标。普通中等规格加工中心的定位精度已从 20 世纪 80 年代初期的 $\pm 12\ \mu m/300\ mm$，提高到 90 年代初期的 $\pm(2\sim5\ \mu m)/$全程。如日本 KITAMURA 公司的 SONICMILL-2 型立式加工中心，主轴转速为 20000 r/min，快进速度为 24 m/min，其定位精度为 $\pm 3\ \mu m/$全程。美国 BOSTON DIGITAL 公司的 VECTOR 系列立式加工中心，主轴转速为 10000 r/min，双向定位精度为 $2\ \mu m$。

在提高数控机床的加工精度方面，一般是通过减小数控系统误差，提高数控机床基础部件的结构特性和热稳定性，采用补偿技术和辅助措施来达到的。在减小 CNC 系统误差方面，通常采取提高数控系统分辨率，使 CNC 控制单元精细化，提高位置检测精度以及在位置伺服系统中为改善伺服系统的响应特性，采用前馈与非线性控制等方法。在采用补偿技术方面，采用齿轮间隙补偿、丝杠螺母误差补偿及热变形误差补偿等技术。通过上述措施，近年来机床的加工精度有很大提高。普通级数控机床的加工精度已由原来的 $\pm 10\ \mu m$ 提高到 $\pm 5\ \mu m$，精密级从 $\pm 5\ \mu m$ 提高到 $\pm 1.5\ \mu m$。预计将来普通加工和精密加工精度还将提高几倍，而超精密加工已进入纳米时代。

2. 高可靠性

数控机床的可靠性是数控机床产品质量的一项关键性指标。数控机床能否发挥其高性能、高精度、高效率的优势,并获得良好的效益,关键取决于其可靠性。近些年来,已在数控机床产品中应用了可靠性技术,并获得了明显的进展。

衡量可靠性的重要量化指标是平均无故障时间(MTBF)。作为数控机床的大脑——数控系统的 MTBF 值已经由 20 世纪 70 年代的大于 3000 h 提高到 20 世纪 90 年代初的大于 30000 h。日本 FANUC 公司 CNC 系统已达到 MTBF 125 个月。

数控机床整机的可靠性水平也有显著的提高,整机的 MTBF 值由 20 世纪 80 年代初的 100~200 h 提高到现在的 1000 h 以上。

目前,很多企业正在对可靠性设计技术、可靠性试验技术、可靠性评价技术、可靠性增长技术以及可靠性管理体系与可靠性保证体系等进行深入研究和广泛应用,期望使数控机床整机可靠性提高到一个新水平,增强其市场竞争力。

3. 高柔性化

柔性是数控机床最主要的特点,也是在数控机床的各种发展趋势中,隐含在所有新开发技术中的主导思想。

柔性化是指机床适应加工对象变化的能力。传统的自动化生产线,由于是由机械或刚性连接和控制的,当被加工对象变化时,调整很困难,甚至是不可能的,有时只得全部更新、更换。数控机床的出现,开创了柔性自动化加工的新纪元,对于加工对象的变化,已具有很强的适应能力。目前,数控机床在进一步提高单机柔性化的同时,正努力向单元柔性化和系统柔性化的方向发展。体现系统柔性化的 FMC 和 FMS 发展迅速,美国 FMC 的安装平均增长率达到 72.85%,日本 FMC 的安装平均增长率达到 24.26%。1994 年初,世界各国已投入运行的 FMS 约有 3000 个,其中日本拥有 2100 多个,居世界首位。在现已运行的 FMS 中,50% 的 FMS 由美国制造商提供,另外的 50% 由日本和德国制造商提供。

近些年来,不仅中小批量的生产在努力提高柔性化能力,而且在大批量生产也在积极转向柔性化方面,出现了 PLC 控制的可调组合机床、数控多轴加工中心、换刀换箱式加工中心、数控三坐标动力单元等具有柔性的高效加工中心和介于传统自动线与 FMS 之间的柔性自动线(FTL)。在 1988 年至 1992 年间,日本组合机床和自动线(包括部分其他形式的专用机床)产量的数控化率已达 32%~39%;德国组合机床和自动线产量的数控化率为 18%~62%。这些数字表明,组合机床的数控化发展是十分迅速的。

4. 复合化

复合化包括工序复合化和功能复合化。数控机床的发展也模糊了粗、精加工工序的概念。加工中心的出现,又把车、铣、镗、钻等工序集中到一台机床上完成,打破了传统的工序界限和分开加工的工艺规程。一台具有自动换刀装置、自动交换工作台和自动转换立/卧主轴头的镗铣加工中心,不仅一次装夹便可完成镗、铣、钻、铰、攻螺纹和检验等工序,而且还可以完成箱体件五个面粗、精加工的全部工序。

近年来,又相继出现了许多跨度更大的、功能更集中的复合化数控机床,如美国 CINNATIMILACRON 公司的冲孔、成型与激光切割复合机床,WHITNEY 公司的等离子加工与冲压复合机床等。

5. 高速度化

提高生产率是数控机床技术发展追求的基本目标之一,而实现这个目标的最主要、最直接的方法就是提高切削速度和减少辅助时间。

提高主轴转速是提高切削速度的最有效的方法。近年来,主轴转速已翻了几番。20世纪80年代中期,中等规格的加工中心主轴最高转速为4000~6000 r/min,90年代初期提高到8000~12000 r/min,目前有的主轴最高转速已达到10×10^4 r/min以上。

减少辅助时间主要体现在提高快速移动速度和缩短换刀时间与工作台交换时间上。目前,快速移动速度已由十年前的8~12 m/min提高到现在的18~24 m/min,因而大大减少了辅助时间。

在缩短换刀时间和工作台交换时间方面也取得了较大进展。数控车床刀架的转位时间从过去的1~3 s减少到0.4~0.6 s;加工中心由于刀库和换刀结构的改进,使换刀时间从5~10 s减少到0.5~3 s;工作台交换时间也由12~20 s减少到6~10 s,有的达到在2.5 s以内。

6. 制造系统自动化

自20世纪80年代中期以来,以数控机床为主体的加工自动化已从"点"发展到"线"的自动化和"面"的自动化,在国外已出现FA和CIM工厂的雏形实体。尽管由于这种高自动化的技术还不够完备,投资过大,回收期较长,但数控机床的高自动化以及向FMC、FMS的系统集成方向发展的总趋势仍是机械制造业发展的主流。

在自动化方面,制造系统进一步提高其自动编程、自动换刀、自动上下料、自动加工等自动化程度外,在自动检测、自动监控、自动诊断、自动对刀、自动传输、自动调度、自动管理等方面也得到进一步发展,同时也提高了其标准化的适应能力,达到了"无人化"管理正常生产的目标。

◀ 1.2 数控机床的组成、分类及主要性能指标 ▶

1.2.1 数控机床的组成

如图1-2所示,数控机床主要由输入/输出设备、数控装置、伺服系统、辅助控制装置和机床本体几部分组成。

图1-2 数控机床的主要结构

1. 输入/输出设备

输入/输出设备的主要作用是编制程序、输入数据和程序、输出显示和打印。这一部分的硬件有键盘、显示器、磁盘输入机、打印机等。高性能数控机床还包含自动编程机或CAD/CAM系统。

2. 数控装置

数控装置是数控机床的核心，它根据输入的数据和程序，完成包括数值计算、逻辑判断、轨迹插补等功能。数控装置一般由专用工业计算机及可编程控制器（可编程控制器主要完成机床辅助功能）组成。

3. 伺服系统

伺服系统包括伺服电动机、伺服驱动控制系统、位置检测与反馈装置等组成，其主要功能是将数控装量产生的指令信号转化为机床执行机构的速度和位移。伺服电动机可以是步进电动机、直流伺服电动机、交流伺服电动机。位置检测与反馈装置的主要功能是：将机床本体执行机构的速度和位置信号测量出来反馈到数控装置中。

4. 辅助控制装置

辅助控制装置主要包括自动换刀装置（ATC）、工作自动交换装置（APC）、自动排屑装置、冷却装置、工件装夹控制装置等。数控机床加工功能与类型不同，其所包含的辅助控制装置部分也不同。

5. 机床本体

机床本体是被控制的对象，是数控机床的主体，一般都需要对它进行位移、速度和各种开关量的控制。它与普通机床相比较，同样由主传动机构、进给传动机构、工作台、床身以及立柱等部分组成，但数控机床的整体布局、外观造型传动机构、刀具系统及操作机构等方面都做了很大改进，具有良好的伺服性能。

1.2.2　数控机床的分类

数控机床的品种规格繁多，一般可以用以下四种方法来分类。

1. 按伺服控制方式分类

1）开环控制系统

开环控制系统框图如图1-3所示。该系统由驱动电路、步进电动机和机床工作台组成，这类伺服控制没有位置检测与反馈装置。其工作原理为：数控装置每发出一个进给脉冲，经驱动电路放大后，驱动步进电动机转一个角度，再经过机械机构带动工作台移动。

图1-3　开环控制系统框图

开环控制系统的特点，是结构简单、成本低，但由于步进电动机的步距和机械结构都存在一定精度误差，不能实现高精度的位置控制。这类系统适用于中小型经济型数控机床。

2）闭环控制系统

闭环控制系统框图如图 1-4 所示。该系统由驱动电路、伺服电动机、机床工作台、速度检测与反馈装置、位置检测与反馈装置和比较电路等组成。这类系统可直接对工作台的实际位移量进行检测。伺服电动机通常采用直流伺服电动机或交流伺服电动机,其工作原理为:速度检测元件将伺服电动机的转速反馈回去,位置检测与反馈装置将工作台的位移反馈回去,在比较电路中与指令值进行比较,用比较后得出的差值进行位置控制,直至差值为零。这类系统可以消除包括工作台传动链内的传动误差,因而精度高。

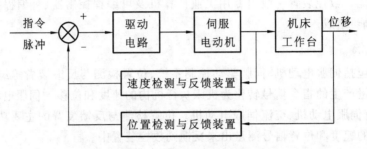

图 1-4　闭环控制系统框图

闭环控制系统的特点是,定位精度高,但系统复杂成本高,调试和维修都比较困难。这类系统一般适用于精度要求高的数控机床。

3）半闭环控制系统

半闭环控制系统框图如图 1-5 所示。该系统由驱动电路、伺服电动机、机床工作台、位置检测与反馈和速度检测与反馈装置及比较电路等组成。由于机床工作台不包括在反馈电路中,因此这种控制被称为半闭环控制。

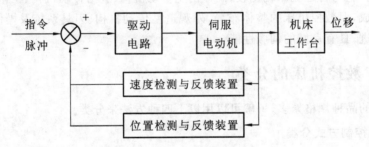

图 1-5　半闭环控制系统框图

2. 按工艺用途分类

1）普通数控机床

普通数控机床的工艺性能与传统的通用机床一样,不同的是普通数控机床能自动加工复杂形状的零件,自动化程度高、精度高。

2）数控加工中心

数控加工中心是带刀库和自动换刀装置的数控机床。典型的加工中心有镗铣加工中心和车削加工中心。

在加工中心上,可使零件在一次装夹后,进行多种工艺、多工序集中、连续的加工,这样大幅度地减少了机床的台数。由于其减少了装配工件、更换和调整刀具的辅助时间,从而提高了机床的工作效率,同时又可以减小每次装夹产生的定位误差。

3)多坐标数控机床

有些复杂形状的零件,用三坐标的数控机床无法加工,如飞机机翼曲面等复杂零件的加工,需要三个以上坐标的联动才能加工出所需的曲面形状,于是多坐标联动的数控机床出现了。现在常用的多坐标数控机床有四、五、六坐标联动的数控机床。

4)数控特种加工机床

数控特种加工机床包括数控电火花加工机床、数控线切割机床、数控激光切割机床等。

3. 按机床的运动轨迹分类

1)点位控制数控机床

点位控制数控机床是指机床移动部件只能实现由一个位置到另一个位置的精确移动,在移动和定位过程中不进行任何加工,机床移动部件的运动路线并不影响加工的孔距精度。数控系统只需控制行程终点的坐标值,而不控制点与点之间的运动轨迹,因此几个坐标轴之间的运动不需要保持严格的传动关系。为了尽可能地减少移动部件的运动和定位时间,通常先快速移动到接近终点坐标,然后以低速准确移动到定位点,以保证良好的定位精度。点位控制数控机床有数控钻床、数控坐标镗床、数控冲床和数控折弯机等。图 1-6 所示为数控钻床的工作原理。

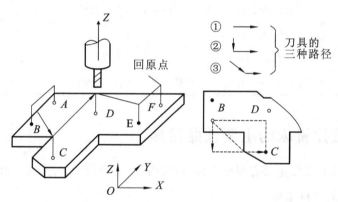

图 1-6 数控钻床工作原理

2)直线控制数控机床

这类数控机床不仅要求控制点准确定位,而且要求控制刀具以一定的速度沿平行于坐标轴的方向进行加工。机床具有主轴转速的选择与控制、进给速度的控制和刀具的选择及自动换刀等功能。直线控制数控机床有简易数控车床、数控铣床等。

3)轮廓控制数控机床

轮廓控制数控机床也称为连续控制数控机床,其控制特点是能够对两个或两个以上运动坐标的位移和速度同时进行连续相关的控制。为了满足刀具沿工件轮廓的相对运动轨迹符合工件加工轮廓的表面要求,必须将坐标运动的位移控制和速度控制按照规定的比例关系精确地协调起来,因此,在这类控制方式中,就要求数控装置具有插补运算功能,即根据程序输入的基本数据(如直线的终点坐标、圆弧的终点坐标和圆心的终点坐标),通过数控系统内插补运算器的数学处理,把直线或曲线的形状描述出来;同时,一边计算,一边根据计算结果向各坐标轴控制器分配脉冲,从而控制各坐标轴的联动位移量与所要求轮廓相符。在运动过程中,刀具对工件表面连续进行切割,可以进行各种斜直线、曲线的加工。

4. 按数控系统功能水平分类

数控系统分类界限是相对的。不同时期划分标准不同,就目前发展的水平来看,可将各类型的数控机床分为高档、中档、低档三类(见表1-2),其中,中档一般称为全功能数控机床(又称普及型数控机床)或标准型数控机床,低档数控机床称为经济型数控机床。经济型数控机床是指由单片机和步进电动机组成的数控系统,它功能简单、价格低,主要用于数控车床、数控电火花机床、数控线切割机床以及机床设备改造等场合。

表 1-2 数控系统不同档次的功能及指标

功能	低档	中档	高档
系统分辨率/μm	10	1	0.1
G00 加速度/(m/min)	3～8	10～24	24～100
伺服类型	开环及步进电动机	半闭环及直、交流伺服电动机	闭环及直、交流伺服电动机
联动轴数	2～3 轴	2～4 轴	5 轴或 5 轴以上
通信功能	无	RS-232C 或 DNC	RS-232C,DNC,MAP
显示功能	数码管显示	CRT:图形,人机对话	CRT:三维图形,自诊断
内装 PLC	无	有	强功能内装 PLC
CPU	8 位,16 位	16 位,32 位	32 位,64 位
结构	单片机或单板机	单微处理机或多微处理机	分布式多微处理机

1.2.3 数控机床的主要性能指标

数控机床的性能指标主要有规格指标、精度指标、运动指标、可靠性指标。

1. 数控机床的规格指标

规格指标是指数控机床的基本功能,主要有以下几个。

1)行程范围

行程范围是指坐标轴可控的运动区间。它是直接体现机床加工能力的指标参数,一般指数控机床坐标轴 X、Y、Z 的行程大小构成的空间加工范围。

2)摆角范围

摆角范围是指摆角坐标轴可控的摆角区间,数控机床摆角的大小直接影响加工零件空间部位的能力。

3)主轴功率和进给轴扭矩

主轴功率和进给轴扭矩反映数控机床的加工能力,同时也可以间接地反映该数控机床的刚度和强度。

4)控制轴数和联动轴数

控制轴数是指机床数控装置能够控制的坐标数目。联动轴数是指机床数控装置控制的坐标轴同时达到空间某一点的坐标数目,它反映数控机床的曲面加工能力。

5）刀具系统

刀具系统主要指刀库容量及换刀时间,它对数控机床的生产率有直接影响。刀库容量是指刀库能存放的加工所需要的刀具的数量。目前常见的中小型加工中心的刀库容量多为16～60 把,大型加工中心的刀库容量达 100 把以上。换刀时间是指带有自动换刀系统的数控机床,将主轴上使用的刀具与装在刀库上的下一工序需使用的刀具进行交换所需要的时间。目前,国内数控机床一般在 10～20 s 内完成换刀。

2. 数控机床的精度指标

1）分辨率和脉冲当量

分辨率是指两个相邻的分散细节之间可以分辨的最小间隔。数控系统每发出一个脉冲信号,机床机械运动机构就产生一个相应的位移量,通常称该位移量为脉冲当量。脉冲当量是设计数控机床的原始数据之一,其数值的大小决定数控机床的加工精度和表面质量。目前,普通数控机床的脉冲当量一般采用 0.001 mm,简易数控机床的脉冲当量一般采用 0.01 mm,精密或超精密数控机床的脉冲当量采用 0.0001 mm。

2）定位精度和重复定位精度

定位精度是指数控机床工作台等移动部件所达到实际位置的精度。而实际运动位置与指令位置之间的差值称为定位误差。引起定位误差的因素包括伺服系统、检测系统、进给系统的误差以及移动部件导轨的几何误差等。定位误差直接影响零件加工的尺寸精度。一般数控机床的定位精度为±0.01 mm。

重复定位精度是指在相同的条件下,采用相同的操作方法,重复进行同一动作时,所得到的结果的一致程度。重复定位精度受伺服系统特性、进给系统的间隙与刚性以及摩擦特性等因素的影响。一般情况下,重复定位精度是指呈正态分布的偶然性误差,它影响批量加工零件的一致性,是一项非常重要的性能指标。一般数控机床的重复定位精度为±0.005 mm。

3）分度精度

分度精度是指分度工作台在分度时,理论要求回转的角度值和实际回转的角度值的差值。分度精度既影响零件加工部位在空间的角度位置,也影响孔系加工的同轴度等。

3. 数控机床的运动指标

1）主轴转速

数控机床的主轴一般均采用直流或交流主轴电动机驱动,选用高速精密轴承支承,保证主轴具有较宽的调速范围和足够高的回转精度、刚度及抗震性。目前,数控机床主轴转速已普遍达到 5000～10000 r/min,甚至更高。特别是电主轴的出现,使数控机床适应了高速加工和高精度加工的要求。

2）进给速度

数控机床的进给速度是影响零件加工质量、生产效率以及刀具寿命的主要因素。它受数控装置的运算速度、机床动特性及工艺系统刚度等因素的限制。目前,国内数控机床的进给速度可达 10～15 m/min,国外为 15～30 m/min。

4. 数控机床的可靠性指标

1）平均无故障时间(mean time between failures,MTBF)

MTBF 是指一台数控机床在使用中平均两次故障间隔的时间,即数控机床在寿命范围

内总工作时间和总故障次数之比,用公式表示为

$$MTBF = \frac{总工作时间}{总故障次数}$$

显然,这段时间越长越好。

2)平均修复时间(mean time to repair,MTTR)

MTTR 是指一台数控机床从开始出现故障直到能正常工作所用的平均修复时间,即

$$MTTR = \frac{总故障停机时间}{总故障次数}$$

考虑到实际系统总是难免出现故障,故对于可维修的系统来说,希望一旦出现故障,修复的时间越短越好,即希望 MTTR 越短越好。

3)平均有效度 A

如果把 MTBF 视作设备正常工作的时间,把 MTTR 视作设备不能工作的时间,那么正常工作时间与总时间之比称为设备的平均有效度 A,即

$$A = \frac{平均无故障时间}{平均无故障时间+故障平均修复时间} = \frac{MTBF}{MTBF+MTTR}$$

平均有效度反映了设备正常使用的能力,是衡量设备可靠性的一个重要指标。

◀ 1.3 数控机床坐标系和运动方向的规定 ▶

1.3.1 标准的坐标系和运动方向

1. 坐标系的确定原则

我国根据 ISO 国际标准制定了《数控机床的坐标和运动方向的命名》(JB 3052—1982)标准,对数控机床的坐标轴及运动方向做了明文规定。它与国际标准 ISO 841 等效。其命名原则和规定如下。

1)标准坐标系的规定

国标中规定数控机床的坐标系采用标准右手笛卡儿直角坐标系。如图 1-7 所示,三个直角坐标轴 X、Y、Z 用以表示直线运动,三者的关系及其正方向由右手定则确定:大拇指的指向为 X 轴的正方向,食指的指向为 Y 轴的正方向,中指的指向为 Z 轴的正方向。三个旋转坐标轴 A、B、C 分别表示其轴线平行于 X、Y、Z 的旋转运动,其正方向根据右手螺旋方法确定,即大拇指的指向表示移动坐标轴的正方向,其余四指的弯曲方向为旋转坐标轴的正方向。

对于由工件运动而产生的进给坐标轴向运动而言,其实际运动的坐标轴用 X、Y、Z 带"'"表示,工作运动的方向正好与 X、Y、Z 方向相反。对于编程和工艺人员来说,需考虑坐标轴不带"'"的机床的实际运动方向;而对于机床设计和制造者来说,则需考虑带坐标轴"'"的机床的实际运动方向。

2)刀具相对于静止工件而运动的原则

设定这一原则是为了使编程人员在不知道是刀具移动还是工件移动的情况下,就能够根据零件样图确定机床的加工过程。

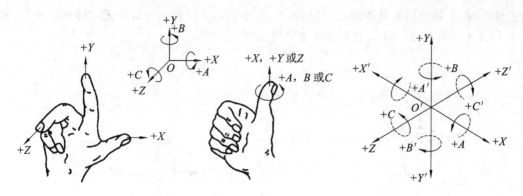

图1-7 标准右手笛卡尔坐标系及其方向判别

3）运动方向的规定

数控机床的某一部件运动的正方向，是增大工件和刀具之间距离的方向（即刀具远离工件的方向为正方向）。

2. 坐标轴的确定

确定数控机床坐标轴时，一般先确定 Z 轴，再依次确定 X 轴和 Y 轴。

1）Z 轴

规定平行于机床主轴轴线的坐标轴为 Z 轴，并取刀具远离工件的方向为其正方向。

如图1-8～图1-10所示，在车床和铣床上加工零件，主轴方向为 Z 轴方向，其进给切削方向为 Z 轴的负方向，而退刀方向为 Z 轴的正方向。对于没有主轴的机床来说，如图1-11所示的牛头刨床，垂直工件装夹平面的方向为 Z 轴方向。如果机床有几个主轴，则选择其中一个与工件装夹面垂直的主轴作为主要的主轴，并以它的方向作为 Z 轴方向，例如龙门铣床。

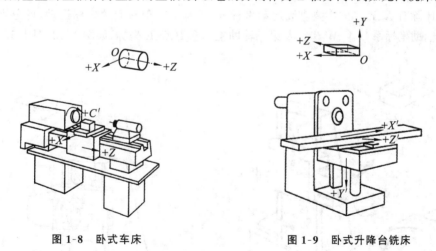

图1-8 卧式车床   图1-9 卧式升降台铣床

2）X 轴

X 轴一般是水平的，它平行于工件的装夹平面。

对于工件旋转的机床来说，例如图1-8所示车床，X 轴的运动方向是径向的，且平行于横向滑座，以刀具离开工件旋转中心的方向为 X 轴的正方向。

对于刀具旋转的机床来说，若主轴是水平的，站在机床后侧，从主轴向工件看时，X 轴的正方向指向右方，如图1-9所示的卧式升降台铣床；若主轴是垂直的，站在机床前侧，从主轴向工件看时,X 轴的正方向指向右方,如图 1-10 所示的立式铣床。对于无主轴的机床(如图 1-11 所示的牛头刨床)来说,主要切削方向为 X 轴正方向。

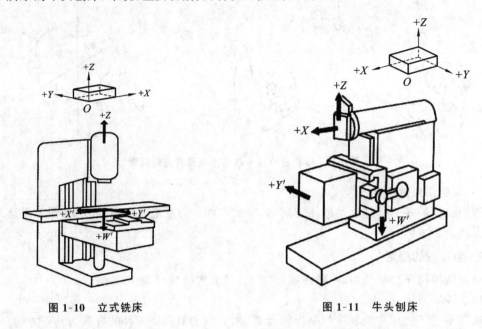

图 1-10　立式铣床　　　　　　　　　图 1-11　牛头刨床

3)Y 轴

Y 轴及其正方向,可根据已确定的 Z 轴、X 轴及其正方向,用右手定则根据笛卡儿坐标系来确定。

4) 附加坐标

若机床除有 X、Y、Z 的主要直线运动坐标外,还有平行于它们的坐标运动,可分别建立相应的第二辅助坐标系 U、V、W 坐标及第三辅助坐标系 P、Q、R 坐标,如图 1-12、图 1-13 所示。

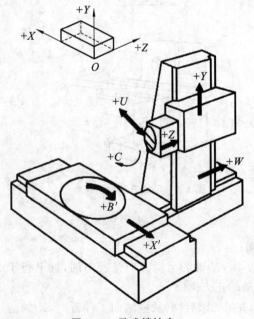
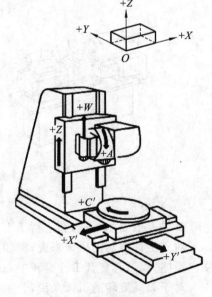

图 1-12　卧式镗铣床　　　　　　　　图 1-13　五坐标摆动铣头式铣床

1.3.2　绝对坐标系与增量(相对)坐标系

1. 绝对坐标系与增量坐标系

刀具(或机床)运动位置的坐标值是相对于固定的坐标系原点给出的,这个坐标系称为绝对坐标系。

刀具(或机床)运动位置的坐标值是相对于前一位置给出的坐标增量值,即目标点绝对坐标值与当前点绝对坐标值的差值,这种坐标系称为相对坐标系。

2. 绝对值编程和增量值编程——G90、G91

数控加工的运动控制指令可以采用两种坐标方式进行编程,即绝对值编程和增量值编程。绝对值编程是指机床在运动过程中,所有的运动位置坐标均以坐标原点为基准进行编程,在程序中用 G90 指定。增量值编程是指机床在运动过程中,当前位置的坐标由前一位置度量得到,因此也叫作相对坐标编程,在程序中用 G91 指定。

(1)格式:

G90/G91 G00/G01 X_Y_Z_(F_)

(2)参数说明:

X、Y、Z——在 G90 方式下为运动终点的绝对坐标值;

F——进给进度,在 G91 方式下为运动终点减去运动起点的坐标值,它是一个矢量值。

例 1-1　如图 1-14 所示,A 点到 B 点的直线插补用绝对值编程和增量值编程分别表示为:

绝对值编程:G90 G01 X110 Z220 F100;

或增量值编程:G91 G00 X100 Z200 F100。

(3)注意。

有些数控系统不用 G90 和 G91 指令,而用 X、Y、Z 表示绝对值编程,U、V、W 表示增量值编程。图 1-14 所示案例用增量值编程可以表

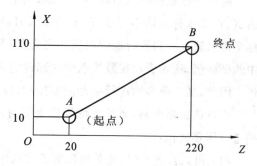

图 1-14　绝对坐标和增量坐标举例

示为 G01 U100 W200 F100。在一个程序段中,有时可以同时使用绝对值和增量值进行编程,这称为混合编程。例如:G01 X110 W200。

在 G90/G91 方式下,一个程序段只能选用绝对值编程和增量值编程中的一种。

1.3.3　坐标系的原点

数控机床的坐标系包括机床坐标系和工件坐标系。

1. 机床坐标系

机床坐标系是机床上固有的坐标系,是机床制造和调整的基准,也是工件坐标系设定的基准。数控机床出厂时,生产厂家是通过预先在机床上设定一固定点来建立机床坐标系的,

这个点就称为机床原点或机械零点。在数控车床上,机床原点一般取卡盘端面与主轴轴线的交点,如图 1-15 所示。在数控铣床上,一般取在 X、Y、Z 三个直线坐标轴正方向的极限位置上,如图 1-16 所示。

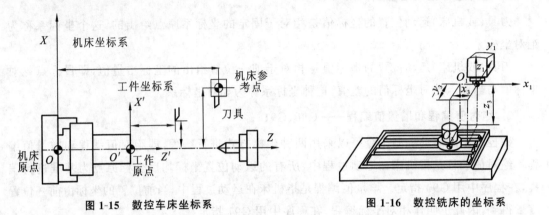

图 1-15　数控车床坐标系　　　　　　图 1-16　数控铣床的坐标系

机床参考点是数控机床上的又一个重要固定点,其与机床原点之间的位置用机械行程挡铁或限位开关精确设定。大多数机床将刀具沿其坐标轴正向运动的极限点作为机床参考点,机床参考点位置在机床出厂时已调整好,一般不做变动,必要时可通过设定参数或改变机床上各挡铁的位置来调整。

对于一般数控机床而言,数控机床通电后,不论刀架位于什么位置,此时显示器上显示的 X、Y、Z 坐标值均不为零,而不是显示刀架中心在机床坐标系中的坐标值,这说明机床坐标系尚未建立。当执行返回机床参考点的操作后,显示器方显示出刀架中心在机床坐标系中的坐标值,这才表示在数控系统内部建立起了真正的机床坐标系,这个操作也叫作回零操作。因此,加工前必须进行手动回零操作,以建立机床坐标系。

一旦机床断电后,数控系统就失去了对机床参考点的记忆。通常在以下几种情况下必须进行回零操作:

(1) 机床首次开机,或关机后重新接通电源时;

(2) 解除机床超程报警信号后;

(3) 解除机床急停状态结果后。

2. 工件坐标系

工件坐标系是加工时使用的坐标系,因此又称为加工坐标系。工件坐标系坐标轴的意义必须与机床坐标轴相同。

工件坐标系的原点也称为工件零点或加工零点。它在工件装夹完毕后,通过对刀确定,反映的是工件与机床原点之间的距离位置关系。工件原点的确定原则是简化编程计算,其位置由编程者自行确定,故应尽量将工件原点设在零件图的尺寸基准或工艺基准处。一般来说,数控车床的工件原点一般选在主轴中心线与工件右端面或左端面的交点处,如图 1-12 所示。数控铣床 X 轴、Y 轴方向的工件原点可设在工件外轮廓的某一个角上或设在工件的对称中心上,Z 轴方向的零点一般设在工件表面上。

思考与练习题

1-1 简述数控机床的发展过程。

1-2 简述数控机床的发展趋势。

1-3 简述数控机床的组成与工作原理。

1-4 简述数控机床的加工特点。

1-5 简述数控机床的性能指标。

1-6 数控机床通常是如何分类的?

1-7 简述点位控制、直线控制、轮廓控制数控机床有何区别?

1-8 何谓开环、半闭环和闭环控制系统?各有什么特点?

1-9 数控机床坐标轴如何判定?

1-10 何谓数控机床坐标系、工件坐标系?二者有何联系与区别?

第 2 章
数控机床的插补原理

◀ 2.1 概 述 ▶

在数控加工中,被加工零件的轮廓形状千变万化、形状各异。数控系统的主要任务,是根据零件数控加工程序中的有关几何形状、轮廓尺寸的数据及其加工指令,计算出数控机床各运动坐标轴的进给方向及位移量,分别驱动各坐标轴产生相互协调的运动,从而使得伺服电动机驱动机床工作台或刀架相对主轴(即刀具相对工件)的运动轨迹以一定的精度要求逼近所加工零件的理想外形轮廓尺寸。

2.1.1 插补的基本概念

数控系统的主要作用是控制刀具相对于工件的运动轨迹。一般根据运动轨迹的起点坐标、终点坐标和轨迹的曲线方程,由数控系统实时地算出各个中间点的坐标,即"插入、补上"运动轨迹各个中间点的坐标,通常把这个过程称为"插补"。机床伺服系统根据这些坐标值控制各坐标轴协调运动,走出规定的轨迹。

插补工作可以由软件或硬件来实现。早期的硬件数控系统(NC系统)都采用数字逻辑电路来完成插补工作,在 NC 中有一个专门完成插补运算的装置——插补器。在现代数控系统(CNC 或 MNC 系统)中,插补工作一般用软件来完成,或软硬件结合实现插补。而无论是软件数控还是硬件数控,插补运算的原理基本相同,都是根据给定的信息进行数字计算,在计算过程中不断向各个坐标轴发出相互协调的进给脉冲,使刀具相对于工件按指定的路线移动。

2.1.2 对插补器的基本要求和插补方法的分类

对于插补器的要求是:

(1) 插补所需的原始数据较少;

(2) 有较高的插补精度,插补结果没有累积误差,局部偏差应不超过所允许的误差(一般应小于一个脉冲当量);

(3) 沿进给线路,进给速度恒定且符合加工要求;

(4) 电路简单、可靠。

插补器的形式很多。插补器从产生的数学模型分,有一次插补器(直线插补器)、二次插补器(圆插补器、抛物线插补器、双曲线插补器、椭圆插补器)及高次曲线插补器等;从基本原理分,有数字脉冲乘法插补器、逐点比较法插补器、数字积分法插补器、比较积分法插补器等。

常用的插补方法有基准脉冲插补法和数据采样插补法两种。

◀ 2.2 基准脉冲插补 ▶

基准脉冲插补又称为行程标量插补或脉冲增量插补。这种插补算法在每次插补结束后,数控装置便向各个坐标轴分配进给指令脉冲,以控制数控机床各坐标轴作相互协调的运动,从而加工出具有一定形状的零件轮廓。这类插补法的特点是,每次插补的结果仅产生一个行程增量,以一个个脉冲的方式输出给步进电动机。而每个单位脉冲对应坐标轴的位移量称为脉冲当量,一般用 δ 表示。指令脉冲频率反映了坐标轴的进给速度,脉冲的数量则表示坐标轴的移动量。

基准脉冲插补法通常仅需加法和移位操作即可完成,算法比较简单,因此比较容易用硬件实现。当然也可用软件来实现,但只适用于一些中等精度(0.01 mm)或中等速度(1~3 m/min)要求的 CNC 系统。属于这类算法的有数字脉冲乘法、逐点比较法、数字积分法以及一些相应的改进算法等。

2.2.1　逐点比较法

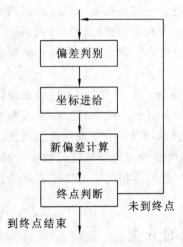

逐点比较法又称为区域判断法或代数运算法、醉步法。这种方法的基本原理是:每走一步都要将加工点的瞬时坐标与规定的图形轨迹相比较,判断一下偏差,然后决定下一步的走向。它的特点是:运算直观,插补误差小于一个脉冲当量,输出脉冲均匀,而且输出脉冲的速度变化小,调节方便。

在逐点比较法中,每进给一步都需要四个节拍:①偏差判别;②坐标进给,根据偏差情况,决定进给方向;③新偏差计算,每走一步都要计算新偏差值,作为下一步偏差判别的依据;④终点判断,每走一步都要判断是否到达终点,若到达终点则停止插补,若未到达终点则继续插补。

逐点比较法插补的工作流程图如图 2-1 所示。

逐点比较法能很方便地实现平面直线、曲线的插补运算,下面介绍逐点比较法直线插补和圆弧插补的原理。

图 2-1　逐点比较法工作循环图

一、逐点比较法直线插补

1. 逐点比较法直线插补原理

如图 2-2 所示,第 Ⅰ 象限直线 OE 的起点为坐标原点 O,终点为 $E(X_e, Y_e)$,加工动点为 $P_i(X_i, Y_i)$,则直线的方程为

$$\frac{Y_i}{X_i} = \frac{Y_e}{X_e}$$

即

$$X_e Y_i - Y_e X_i = 0 \tag{2-1}$$

取偏差判别函数 F_i 为

$$F_i = X_e Y_i - Y_e X_i \tag{2-2}$$

则逐点比较法直线插补法的四节拍如下。

(1) 偏差判别。

由 F_i 的数值可以判别动点 P_i 与直线的相对位置。

当 $F_i = 0$ 时,动点 $P_i(X_i, Y_i)$ 刚好在直线上。

当 $F_i > 0$ 时,动点 $P_i(X_i, Y_i)$ 在直线上方。

当 $F_i < 0$ 时,动点 $P_i(X_i, Y_i)$ 在直线下方。

（2）坐标进给。

从图 2-2 可知,对于起点在原点、终点为 $E(X_e, Y_e)$ 点的第 I 象限直线来说,当动点 $P_i(X_i, Y_i)$ 在直线上方（$F_i > 0$）时,应该向 +X 方向发一脉冲信号,即向 +X 方向走一步（即移动一个脉冲当量）;当动点 $P_i(X_i, Y_i)$ 在直线的下方（$F_i < 0$）时,应该向 +Y 方向走一步,以减小偏差;当动点 $P_i(X_i, Y_i)$ 在直线上（$F_i = 0$）时,既可向 +X 方向走一步,又可向 +Y 方向走一步,但通常将 $F_i = 0$ 与 $F_i > 0$ 归于一类,即 $F_i \geq 0$。

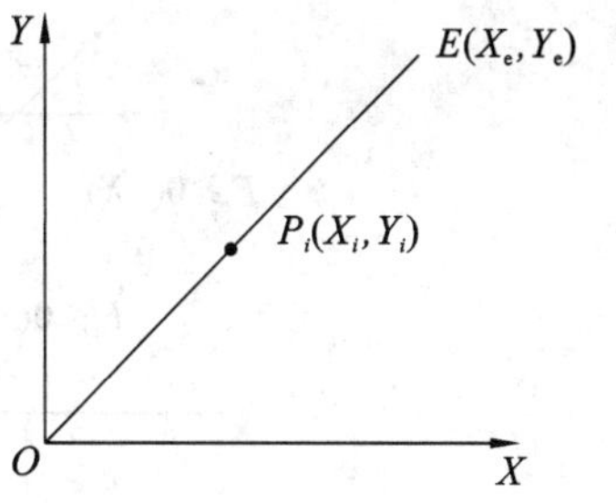

图 2-2　逐点比较法直线插补

（3）新偏差计算。

每走一步,都要计算新偏差函数值,由 $F_i = X_e Y_i - Y_e X_i$ 得 $F_{i+1} = X_e Y_{i+1} - Y_e X_{i+1}$,则在计算新偏差函数 F_{i+1} 值时,要进行乘法和减法运算。为了简化运算,通常采用迭代法,即采用"递推法"。每走一步后,新偏差函数值采用前一点的偏差函数值递推出来。

（4）终点判断。

终点判断的方法有如下三种:第一种方法是总步长法,设置一个终点判断计数,计数器存入 X 和 Y 方向要走的总步数 Σ,$\Sigma = |X_e - X_0| + |Y_e - Y_0|$,当 X 或 Y 方向走一步时,终点判断计数器 Σ 减 1,减到零时,停止插补;第二种方法是投影法,设置一个终点判断计数器 Σ,计数器存入 $|X_e - X_0|$、$|Y_e - Y_0|$ 较大者,当该方向进给一步时,进行 $\Sigma - 1$ 运算,直到 $\Sigma = 0$,停止插补;第三种方法是终点坐标法,设置 ΣX、ΣY 两个计数器,在加工开始前,在 ΣX、ΣY 计数器中分别存入 $|X_e - X_0|$、$|Y_e - Y_0|$,沿 X 或 Y 坐标方向进给一步时,相应的计数器减 1,直至两个计数器中的数都减为零,停止插补。

2. 四个象限的直线插补计算

如图 2-2 所示,以第 I 象限为例,已知动点 $P_i(X_i, Y_i)$ 的偏差函数为 $F_i = X_e Y_i - Y_e X_i$。

当 $F_i \geq 0$ 时,向 +X 方向走一步,即加工动点从 $P_i(X_i, Y_i)$ 点走向新动点 $P_{i+1}(X_{i+1}, Y_{i+1})$,$X_{i+1} = X_i + 1$,$Y_{i+1} = Y_i$,则新偏差函数为

$$F_{i+1} = X_e Y_{i+1} - Y_e X_{i+1} = X_e Y_i - Y_e(X_i + 1)$$
$$= X_e Y_i - Y_e X_i - Y_e = F_i - Y_e \tag{2-3}$$

即
$$F_{i+1} = F_i - Y_e \tag{2-4}$$

当 $F_i < 0$ 时,向 +Y 方向走一步,新动点坐标为 $P_{i+1}(X_{i+1}, Y_{i+1})$,$X_{i+1} = X_i$,$Y_{i+1} = Y_i + 1$,则新偏差函数为

$$F_{i+1} = X_e Y_{i+1} - Y_e X_{i+1} = X_e(Y_i + 1) - Y_e X_i$$
$$= X_e Y_i - Y_e X_i + X_e = F_i + X_e \tag{2-5}$$

即
$$F_{i+1} = F_i + X_e \tag{2-6}$$

从上可知,新加工点的偏差函数值 F_{i+1} 完全可以用前加工点的偏差函数值 F_i 递推出来,偏差函数值 F_{i+1} 的计算只有加法和减法运算,没有乘法运算,计算简单。

其他三个象限直线的插补偏差递推公式可同理推导,在偏差计算时无论是哪个象限的直线,都用其坐标绝对值计算,由此可得偏差符号如图 2-3 所示。当动点位于直线上时,偏差 F_i

＝0；当动点不在直线上且偏向 Y 轴一侧时，偏差 $F_i>0$；当动点偏向 X 轴一侧时，偏差 $F_i<0$。

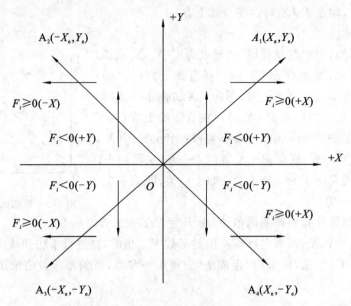

图 2-3　四象限直线偏差符号和进给方向

由图 2-3 还可得出：①当 $F_i \geqslant 0$ 时，应沿 X 轴方向走一步，第 I、IV 象限沿＋X 轴方向走，第 II、III 象限沿－X 轴方向走；②当 $F_i<0$ 时，应沿 Y 轴方向走一步，第 I、II 象限沿＋Y 轴方向走；第 III、IV 象限沿－Y 轴方向走，终点判断也应用终点坐标的绝对值作为计数器初值。

在插补计算中可以使坐标值带有符号，此时四个象限的直线插补偏差计算递推公式如表 2-1 所示；也可以使运算中的坐标值不带符号，用坐标的绝对值进行计算，此时偏差计算的递推公式如表 2-2 所示。

表 2-1　坐标值带符号的直线插补公式

象　限	$F_i \geqslant 0$		$F_i<0$	
	坐标进给	偏差计算	坐标进给	偏差计算
I	＋X	$F_{i+1}=F_i-Y_e$	＋Y	$F_{i+1}=F_i+X_e$
II	－X	$F_{i+1}=F_i-Y_e$	＋Y	$F_{i+1}=F_i-X_e$
III	－X	$F_{i+1}=F_i+Y_e$	－Y	$F_{i+1}=F_i-X_e$
IV	＋X	$F_{i+1}=F_i+Y_e$	－Y	$F_{i+1}=F_i+X_e$

表 2-2　坐标值为绝对值的直线插补公式

象　限	$F_i \geqslant 0$		$F_i<0$	
	坐标进给	偏差计算	坐标进给	偏差计算
I	＋X		＋Y	
II	－X	$F_{i+1}=F_i-Y_e$	＋Y	$F_{i+1}=F_i+X_e$
III	－X		－Y	
IV	＋X		－Y	

3. 逐点比较法直线插补计算举例

例如,设加工第Ⅰ象限直线OE,起点坐标为$O(0,0)$,终点坐标为$E(6,4)$,试进行插补运算并画出运动轨迹图。

用第一种方法进行终点判断,则$\Sigma=6+4=10$,其插补运算过程如表 2-3 所示。由运算过程可以画出加工轨迹图,如图 2-4 所示。

表 2-3　逐点比较法直线插补运算表

序　号	偏差判别	坐标进给	新偏差计算	终点判断
1	$F_0=0$	$+X$	$F_1=F_0-Y_e=-4$	$\Sigma=10-1=9$
2	$F_1=-4<0$	$+Y$	$F_2=F_1+X_e=+2$	$\Sigma=9-1=8$
3	$F_2=+2>0$	$+X$	$F_3=F_2-Y_e=-2$	$\Sigma=8-1=7$
4	$F_3=-2<0$	$+Y$	$F_4=F_3+X_e=+4$	$\Sigma=7-1=6$
5	$F_4=+4>0$	$+X$	$F_5=F_4-Y_e=0$	$\Sigma=6-1=5$
6	$F_5=0$	$+X$	$F_6=F_5-Y_e=-4$	$\Sigma=5-1=4$
7	$F_6=-4<0$	$+Y$	$F_7=F_6+X_e=+2$	$\Sigma=4-1=3$
8	$F_7=+2>0$	$+X$	$F_8=F_7-Y_e=-2$	$\Sigma=3-1=2$
9	$F_8=-2<0$	$+Y$	$F_9=F_8+X_e=+4$	$\Sigma=2-1=1$
10	$F_9=+4>0$	$+X$	$F_{10}=F_9-Y_e=0$	$\Sigma=1-1=0$

二、逐点比较法圆弧插补

1. 逐点比较法圆弧插补的原理

逐点比较法圆弧插补中,一般以圆心为坐标原点,给出圆弧起点坐标(X_0,Y_0)和终点坐标(X_e,Y_e)以及圆弧所在的象限和方向。

如图 2-5 所示,设圆弧$\overset{\frown}{SE}$为所要加工的第Ⅰ象限的圆弧,圆弧起点为$S(X_0,Y_0)$,圆弧终点为$E(X_e,Y_e)$,圆弧半径为R,加工动点为$P_i(X_i,Y_i)$。

若P_i点在圆弧上,则有

$$(X_i^2+Y_i^2)-R^2=0$$

选择偏差函数F_i为

$$F_i=(X_i^2+Y_i^2)-R^2 \tag{2-7}$$

根据动点所在区域不同,有下列三种情况:若$F_i>0$,动点在圆弧外;若$F_i=0$,动点在圆弧上;若$F_i<0$,动点在圆弧内。

通常,在确定坐标进给方向时,把$F_i=0$和$F_i>0$合在一起考虑。当$F_i\geqslant 0$时,向$-X$

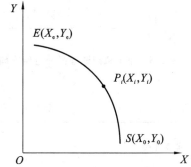

图 2-5　逐点比较法圆弧插法

方向进给一步；当 $F_i < 0$ 时，向 $+Y$ 方向进给一步，如图 2-6 所示。

每进给一步，都要计算一次偏差函数 F_i，同时进行一次终点判断。为了简化插补部件，通常建立圆弧插补的递推公式。

当 $F_i \geqslant 0$ 时，向 $-X$ 方向进给一步，加工点为 $P_{i+1}(X_{i+1}, Y_{i+1})$，$X_{i+1} = X_i - 1$，$Y_{i+1} = Y_i$，则新偏差函数 F_{i+1} 为

$$F_{i+1} = X_{i+1}^2 + Y_{i+1}^2 - R^2 = (X_i - 1)^2 + Y_i^2 - R^2$$
$$= X_i^2 - 2X_i + 1 + Y_i^2 - R^2 = F_i - 2X_i + 1$$

即
$$F_{i+1} = F_i - 2X_i + 1 \tag{2-8}$$

当 $F_i < 0$ 时，向 $+Y$ 方向进给一步，则新动点坐标为 $P_{i+1}(X_{i+1}, Y_{i+1})$，$X_{i+1} = X_i$，$Y_{i+1} = Y_i + 1$，则新偏差函数 F_{i+1} 为

$$F_{i+1} = X_{i+1}^2 + Y_{i+1}^2 - R^2 = X_i^2 + (Y_i + 1)^2 - R^2$$
$$= F_i + 2Y_i + 1$$

即
$$F_{i+1} = F_i + 2Y_i + 1 \tag{2-9}$$

同理，可以推导出其他象限顺时针、逆时针圆弧插补的递推公式。图 2-7 给出了各种情况的坐标进给方向，表 2-4 列出了各种情况下圆弧插补的偏差计算的递推公式（所有坐标值均为绝对值）。

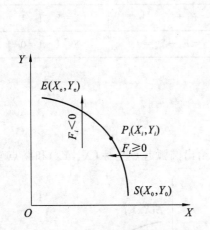

图 2-6　第 Ⅰ 象限逆圆插补进给方向

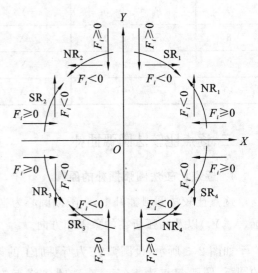

图 2-7　四个象限顺、逆时针
圆弧坐标进给方向

表 2-4　逐点比较法圆弧插补偏差计算公式表

圆弧种类	$F_i \geqslant 0$			$F_i < 0$		
	进给方向	计算公式		进给方向	计算公式	
SR_1	$-Y$	$\begin{cases} X_{i+1} = X_i \\ Y_{i+1} = Y_i - 1 \end{cases}$		$+X$	$\begin{cases} X_{i+1} = X_i + 1 \\ Y_{i+1} = Y_i \end{cases}$	
SR_3	$+Y$			$-X$		
NR_2	$-Y$			$-X$		
NR_4	$+Y$	$F_{i+1} = F_i - 2Y_i + 1$		$+X$	$F_{i+1} = F_i + 2X_i + 1$	

续表

圆弧种类	$F_i \geqslant 0$		$F_i < 0$	
	进给方向	计算公式	进给方向	计算公式
NR_1	$-X$	$\begin{cases} X_{i+1}=X_i-1 \\ Y_{i+1}=Y_i \end{cases}$ $F_{i+1}=F_i-2X_i+1$	$+Y$	$\begin{cases} X_{i+1}=X_i \\ Y_{i+1}=Y_i+1 \end{cases}$ $F_{i+1}=F_i+2Y_i+1$
NR_3	$+X$		$-Y$	
SR_2	$+X$		$+Y$	
SR_4	$-X$		$-Y$	

逐点比较法圆弧插补的终点判断方法与逐点比较法直线插补相同。

2. 逐点比较法圆弧插补运算举例

例如,欲加工第 I 象限逆时针圆弧 $\overset{\frown}{AB}$,起点为 $A(4,0)$,终点为 $B(0,4)$,试写出逐点比较法插补运算过程,并且画出运动轨迹图。

设两个方向应走的总步数为 Σ,则 $\Sigma=8$。起点在圆弧上,则 $F_0=0,X_0=4,Y_0=0$。其动点运动轨迹如图 2-8 所示,插补运算过程如表 2-5 所示。

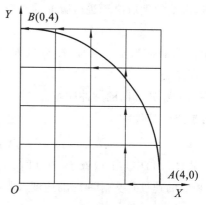

图 2-8　圆弧插补运动轨迹图

表 2-5　圆弧插补运算过程

序号	偏差判别	坐标进给	新偏差计算	终点判断
1	$F_0=0$	$-X$	$F_1=F_0-2X_0+1=-7,X_1=4-1=3,Y_1=0$	$\Sigma=8-1=7$
2	$F_1=-7<0$	$+Y$	$F_2=F_1+2Y_1+1=-6,X_2=X_1=3,Y_2=Y_1+1=1$	$\Sigma=7-1=6$
3	$F_2=-6<0$	$+Y$	$F_3=F_2+2Y_2+1=-3,X_3=X_2=3,Y_3=Y_2+1=2$	$\Sigma=6-1=5$
4	$F_3=-3<0$	$+Y$	$F_4=F_3+2Y_3+1=+2,X_4=X_3=3,Y_4=Y_3+1=3$	$\Sigma=5-1=4$
5	$F_4=+2>0$	$-X$	$F_5=F_4-2X_4+1=-3,X_5=X_4-1=2,Y_5=Y_4=3$	$\Sigma=4-1=3$
6	$F_5=-3<0$	$+Y$	$F_6=F_5+2Y_5+1=+4,X_6=X_5=2,Y_6=Y_5+1=4$	$\Sigma=3-1=2$
7	$F_6=+4>0$	$-X$	$F_7=F_6-2X_6+1=+1,X_7=X_6-1=1,Y_7=Y_6=4$	$\Sigma=2-1=1$
8	$F_7=+1>0$	$-X$	$F_8=F_7-2X_7+1=0,X_8=X_7-1=0,Y_8=Y_7=4$	$\Sigma=1-1=0$

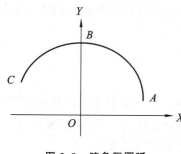

图 2-9　跨象限圆弧

3. 逐点比较法圆弧插补的跨象限问题

圆弧插补的进给方向和偏差计算与圆弧所在的象限和顺时针、逆时针方向有关。一个圆弧有时可能分布在几个象限上,如图 2-9 所示圆弧 $\overset{\frown}{AC}$ 分布在第 I、II 两个象限内。对于这种圆弧的加工有两种处理方法:一种是将圆弧按所在象限分段,然后运用圆弧插补方法分段编写各象限加工程序;另一种方法是按整段圆弧编制加工程序,系统自动进行跨象限处理。

要使圆弧自动跨象限必须解决以下两个问题：一是何时变换象限；二是变换象限后的走向。变换象限的点必定在坐标轴上，即一个坐标值为 0 时。当象限由 Ⅰ↔Ⅱ 或 Ⅲ↔Ⅳ 时，必有 $X=0$；由 Ⅱ↔Ⅲ 或 Ⅰ↔Ⅳ 时，必有 $Y=0$。

G02 圆弧变换象限后转换次序为：$SR_1 \to SR_4 \to SR_3 \to SR_2 \to SR_1 \to \cdots$，G03 圆弧转换象限后转换次序为 $NR_1 \to NR_2 \to NR_3 \to NR_4 \to NR_1 \to \cdots$。

4. 逐点比较法的进给速度分析

逐点比较法插补器向各个坐标分配进给脉冲，从而造成坐标移动。因此，对于某一坐标而言，进给速度取决于进给脉冲的频率，X 坐标的进给速度为

$$V_X = 60\delta f_X \tag{2-10}$$

式中，δ 为脉冲当量（mm/脉冲），f_X 为 X 方向的脉冲频率（脉冲/s）。

同理，
$$V_Y = 60\delta f_Y$$

式中，f_Y 为 Y 方向的脉冲频率。

则合成进给速度为

$$V = \sqrt{V_X^2 + V_Y^2} = 60\delta \sqrt{f_X^2 + f_Y^2} \tag{2-11}$$

式（2-11）中，当 f_X 或 f_Y 为 0 时，也就是刀具沿平行于坐标轴方向切削时，进给速度最大，相应的速度称为脉冲源的速度，即

$$V_{MF} = 60\delta f_{MF}$$

因为 $f_{MF} = f_X + f_Y$，所以 $V_{MF} = V_X + V_Y$。

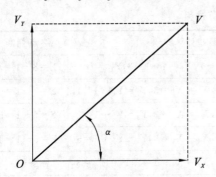

图 2-10　合成进给速度与轴速度的关系

由图 2-10 可知，$V_X = V\cos\alpha$，$V_Y = V\sin\alpha$
由此可得

$$\frac{V}{V_{MF}} = \frac{\sqrt{V_X^2 + V_Y^2}}{V_X + V_Y} = \frac{1}{\sin\alpha + \cos\alpha} \tag{2-12}$$

可见，当编程进给速度确定了脉冲源频率 f_{MF} 后，实际获得的合成进给速度 V 并非一直等于 V_{MF}，而与直线与 X 轴夹角 α 有关。当 $\alpha = 0°$ 或 90°时，合成进给速度最大，$V_{max} = V_{MF}$，即正好等于编程进给速度；当 $\alpha = 45°$时，合成进给速度最小，$V_{min} = 0.707V_{MF}$。V 的变化范围为：$V = (0.707 \sim 1)V_{MF}$。同理，圆弧插补的合成进给速度分析方法与上相同，只是这时的 α 角是指动点和圆心的连线与 X 轴之间的夹角。

这样的速度变化范围，对于一般加工而言，可以满足要求，所以逐点比较法的进给速度是比较平稳的。

2.2.2　数字积分法

数字积分法又称为数字微分分析插补法（DDA），是在数字积分器的基础上建立起来的一种插补法。数字积分法具有运算速度快、易于实现多坐标联动等优点，可以实现一次、二次曲线及高次曲线的插补，因此，数字积分法在轮廓控制数控系统中应用广泛。

一、数字积分器的工作原理

如图 2-11 所示,有一函数 $Y=f(t)$,该函数求积分的运算就是求此函数曲线所包围的面积,此面积可以近似认为是曲线下许多小矩形面积之和。即面积为

$$S = \int_{t_0}^{t_n} Y \mathrm{d}t \approx \sum_{i=0}^{n-1} Y_i \Delta t \tag{2-13}$$

式中,Y_i 为 $t=t_i$ 时函数 $f(t)$ 值。

在式(2-13)中,如取 Δt 为基本单位"1"(相当于一个脉冲),则上式可简化为

$$S = \sum_{i=0}^{n-1} Y_i \tag{2-14}$$

设置一个累加器,而且令累加器的容量为一个单位面积。用此累加器来实现这种累加运算,则累加过程中超过一个单位面积时,产生溢出脉冲,则累加过程中所产生的溢出脉冲总数就是要求的面积近似值。

图 2-12 是数字积分器的逻辑图。它由被积函数寄存器 J_V、累加器 J_R、与门和面积寄存器等部分组成。其工作原理为每来一个 Δt 累加脉冲,与门打开,将被积函数寄存器中的函数值送往累加器相加一次,当累加和超过累加器的容量时,便向面积寄存器发出溢出脉冲,余数仍然在累加器中。累加结束后,面积寄存器的计数值就是面积的近似值。

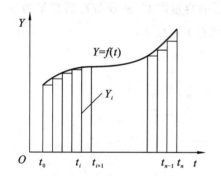

图 2-11 函数 $Y=f(t)$ 的积分

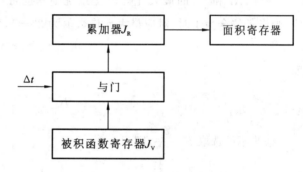

图 2-12 数字积分器逻辑图

二、数字积分法直线插补

1. 数字积分法直线插补原理

若加工第 I 象限直线 OE,如图 2-13 所示,其起点为坐标原点,终点坐标为 $E(X_e,Y_e)$。假设刀具进给速度在两个坐标轴上的速度分量为 V_X,V_Y,则可求得刀具在 X、Y 方向上的微小位移量 ΔX、ΔY 分别为

$$\Delta X = V_X \Delta t, \quad \Delta Y = V_Y \Delta t$$

根据图 2-13 中的几何关系可得

$$\frac{V}{OE} = \frac{V_X}{X_e} = \frac{V_Y}{Y_e} = K(常数) \tag{2-15}$$

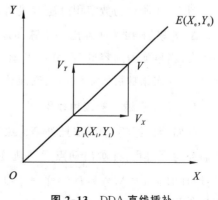

图 2-13 DDA 直线插补

式中,K 为比例系数。

因此,坐标轴上的微小位移量变为

$$\Delta X = KX_e \Delta t, \quad \Delta Y = KY_e \Delta t$$

可见,刀具从原点 O 走向终点 E 的过程,可以看作是各个坐标轴每经过一个单位时间间隔 Δt 以增量 KX_e 和 KY_e 同时进行累加的过程,即

$$X = \sum_{i=1}^{n} \Delta X_i = \sum_{i=1}^{n} KX_e \Delta t, \quad Y = \sum_{i=1}^{n} \Delta Y_i = \sum_{i=1}^{n} KY_e \Delta t$$

取 Δt 为一个单位时间间隔"1",现假设经过 n 次累加后,刀具正好到达终点 E,则上式改写为

$$X = \sum_{i=1}^{n} KX_e = nKX_e = X_e, \quad Y = \sum_{i=1}^{n} KY_e = nKY_e = Y_e$$

则有

$$nK = 1 \tag{2-16}$$

式中,n 为累加次数,K 为比例系数。

为保证坐标轴上每次分配的进给脉冲不超过一个单位,则

$$\Delta X = KX_e < 1, \quad \Delta Y = KY_e < 1$$

另外,X_e 和 Y_e 的最大允许值受系统中相应寄存器的容量限制,假设寄存器容量为 m 位,则当各位全为 1 时,对应最大允许数值为 $2^m - 1$,所以有下式成立:

$$K(2^m - 1) < 1$$

即

$$K < \frac{1}{2^m - 1}$$

据此不妨选取 $K = \dfrac{1}{2^m}$,则

$$n = \frac{1}{K} = 2^m \tag{2-17}$$

也就是说,经过 $n = 2^m$ 次累加后,动点将正好到达终点 E。

2. 数字积分法直线插补器

图 2-14 所示为数字积分法直线插补器。在被积函数寄存器中分别存放终点坐标 X_e 和 Y_e。Δt 为累加脉冲,每发出一个脉冲,与门打开一次,被积函数 X_e 和 Y_e 向各自的累加器相加一次,当累加器满容量后,分别发出 X 和 Y 方向的进给脉冲,余数仍然放在累加器中寄存,经过 n 次累加后,到终点,完成插补运算过程。

3. DDA 直线插补应用举例

例如,要用数字积分法插补第 Ⅰ 象限直线 OE,起点为 $O(0,0)$ 点,终点为 $E(4,6)$ 点,试写出插补运算过程,并画出动点运动轨迹图(寄存器和累加器均为 4 位)。累加次数 $n = 2^4 = 16$,插补前 $J_{VX} = X_e = 4$,$J_{VY} = Y_e = 6$,$J_{RX} = J_{RY} = 0$,其插补运算过程如表 2-6 所示,运动轨迹如图 2-15 所示。

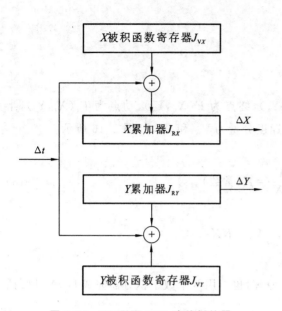

图 2-14 XY平面DDA直线插补器

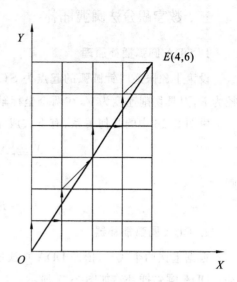

图 2-15 DDA直线插补运动轨迹图

表 2-6 DDA直线插补运算过程

累加次数	X轴数字积分器			Y轴数字积分器		
	X 被积函数寄存器 J_{VX}	X 累加器 J_{RX}	X 轴溢出脉冲	Y 被积函数寄存器 J_{VY}	Y 累加器 J_{RY}	Y 轴溢出脉冲
开始	4	0	0	6	0	0
1	4	0＋4＝4	0	6	0＋6＝6	0
2	4	4＋4＝8	0	6	6＋6＝12	0
3	4	8＋4＝12	0	6	12＋6＝16＋2	1
4	4	12＋4＝16＋0	1	6	2＋6＝8	0
5	4	0＋4＝4	0	6	8＋6＝14	0
6	4	4＋4＝8	0	6	14＋6＝16＋4	1
7	4	8＋4＝12	0	6	4＋6＝10	0
8	4	12＋4＝16＋0	1	6	10＋6＝16＋0	1
9	4	0＋4＝4	0	6	0＋6＝6	0
10	4	4＋4＝8	0	6	6＋6＝12	0
11	4	8＋4＝12	0	6	12＋6＝16＋2	1
12	4	12＋4＝16＋0	1	6	2＋6＝8	0
13	4	4＋0＝4	0	6	8＋6＝14	0
14	4	4＋4＝8	0	6	14＋6＝16＋4	1
15	4	8＋4＝12	0	6	4＋6＝10	0
16	4	12＋4＝16＋0	1	6	10＋6＝16＋0	1

三、数字积分法圆弧插补

1. DDA 圆弧插补原理

设第 I 象限逆时针圆弧的起点为 $S(X_s,Y_s)$，终点为 $E(X_e,Y_e)$，动点为 $P_i(X_i,Y_i)$，半径为 R，刀具切削速度为 V，在两个坐标轴上速度分量为 V_X 和 V_Y，如图 2-16 所示。

由图 2-16 中的几何关系，有下式成立：

$$\frac{V}{R}=\frac{V_X}{Y_i}=\frac{V_Y}{X_i}=K（常数）\tag{2-18}$$

则

$$V_X=KY_i,\quad V_Y=KX_i$$

2. DDA 圆弧插补器

根据上面两个式子，依照 DDA 直线插补原理，也可用两个数字积分器完成 DDA 圆弧插补。DDA 圆弧插补器如图 2-17 所示。

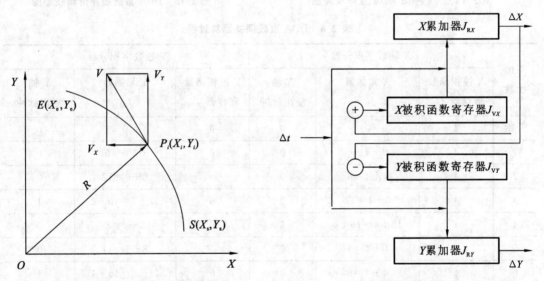

图 2-16　第 I 象限 DDA 圆弧插补　　　　图 2-17　第 I 象限逆时针圆弧 DDA 插补器

但必须注意，DDA 圆弧插补与 DDA 直线插补有很大的区别，具体如下。

（1）被积函数寄存器中的内容不同。DDA 直线插补，J_{VX} 和 J_{VY} 分别存放终点的 X 和 Y 坐标，即 $J_{VX}=X_e$，$J_{VY}=Y_e$，对于给定直线来说是一个常数；而 DDA 圆弧插补，J_{VX} 和 J_{VY} 中分别存放动点的 Y、X 坐标，即 $J_{VX}=Y_i$，$J_{VY}=X_i$，属于一个变量。

（2）DDA 圆弧插补随着插补过程的进行，要对 J_{VX} 和 J_{VY} 中的内容进行修正。对于第 I 象限逆时针圆弧，X 方向进给一步，X_i 值减 1，应将 J_{VY} 中的内容减 1；Y 方向进给一步，Y_i 加 1，应将 J_{VX} 中的内容加 1。其他象限 DDA 圆弧插补原理与第 I 象限逆时针圆弧类似，不同之处是：进给方向不同，被积函数修正不同。各象限圆弧的进给方向与被积函数的修正关系如表 2-7 所示。

表 2-7 DDA 圆弧插补的进给方向及修正符号表

圆 弧 类 型		NR$_1$	NR$_2$	NR$_3$	NR$_4$	SR$_1$	SR$_2$	SR$_3$	SR$_4$
累加器溢出时进给方向	J_{RX}	$-X$	$-X$	$+X$	$+X$	$+X$	$+X$	$-X$	$-X$
	J_{RY}	$+Y$	$-Y$	$-Y$	$+Y$	$-Y$	$+Y$	$+Y$	$-Y$
被积函数修正符号	J_{VX}	$+$	$-$	$+$	$-$	$-$	$+$	$+$	$-$
	J_{VY}	$-$	$+$	$-$	$+$	$+$	$-$	$+$	$-$

表 2-7 中共有八种圆弧,分别为第 Ⅰ、Ⅱ、Ⅲ、Ⅳ 象限逆时针圆弧(符号为 NR$_1$、NR$_2$、NR$_3$、NR$_4$)和第 Ⅰ、Ⅱ、Ⅲ、Ⅳ 象限顺时针圆弧(符号为 SR$_1$、SR$_2$、SR$_3$、SR$_4$)。"+"号表示修正被积函数时该被积函数加 1,"-"号表示修正被积函数时该被积函数减 1。被积函数值和余数值均按绝对值处理。

DDA 圆弧插补的终点判别必须对 X、Y 两个坐标轴同时进行。这时可利用两个终点判断计数器 $J_{\Sigma X} = |X_e - X_s|$ 和 $J_{\Sigma Y} = |Y_e - Y_s|$ 来实现,当 X、Y 坐标轴进给一步,则将相应终点判断计数器减 1,当减到 0 时,则说明该坐标轴已到达终点,并停止该坐标轴的累加运算。两个终点判断计数器均减到 0 时,整个圆弧插补过程结束。

3. DDA 圆弧插补实例

设第 Ⅰ 象限逆时针圆弧 $\overset{\frown}{SE}$,起点为 $S(4,0)$,终点为 $E(0,4)$,且寄存器和累加器为四位。试写出其 DDA 圆弧插补运算过程,并画出动点运动轨迹图。

插补开始时,被积函数初始值分别为:$J_{VX} = Y_s = 0$,$J_{VY} = X_s = 4$。终点判断寄存器 $J_{\Sigma X} = |X_e - X_s| = 4$,$J_{\Sigma Y} = |Y_e - Y_s| = 4$。其插补运算过程如表 2-8 所示,插补轨迹如图 2-18 所示。

表 2-8 DDA 圆弧插补运算过程

累加次数	X 数字积分器				Y 数字积分器			
	$J_{VX}(Y_i)$	J_{RX}	ΔX	$J_{\Sigma X}$	$J_{VY}(X_i)$	J_{RY}	ΔY	$J_{\Sigma Y}$
初始化	0	0	0	4	4	0	0	4
1	0	0	0	4	4	4	0	4
2	0	0	0	4	4	8	0	4
3	0	0	0	4	4	12	0	4
4	0	0	0	4	4	16+0	1	3
5	1	1	0	4	4	4	0	3
6	1	2	0	4	4	8	0	3
7	1	3	0	4	4	12	0	3
8	1	4	0	4	4	16+0	1	2
9	2	6	0	4	4	4	0	2
10	2	8	0	4	4	8	0	2

累加次数	X 数字积分器				Y 数字积分器			
	$J_{VX}(Y_i)$	J_{RX}	ΔX	$J_{\Sigma X}$	$J_{VY}(X_i)$	J_{RY}	ΔY	$J_{\Sigma Y}$
11	2	10	0	4	4	12	0	2
12	2	12	0	4	4	16+0	1	1
13	3	15	0	4	4	4	0	1
14	3	16+2	−1	3	4	8	0	1
15	3	3	0	3	3	11	0	1
16	3	8	0	3	3	14	0	1
17	3	11	0	3	3	16+1	1	0
18	4	15	0	3	3	停止		
19	4	16+3	−1	2	3			
20	4	7	0	2	2			
21	4	11	0	2	2			
22	4	15	0	2	2			
23	4	16+3	−1	1	2			
24	4	7	0	1	1			
25	4	11	0	1	1			
26	4	15	0	1	1			
27	4	16+3	−1	0	1			
28	4	停止		0	0			0

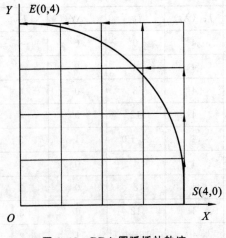

图 2-18 DDA 圆弧插补轨迹

四、DDA 插补进给速度分析

1. 合成进给速度

对于 DDA 直线插补来说,脉冲源 MF 每发出一个脉冲就进行一次累加运算,故 X 方向的平均进给速率为 $X_e/2^m$,Y 方向的平均进给速率为 $Y_e/2^m$,故 X 和 Y 方向的脉冲频率分别为

$$f_X = \frac{X_e}{2^m} f_{MF}$$

$$f_Y = \frac{Y_e}{2^m} f_{MF}$$

若脉冲当量为 δ,则可求得 X 和 Y 方向的进给速度分别为

$$V_X = 60 f_X \delta = 60 \frac{X_e}{2^m} f_{MF} \delta = \frac{X_e}{2^m} V_{MF}$$

$$V_Y = 60 f_Y \delta = 60 \frac{Y_e}{2^m} f_{MF} \delta = \frac{Y_e}{2^m} V_{MF}$$

合成进给速度为

$$V = \sqrt{V_X^2 + V_Y^2} = \frac{\sqrt{X_e^2 + Y_e^2}}{2^m} V_{MF} = \frac{L}{2^m} V_{MF} \tag{2-19}$$

式中,L 为直线的长度,m 为累加器的位数。

同理,对于圆弧插补,有

$$V = \frac{\sqrt{X^2 + Y^2}}{2^m} V_{MF} = \frac{R}{2^m} V_{MF} \tag{2-20}$$

从上两式可知,数控加工程序中进给速度给定后,合成进给速度与插补直线的长度 L 或圆弧半径 R 成正比。L 和 R 很小时,V 也很小,插补过程中脉冲溢出速度慢;反之,溢出速度快。另外,由直线插补运算过程可知,不论加工行程大小,都必须完成 $n = 2^m$ 次累加运算。也可以说,行程长,进给速度快;行程短,进给速度慢。这样,行程短的程序段生产率极低,各程序段的进给速度不一致还会影响工件的表面质量。

为了克服上述缺点,必须采取一定的措施使脉冲溢出均匀。通常采用左移规格化或进给率数法编程(FRN)的措施来稳定进给速度。

2. 左移规格化

所谓左移规格化,是指将被积函数寄存器中所存放的坐标数据进行左移,使之成为规格化数。

(1)直线插补时,当被积函数寄存器中所存放的数字量的最高位为 1 时,称为规格化数;反之,若最高位为零,则称为非规格化数。直线插补时左移规格化处理方法是:将被积函数寄存器 J_{VX},J_{VY} 中存放的数字同时左移(右边添 0),直到 J_{VX} 和 J_{VY} 中至少有一个数成为规格化数时,左移结束。

由于左移使被积函数增大,从而使插补溢出速度基本稳定。左移的同时,为了使溢出的脉冲总数不变,就要相应地减少累加次数。在硬件系统中,常采用使终点计数器右移同样位数的方法来实现。

直线插补左移规格化后,直线的最小长度为 $L_{min} = 2^{m-1}$,直线的最大长度为

$$L_{max} = \sqrt{2}(2^m - 1) \approx \sqrt{2} \, 2^m$$

式中,m 为寄存器的位数。

故合成速度的最大、最小值分别为

$$V_{max} = \frac{L_{max}}{2^m} V_{MF} = \sqrt{2} V_{MF} \tag{2-21}$$

$$V_{min} = \frac{L_{min}}{2^m} V_{MF} = \frac{1}{2} V_{MF} \tag{2-22}$$

其变化范围为:$V = (0.5 \sim 1.414) V_{MF}$。

可见,经规格化处理后进给速度的稳定性大为增强。

(2)圆弧插补左移规格化的方法是:同时左移被积函数寄存器中存放的二进制数,直到至少有一个被积函数寄存器的次高位为 1,即圆弧插补的规格化数为 J_{VX} 或 J_{VY} 中次高位为 1。这是因为当一个坐标进给,而要修正另一个被积函数值时,防止第一次修正被积函数时产生溢出。另外,由于规格化数提前了一位,则要求寄存器的容量必须大于被加工圆弧半径的 2 倍。

圆弧插补左移规格化后,扩大了J_{VX}和J_{VY}中存放的数值。如果规格化时左移i位,相当于坐标值均扩大到2^i倍,即J_{VX}和J_{VY}中存放的数据分别变为2^iY和2^iX,假设Y轴有溢出脉冲时,则J_{VX}中存放的坐标修正为

$$2^i(Y\pm1)=2^iY\pm2^i$$

可见,若圆弧插补前左移规格化处理过程中左移i位,则当J_{VX}溢出一个脉冲时,J_{VY}中的动点坐标修正应为$\pm2^i$,而不是±1;同理,当J_{RY}有溢出时,J_{VX}中存放的数据应做$\pm2^i$修正。

◀ 2.3 数据采样插补 ▶

2.3.1 概述

数据采样插补法又称为时间分割法插补,也就是根据编程进给速度将零件轮廓曲线按插补周期分割为一系列微小直线段,然后将这些微小直线段对应的位置增量数据输出,用以控制伺服系统实现坐标轴的进给。由此可见,数据采样插补的结果是一个位移量,而不是脉冲,所以数据采样插补适用于以直流或交流伺服电动机为执行元件的闭环或半闭环数控系统。在采用了数据采样插补的数控系统中,每调用一次插补程序,就计算出坐标轴在每个插补周期中的位置增量,然后,求出坐标轴相应的位置给定值,再与采样所获得的实际位置反馈值相比较,从而获得位置跟踪误差。位置伺服软件根据获得的位置跟踪误差计算出进给坐标轴的速度给定值,并将其输出给驱动装置,最后通过电动机带动丝杠和工作台朝着减小误差的方向运动,以保证整个系统的加工精度。

数据采样插补法的插补频率较低,在$50\sim125$ Hz,插补周期为$8\sim20$ ms,这样就给提高加工速度奠定了基础。一般情况下,插补程序的运行时间不多于计算机负荷的$30\%\sim40\%$,而余下的时间,计算机可以完成数控加工程序编制、存储、收集运行状态数据、监视机床等其他数控功能。由于有了足够的时间,CNC系统可以在提高运行速度上得到保证,所以,采用数据采样插补的数控系统所能达到的最大轨迹速度在10 m/min以上,插补程序的运行时间已不再是限制轨迹速度的主要因素。

尽管数据采样插补有很多优点,但由于目前的CNC系统多数采用的CPU是微处理器芯片,其运行速度受到一定的限制,再加上数据采样插补比较复杂,这样就影响了数据采样插补的应用。为了克服微处理器速度慢、字长短的缺点,数控系统目前采用的办法有采用软/硬件相配合的两级插补方案、多CPU方案、单台高性能微型计算机方案等。

2.3.2 数据采样插补的基本原理

1. 数据采样插补的基本原理

数据采样法是根据用户程序(即零件加工程序)中的进给速度F值,将要加工的轮廓曲线分割为插补周期为T的进给段,即轮廓步长ΔL,用公式表达为

$$\Delta L=FT \tag{2-23}$$

然后根据轮廓步长ΔL,计算出该步长在各坐标轴的进给量ΔX、ΔY、ΔZ等,作为下一个

周期各坐标轴的进给量的指令值。由于数据采样插补是以采样周期 T 来分割曲线的,所以数据采样插补又称为时间分割法。数据采样插补的核心是计算出每一个插补周期的各坐标轴瞬时进给量。

对于直线插补来说,用插补计算出的轮廓步长线段逼近给定直线,计算线段与给定线段重合。在圆弧插补时,采用圆弧的切线、弦线或割线来逼近圆弧。

2. 插补周期与采样周期

插补周期是相邻两个微小直线段之间的插补时间间隔。采样周期是数控系统伺服位置环的采样控制周期。采样周期必须小于或等于插补周期。为了便于编程处理,采样周期与插补周期不相等时,插补周期应该是采样周期的整数倍,这样处理就使得插补运算的结果能够被伺服系统整数倍次地使用。对于给定的某个数控系统而言,插补周期和采样周期是两个固定不变的时间参数。插补周期对系统稳定性没有影响,但对被加工零件的轮廓轨迹精度有影响;而采样周期对系统稳定性和轮廓误差均有影响。因此,选择插补周期时,主要从插补精度方面考虑;而选择采样周期时,则从伺服系统稳定性和动态跟踪误差两方面考虑。

采用数据采样插补的数控系统,目前插补周期一般选为 $4 \sim 20$ ms。插补周期越长,插补运算误差越大,但插补周期也不能太短,这是由于插补周期的缩短将受到 CPU 运行速度的限制。目前,采样周期的选用方法有两种:一种是采样周期等于插补周期;另一种是插补周期是采样周期的整数倍(通常选为二倍)。对于后一种方法来说,每次插补的结果都被均分为两半,作为位置控制周期的给定值,也就是说,每周期插补出的坐标增量均分两次送给伺服系统执行。这样,在不改变计算机速度的前提下,提高了位置环的采样频率,使进给速度平稳,提高了系统的动态性能。

2.3.3　数据采样直线插补

现假设刀具在 XOY 平面内加工直线 OE,起点为 $O(0,0)$,终点为 $E(X_e,Y_e)$,动点为 P_i (X_i,Y_i),合成进给速度为 F,插补周期为 T,如图 2-19 所示。

在一个插补周期内,进给步长 $\Delta L = FT$,根据图 2-19 中的几何关系,即可求得插补周期内各坐标轴对应的位置增量为

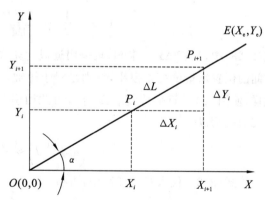

$$\Delta X_i = \frac{\Delta L}{L} X_e = K X_e \qquad (2\text{-}24\text{a})$$

$$\Delta Y_i = \frac{\Delta L}{L} Y_e = K Y_e \qquad (2\text{-}24\text{b})$$

式中:L 为插补直线长度,且 $L = \sqrt{X_e^2 + Y_e^2}$；K 为每个插补周期内的进给速率数,且 $K = \Delta L/L = FT/L$。

从而可求出下一个动点 P_{i+1} 的坐标值为

图 2-19　数据采样直线插补

$$X_{i+1} = X_i + \Delta X_i = X_i + \frac{\Delta L}{L} X_e = X_i + K X_e \qquad (2\text{-}25\text{a})$$

$$Y_{i+1} = Y_i + \Delta Y_i = Y_i + \frac{\Delta L}{L} Y_e = Y_i + K Y_e \qquad (2\text{-}25\text{b})$$

2.3.4 数据采样圆弧插补

数据采样圆弧插补主要是用弦线或割线来代替弧线实现进给。内接弦线法是一种比较常用的圆弧插补法。

一、内接弦线法

内接弦线法就是利用圆弧上相邻两个采样点之间的弦线来逼近相应圆弧的方法。为计算方便,将坐标轴分为长轴和短轴。长轴是位置增量值大的轴,位置增量小的为短轴。

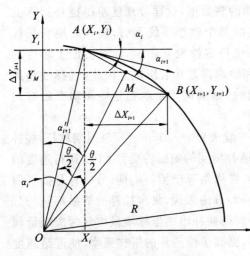

图 2-20 内接弦线逼近圆弧

如图 2-20 所示的第 I 象限顺时针圆弧,设 $A(X_i,Y_i)$、$B(X_{i+1},Y_{i+1})$ 是圆弧上两个相邻的插补点,弧 $\overset{\frown}{AB}$ 对应弦 AB 的弦长为 ΔL,若进给速度为 F,插补周期为 T,则有 $\Delta L=FL$。且当刀具由 A 点进给到 B 点时,对应 X 轴的坐标增量为 $|\Delta X_i|$,对应 Y 轴的坐标增量为 $|\Delta Y_i|$。因为 A、B 点都在圆弧上,故它们均应满足圆方程,即

$$X_{i+1}^2+Y_{i+1}^2=(X_i+\Delta X_{i+1})^2+(Y_i+\Delta Y_{i+1})^2=R^2 \tag{2-26}$$

式中,ΔX_{i+1} 和 ΔY_{i+1} 均采用符号数进行运算,图 2-20 中,$\Delta X_{i+1}>0$,$\Delta Y_{i+1}<0$。因为 $|Y_i|>|X_i|$,所以 X 轴是长轴,这时先求 ΔX_{i+1}。根据图 2-20 中的几何关系可得

$$|\Delta X_{i+1}|=\Delta L\cos\alpha_{i+1}'=\Delta L\cos\left(\alpha_i+\frac{1}{2}\theta\right) \tag{2-27}$$

由于 M 为弦 AB 的中点,θ 为 AB 对应的圆心角(步距角),所以有

$$\cos\left(\alpha_i+\frac{1}{2}\theta\right)=\frac{Y_MO}{OM}\approx\frac{Y_i-|\Delta Y_{i+1}|/2}{R} \tag{2-28}$$

式(2-28)中,只有 ΔY_{i+1} 未知,现采用近似计算法获得。在圆弧插补过程中,两个相邻插补点之间的位置增量值相差很小,特别是对于短轴(Y 轴)而言,$|\Delta Y_i|$ 与 $|\Delta Y_{i+1}|$ 相差就更小了,这样,使用 $|\Delta Y_i|$ 近似代替 $|\Delta Y_{i+1}|$,由此而引起的轮廓误差可以忽略不计。因此,可将式(2-28)改写成

$$\cos\left(\alpha_i+\frac{1}{2}\theta\right)\approx\frac{|Y_i|-|\Delta Y_i|/2}{R} \tag{2-29}$$

将式(2-29)代入式(2-27)中,可得

$$\Delta X_{i+1}=\frac{\Delta L}{R}\left(Y_i+\frac{1}{2}\Delta Y_i\right) \tag{2-30}$$

将式(2-30)代入式(2-26)中,可得

$$\Delta Y_{i+1}=-Y_i\pm\sqrt{R^2-(X_i+\Delta X_{i+1})^2} \tag{2-31}$$

通常,θ 很小,那么对于式(2-30)和式(2-31)而言,ΔX_{i+1}、ΔY_{i+1} 的初始值可近似为

$$\Delta X_0 = \Delta L \cos\left(\alpha_0 + \frac{1}{2}\theta\right) \approx \Delta L \cos\alpha_0 = \Delta L \frac{Y_s}{R} \tag{2-32a}$$

$$\Delta Y_0 = \Delta L \sin\left(\alpha_0 + \frac{1}{2}\theta\right) \approx \Delta L \sin\alpha_0 = \Delta L \frac{X_s}{R} \tag{2-32b}$$

式中，X_s、Y_s 为圆弧起点的坐标。

通过上述推导可以看出，其近似处理过程只对角度 $\alpha'_{i+1} = \alpha_i + \theta/2$ 有微小的影响。式(2-26)的约束条件保证了任何插补点均处于圆弧上，而其中的主要误差是由于用弦线代替圆弧进给造成的弦线误差。

同样，当 $|X_i| > |Y_i|$ 时，应取 Y 轴作为长轴，这时应先求 $|\Delta Y_{i+1}| = \Delta L \sin\alpha'_{i+1}$，同理可推出

$$\Delta Y_{i+1} = \frac{\Delta L}{R}\left(X_i + \frac{1}{2}\Delta X_i\right) \tag{2-33a}$$

$$\Delta X_{i+1} = -X_i \pm \sqrt{R^2 - (Y_i + \Delta Y_{i+1})^2} \tag{2-33b}$$

式(2-31)和式(2-33b)中"±"号的选取与圆弧所在象限和区域有关。

二、切线法(一阶近似 DDA 法)

如图 2-21 所示，若要求进给速度为 F，插补周期为 T，圆弧半径为 R，则每次插补的步距角 θ 可近似为

$$\theta = \frac{FT}{R} \tag{2-34}$$

设插补点 $P_i(X_i, Y_i)$ 对应的角度为 φ_i，则下一个插补点 $P_{i+1}(X_{i+1}, Y_{i+1})$ 对应的角度为

$$\varphi_{i+1} = \varphi_i + \theta \tag{2-35}$$

根据图中三角关系，可求得动点 P_i、P_{i+1} 的坐标为

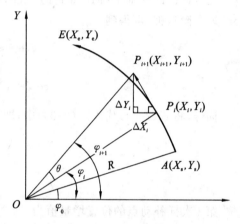

图 2-21 切线法插补

$$X_i = R\cos\varphi_i \tag{2-36a}$$

$$Y_i = R\sin\varphi_i \tag{2-36b}$$

$$X_{i+1} = R\cos\varphi_{i+1} = R\cos(\varphi_i + \theta) \tag{2-37a}$$

$$Y_{i+1} = R\sin\varphi_{i+1} = R\sin(\varphi_i + \theta) \tag{2-37b}$$

由三角函数公式，得

$$X_{i+1} = R\cos(\varphi_i + \theta) = R\cos\varphi_i\cos\theta - R\sin\varphi_i\sin\theta \tag{2-38a}$$

$$Y_{i+1} = R\sin(\varphi_i + \theta) = R\sin\varphi_i\cos\theta + R\cos\varphi_i\sin\theta \tag{2-38b}$$

将式(2-36)代入式(2-38)，得

$$X_{i+1} = X_i\cos\theta - Y_i\sin\theta \tag{2-39a}$$

$$Y_{i+1} = Y_i\cos\theta + X_i\sin\theta \tag{2-39b}$$

由于 θ 很小，将式(2-39)中的 $\sin\theta$ 和 $\cos\theta$ 按泰勒级数展开，得

$$\sin\theta = \theta - \frac{\theta^3}{3!} + \frac{\theta^5}{5!} - \cdots \tag{2-40a}$$

$$\cos\theta = 1 - \frac{\theta^2}{2!} + \frac{\theta^4}{4!} - \cdots \tag{2-40b}$$

现对式(2-40)取一阶近似,则可简化为

$$\sin\theta \approx \theta = \frac{FT}{R} = K \tag{2-41a}$$

$$\cos\theta \approx 1 \tag{2-41b}$$

将式(2-41)代入式(2-39)中,可获得插补点 P_{i+1} 对应的坐标值和位置增量值为

$$X_{i+1} = X_i - KY_i \tag{2-42a}$$

$$Y_{i+1} = Y_i + KX_i \tag{2-42b}$$

$$\Delta X_{i+1} = X_{i+1} - X_i = -KY_i \tag{2-43a}$$

$$\Delta Y_{i+1} = Y_{i+1} - Y_i = KX_i \tag{2-43b}$$

由于式(2-41)中只取 $\sin\theta$ 和 $\cos\theta$ 展开级数的一次项,故称这种插补是一次近似插补。

三、割线法(二阶近似 DDA 法)

在切线法(一阶近似 DDA 法)中,采用了只取展开级数的一次项。割线法(二阶近似 DDA 法)是在此基础上推广得到的,目的在于提高插补精度。现对式(2-40)中的 $\sin\theta$ 和 $\cos\theta$ 取二阶近似,可得到

$$\sin\theta \approx \theta = \frac{FT}{R} = K \tag{2-44a}$$

$$\cos\theta \approx 1 - \frac{\theta^2}{2!} = 1 - \frac{1}{2}K^2 \tag{2-44b}$$

同样,将式(2-44)代入式(2-39)中,即可获得插补动点 P_{i+1} 的二阶近似值,为

$$X_{i+1} = X_i - \frac{1}{2}K^2 X_i - KY_i \tag{2-45a}$$

$$Y_{i+1} = Y_i - \frac{1}{2}K^2 Y_i + KX_i \tag{2-45b}$$

第 i 次插补动点的位置增量值为

$$\Delta X_{i+1} = X_{i+1} - X_i = -\frac{1}{2}K^2 X_i - KY_i \tag{2-46a}$$

$$\Delta Y_{i+1} = Y_{i+1} - Y_i = -\frac{1}{2}K^2 Y_i + KX_i \tag{2-46b}$$

式(2-45)和式(2-46)即为第一象限逆时针圆弧的二阶近似 DDA 插补公式。在上述推导过程中,使用的一个变量 φ_{i+1} 是连续增大的,因此,当采用带符号的代数值进行运算时,这两组算式对于四个象限都是适用的。但是对于顺时针圆弧来说,随着动点的移动,φ_{i+1} 向减小的方向变化,仿照前面的推导过程,则可获得适用于顺时针圆弧的插补计算公式为

$$X_{i+1} = X_i - \frac{1}{2}K^2 X_i + KY_i \tag{2-47a}$$

$$Y_{i+1} = Y_i - \frac{1}{2}K^2 Y_i - KX_i \tag{2-47b}$$

$$\Delta X_{i+1} = X_{i+1} - X_i = -\frac{1}{2}K^2 X_i + KY_i \tag{2-48a}$$

$$\Delta Y_{i+1} = Y_{i+1} - Y_i = -\frac{1}{2}K^2 Y_i - KX_i \tag{2-48b}$$

比较式(2-45)和式(2-46)、式(2-47)和式(2-48)可以看出,只要根据顺/逆时针圆弧的

情况改变 K 的符号,即可将两组公式统一起来。

从几何意义上讲,如图 2-22 所示,第I象限的逆时针圆弧 $\overset{\frown}{SE}$,起点为 $S(X_s,Y_s)$,终点为 $E(X_e,Y_e)$,圆心为 $O(0,0)$,半径为 R。通过证明,用图中的割线代替切线实现进给,对应坐标轴的位置增量 ΔX_{i+1} 和 ΔY_{i+1} 与式(2-46)完全相吻合。

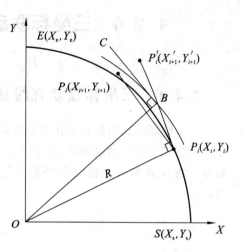

图 2-22　割线法插补的几何描述

四、数据采样插补终点判断方法

任何轮廓曲线的插补过程均要进行终点判断,以便顺利转入下一个零件轮廓段的插补与加工。对于数据采样插补来说,由于插补点坐标和零件坐标增量均采用带符号代数值形式进行运算,所以利用动点 (X_i,Y_i) 与该零件轮廓段终点 (X_e,Y_e) 之间的距离 S_i 来进行终点判断。判断是否到达终点的条件为

$$S_i=(X_i-X_e)^2+(Y_i-Y_e)^2\leqslant\left(\frac{FT}{2}\right)^2 \tag{2-49}$$

当动点一旦到达轮廓曲线的终点时,就设置相应标志,并取出下一段轮廓曲线进行处理。

五、粗插补与精插补

1. 粗插补

所谓粗插补,是指数据采样插补。由于数据采样插补是将给定轮廓曲线按一定算法分割成一系列微小直线段,尽管这里的微小直线段很短,但对于机械加工的精度要求而言,这些微小直线段还是比较大的,所以把这种插补称为粗插补。但是这种插补的进给速度较快,为提高精度,可以采用粗插补结合精插补的方法来实现整个插补。

2. 精插补

精插补指的是对经过粗插补获得的微小直线段进行细化,即在粗插补的相邻两个插补点之间再插入一些中间点,使轮廓误差减小。最直观、典型的一种精插补思路是:在粗插补的输出处再设置一个脉冲增量式插补器,它将每次粗插补得到的位置增量值的微小直线段进行脉冲增量插补,然后将此插补结果以脉冲形式提供给位置控制环,作为给定值来控制刀具完成进给,如图 2-23 所示。

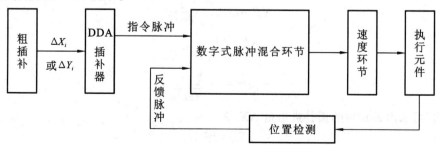

图 2-23　数据采样插补控制原理图

2.4　三坐标联动直线和螺旋线插补原理

2.4.1　三坐标联动直线插补原理

三坐标联动直线插补是在两坐标联动直线插补的基础上,再计算一个坐标的插补进给量。根据三个轴的增量值,区分出最长轴、长轴和短轴。增量值最大的为最长轴,最小的为短轴。首先算出最长轴的插补进给量,然后以最长轴为基准,算出长轴和短轴的插补进给量。

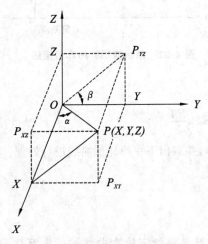

图 2-24　三坐标联动直线插补原理

如图 2-24 所示,设空间 P 点的坐标为 $(X、Y、Z)$,其中 $|X| \geqslant |Y| \geqslant |Z|$,则称 X 为最长轴,Y 为长轴,Z 为短轴。刀具沿直线 OP 从 O 点到达 P 点,由于 O 为坐标原点,则从 O 点到 P 点的增量坐标值为 $X、Y、Z$。三坐标联动时,要求 $X、Y、Z$ 三个方向的运动速度保持一定的比例关系。刀具沿 OP 方向一次插补移动量 f_i 可由式(2-50)算出,在插补计算中要按比例分配给各轴。

$$f = \frac{F}{60} \times \frac{\Delta t}{1000} \qquad (2\text{-}50)$$

式中,f 为每个插补周期的进给量,单位为 mm;F 为进给速度,单位为 mm/min;Δt 为插补时间,单位为 ms。

设在 ZOY 平面中,长轴 Y 与 OP_{YZ} 的夹角为 β,三个轴的增量值分别为 $X、Y、Z$,则

$$\tan\beta = \frac{Z}{Y}$$

$$\cos\beta = \frac{1}{\sqrt{1 + \tan^2\beta}}$$

$$OP_{YZ} = \frac{Y}{\cos\beta}$$

在 $\triangle OXP$ 中,设 OP 与 OX 的夹角为 α。

因为

$$\angle OXP = 90°$$

$$XP = OP_{YZ} = \frac{Y}{\cos\beta}$$

所以

$$\tan\alpha = \frac{XP}{OX} = \frac{OP_{YZ}}{X} = \frac{Y}{X}\frac{1}{\cos\beta}$$

$$\cos\alpha = \frac{1}{\sqrt{1 + \tan^2\alpha}}$$

由此,可求出最长轴的插补进给量 ΔX_i 为

$$\Delta X_i = f_i \cos\alpha \qquad (2\text{-}51)$$

为使三个轴能同时到达终点,必须满足

$$\frac{\Delta X_i}{X} = \frac{\Delta Y_i}{Y} = \frac{\Delta Z_i}{Z}$$

则可求出长轴和短轴的插补进给量 ΔY_i、ΔZ_i,即

$$\Delta Y_i = \frac{Y}{X} \Delta X_i \tag{2-52}$$

$$\Delta Z_i = \frac{Z}{X} \Delta X_i \tag{2-53}$$

2.4.2 三坐标联动螺旋线插补原理

三坐标联动螺旋线插补是指两个轴进行两坐标联动圆弧插补,第三坐标进行直线插补的合成运动。如图 2-25 所示,设 X 轴和 Y 轴在 XOY 平面上做圆弧插补,Z 轴垂直 XOY 平面做直线插补,从而使刀具沿螺旋线轨迹从 A 点移动到 B 点。

为简化三坐标联动螺旋线插补计算,利用两坐标联动圆弧插补计算程序,规定螺旋线插补时的指令速度是圆弧平面中圆弧切线方向的速度。要使刀具从 A 点沿螺旋线轨迹移动到 B 点,则要使直线轴的进给速度与圆弧插补速度保持一定的比例关系,要同时到达终点。

螺旋线 AB 为已知线,两端点 A 和 B 在 XOY 平面上的投影及投影的圆弧半径也是已知的,由图 2-25 可知,A、A' 点是螺旋线 AB 在 XOY 平面上的投影,圆弧半径为 R。可利用本章前面讲过的方法对圆弧 $\overset{\frown}{AA'}$ 进行插补计算,求出 ΔX_i、ΔY_i。

在图 2-25 中,设 P 点为螺旋线插补中某次插补后的瞬时点,P 点的坐标值为 $(\Delta X_i, \Delta Y_i, \Delta Z_i)$,它在 XOY 平面中的投影点为 $M(\Delta X_i, \Delta Y_i, 0)$,在 Z 轴上的投影点为 $N(0, 0, \Delta Z_i)$,OZ 为螺旋线 AB 终点 B 在 Z 轴的增量值,ON 为插补后在 Z 轴的瞬时坐标值,圆弧 $\overset{\frown}{AM}$ 为 XOY 平面中插补后的瞬时弧长。

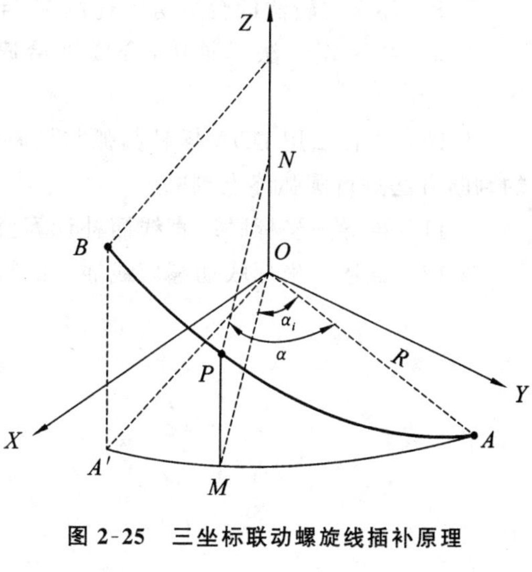

根据直线轴和圆弧插补进给速度的比例关系,则有

$$ON = AM \frac{OZ}{AA'}$$

设 $\overset{\frown}{AM}$ 所对应的圆心角为 α_i,$\overset{\frown}{AA'}$ 所对应的圆心角为 α,则

$$Z_i = ON = \frac{\alpha_i}{\alpha} Z \tag{2-54}$$

图 2-25 三坐标联动螺旋线插补原理

由此可求得直线轴的插补进给量为 ΔZ_i,即

$$\Delta Z_i = Z_i - Z_{i-1} \tag{2-55}$$

式(2-55)中,Z_{i-1} 为直线轴上次插补后瞬时坐标值,可以看出 ΔZ_i 只与 Z、α 有关。α、α_i 可以通过三角函数运算求出。实际处理时,由于直线的增量值 Z 和圆弧平面编程轨迹的起点、终点均在程序段中给定。因而,在对程序预处理中,可以先将增量角 α 和 Z/α 计算好,放在固定单元。插补运算时,在求出 ΔX_i、ΔY_i 的同时,只需进行瞬时转角 α_i 和直线轴的插补进给量 ΔZ_i 的计算,这样可大大减少插补工作量,提高插补速度。

思考与练习题

2-1 欲用逐点比较法插补直线 OE，起点为 $O(0,0)$，终点为 $E(-7,-4)$，试写出插补运算过程并绘出插补轨迹。

2-2 试推导出逐点比较法插补第 Ⅱ 象限逆时针圆弧的偏差函数递推公式，并写出插补圆弧 $\overset{\frown}{SE}$ 的运算过程，绘出其轨迹。设圆弧的起点为 $S(0,6)$，终点为 $E(-6,0)$。

2-3 已知抛物线的方程为 $Y=\dfrac{2}{3}X^2$，试推导出逐点比较法加工第 Ⅰ 象限抛物线偏差函数的递推公式，写出从点 $O(0,0)$ 至点 $E(3,6)$ 的插补运算过程，并绘出其插补轨迹。

2-4 设用数字积分法插补直线 OE，已知起点为 $O(0,0)$，终点为 $E(4,8)$，被积函数寄存器和累加器均为四位，试写出插补过程并绘出插补轨迹。

2-5 设用数字积分法插补圆弧 $\overset{\frown}{SE}$，起点为 $S(-6,0)$，终点为 $E(0,6)$，被积函数寄存器和累加器均为四位，试写出插补过程并绘出插补轨迹。

2-6 试用比较积分法插补直线 OE，已知起点为 $O(0,0)$，终点为 $E(6,8)$，试写出插补运算过程并绘出轨迹。

2-7 试用逐点比较法插补椭圆 $\dfrac{X^2}{16}+\dfrac{Y^2}{9}=1$ 的 $\overset{\frown}{PQ}$ 段，已知起点为 $P(4,0)$，终点为 $Q(0,3)$，试写出插补运算过程并绘出插补轨迹。

2-8 逐点比较法的合成进给速度 V 与脉冲源速度 V_{MF} 有何关系？此关系说明了什么？

2-9 数字积分法插补中，合成进给速度 V 与脉冲源速度 V_{MF} 有何关系？它说明了什么？

2-10 为什么用 DDA 插补圆弧与插补直线的终点判断方法不同？能否用直线插补时的判断方法进行圆弧终点判断？

2-11 推导三坐标联动直线插补计算公式。

2-12 试述三坐标联动螺旋线插补的特点和插补点 ΔZ 的计算方法。

第 3 章
计算机数控系统

计算机数控(computerized numerical control,简称 CNC)系统是用计算机控制加工功能,实现数字控制的系统。CNC 系统是根据计算机存储器中存储的控制程序,执行部分或全部数字控制功能,并配有接口电路和伺服驱动装置的专用计算机系统。

◀ 3.1 计算机数控系统概述 ▶

3.1.1 计算机数控系统的组成和作用

计算机数控系统由输入/输出装置、CNC 装置、PLC、主轴驱动装置和进给(伺服)驱动装置组成,如图 3-1 所示。数控系统的核心是 CNC 装置,CNC 装置的核心是计算机。数控机床的各个执行部件在数控系统的指挥下,即通过计算机执行其存储器内的程序,实现全部控制功能,从而完成零件的切削加工。由于使用了 CNC 装置,系统具有软件功能;又由于用 PLC 取代了传统机床上使用的继电器逻辑控制装置,系统更小巧,灵活性、通用性、可靠性更好,易于实现复杂的数控功能,使用、维修也方便,并且具有与上位机连接及进行远程通信的功能。

如图 3-1 所示,计算机数控系统由硬件和软件共同完成数控任务。零件加工程序可用多种方式输入到数控装置中。如通过键盘输入和编辑数控加工程序,通过通信方式输入其他计算机程序编辑器、自动编程器、CAD/CAM 系统或上位机以 DNC 方式提供的数控加工程序。CNC 装置在软件控制下,可实现硬件数控装置(NC 装置)所不能完成的功能,如图形显示、系统诊断、各种复杂轨迹的插补算法、智能控制、通信及网络功能等。

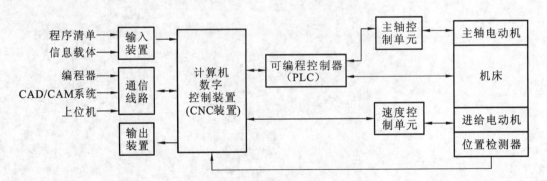

图 3-1 计算机数控系统的组成

现代数控系统用可编程控制器(PLC)取代了传统机床上使用的继电器逻辑控制(RLC)装置,实现了机床的逻辑控制。PLC 可以位于 CNC 装置之外,称作独立型 PLC;也可以与 CNC 装置合成为一体,称作内装型 PLC。

CNC 装置的插补运算结果(机床的位置指令)经位置单元处理后送给速度控制单元(伺服驱动单元),由速度控制单元驱动进给电动机带动工作台运动,工作台的位置由位置检测与反馈装置反馈给数控装置,实现闭环控制。

3.1.2　CNC 装置的工作过程

CNC 装置在硬件支持下,由软件完成其控制过程。下面从输入、译码处理、数据处理、插补运算、位置控制、输入/输出处理、显示和诊断八个环节来说明 CNC 装置的工作过程。

1. 输入

输入到 CNC 装置的有零件程序、控制参数和补偿数据等。常用的输入方式有键盘手动输入(MDI)、存储卡输入、磁盘输入、串行通信接口 RS-232 输入、连接上一级计算机的 DNC 输入以及网络通信方式输入。

2. 译码处理

译码处理程序将零件加工程序以程序段(block)为单位进行处理。每个程序段由若干代码组成。计算机通过译码程序识别这些代码,按一定的规则翻译成 CNC 装置能够识别的数据形式(如事先约定的二进制形式),并存放在指定的存储器(译码结果缓冲器)内。

3. 数据处理

数据处理程序的任务就是对经过预处理后存放在指定的存储区的数据进行处理。数据处理一般包括刀具位置补偿、刀具长度补偿、刀具半径补偿、刀尖圆弧半径补偿、进给速度处理及辅助功能处理。

4. 插补运算

插补运算和位置控制是 CNC 系统的实时控制,一般在相应的中断服务程序中进行。

5. 位置控制

位置控制的任务是在每个采样周期内,将插补计算得到的理论位置与工作台实际反馈位置相比较,根据其差值控制进给电动机,带动工作台或刀具移动,加工出所要求的零件。

6. 输入/输出处理

输入/输出处理主要处理 CNC 装置操作面板的开关信号、机床电气信号的输入/输出控制(如换刀、换挡、冷却等)。CNC 装置与机床强电之间必须通过光电隔离电路进行隔离,以确保 CNC 装置不受强电信号的影响。

7. 显示

CNC 装置的显示主要是为操作者提供方便。显示内容包括零件程序显示、参数显示、机床状态显示、加工轨迹的动态显示、报警诊断显示等。

8. 诊断

CNC 装置利用内部自诊断程序进行故障诊断,主要包括启动诊断和在线诊断。

3.1.3　CNC 装置的功能

CNC 装置的功能通常包括基本功能和选择功能。

1. 基本功能

1) 控制功能

控制功能是指 CNC 装置能够控制的并且能够同时控制联动的轴数。控制轴有移动轴和回转轴,有基本轴和附加轴。控制轴数越多,特别是联动轴数越多,CNC 装置就越复杂,成本就越高,编程也就越困难。

2)准备功能

准备功能(G 功能)是指用来控制机床动作方式的功能,主要有基本移动、坐标平面选择、坐标设定、刀具补偿、固定循环、基准点返回、公英制转换、绝对值与相对值转换等指令。G 代码分模态(续效)和非模态(一次性)两大类。

3)插补功能

插补功能是指 CNC 装置可以实现各种类型轨迹插补运算的功能,如直线插补、圆弧插补及其他二次曲线插补和高次曲线插补(如三次样条曲线插补)。它可以用硬件和软件两种方式实现,其中,前者的速度快,而后者的处理方法灵活。目前,随着微处理器性能的提高,多使用软件插补,并把插补分为粗、精两级。

4)进给功能

一般用 F 代码直接指定刀具进给速度。如果是直线进给轴,表示每分钟进给的毫米数,例如,F80 表示进给速度为 80 mm/min。如果用相应的 G 代码将直线进给轴指定为同步进给,则表示主轴每转进给的毫米数,例如,F10 表示 10 mm/r,这时可加工螺纹,此时,主轴必须装有位置编码器。

坐标轴快速定位(代码为 G00)时的进给速度由机床参数决定,不能通过编程决定。

另外,进给速度的实际大小还受操作面板上的进给倍率修调开关的控制(一般修调范围为 10%~200%)。

5)主轴功能

主轴功能用来指定主轴转速,用字母 S 和它后面的若干位数字组成,有表面恒线速度(mm/min)控制和转速(r/min)控制两种运行方式。主轴的转向由 M 代码确定。主轴实际转速的大小还受机床操作面板上的主轴倍率修调开关的控制。

6)刀具功能

刀具功能包括选择的刀具数量和种类、刀具的编码方式、自动换刀的方式。用字母 T 和后面的 2~4 位数字表示。

7)辅助功能

辅助功能也称 M 功能,用字母 M 及其后面的两位数字来表示,共有 100 种(M00~M99)。ISO 标准中统一定义了部分功能,用来规定主轴的起停和转向、切削液的开关、刀库的动作、刀具的更换、工件的夹紧和松开等。例如,M03 表示主轴正转,M04 表示主轴反转,M05 表示主轴停转。

8)显示功能

CNC 装置通过阴极射线管(CRT)、薄膜晶体管(TFT)等显示器来显示字符和图形,如显示程序、参数、各种补偿量、坐标位置、刀具运动轨迹和故障信息等。

9)自诊断功能

CNC 装置有各种诊断程序,可实时诊断系统故障。在故障出现后有助于维修人员诊断其类型并将其定位,从而减少故障停机修复时间。

2. 选择功能

1)补偿功能

CNC 系统可以备有补偿功能,这些功能包括刀具长度补偿、刀具半径补偿、刀尖圆弧补偿、三维刀具补偿、丝杠螺距误差补偿、反向间隙所引起的加工误差补偿等。

2）固定循环功能

固定循环功能是指数控系统为常见的加工工艺所编制的可以多次循环加工的功能。

3）图形显示功能

图形显示功能一般需要高分辨率的显示器。某些 CNC 系统可配置 14 英寸（1 英寸＝2.54 厘米）彩色显示器，能显示人机对话编程菜单、零件图形、动态模拟刀具轨迹等。

4）通信功能

CNC 系统通常备有 RS-232C 接口，有的还备有 RS-422 接口，设有缓冲存储器，可以实现一般的数据传送、DNC 控制等功能。有的 CNC 系统还能与自动制造协议 MAP 相连，进入工厂通信网络，以适应 FMS、CIMS 的要求。

5）图形编程功能

图形编程功能是指 CNC 系统不仅可以对由 G 指令和 M 指令编制的加工程序进行处理，同时还具备 CAD（计算机辅助设计）的功能，CNC 系统可以直接处理零件的图形，将其转换成由 G 指令和 M 指令组成的加工代码，然后加工出符合要求的零件。

6）人机对话编程功能

人机对话编程功能不但有助于编制复杂零件的程序，而且可以方便编程。例如蓝图编程，只要输入图样上表示几何尺寸的简单命令，就能自动生成加工程序。对话式编程可根据引导图和说明进行示教编程，并具有工序、刀具、切削条件等自动选择的智能功能。

◀ 3.2 计算机数控系统的硬件 ▶

3.2.1 计算机数控系统硬件概述

数控系统从总体看是由各组成部分通过 I/O 接口互相连接而成的。以单微处理器结构为例，如图 3-2 所示。

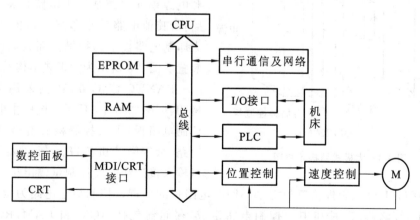

图 3-2 数控系统结构图

CNC 装置是数控系统的控制核心，其硬件和软件控制着各种数控功能的实现，它与数控系统的其他部分通过接口相连。CNC 装置与通用计算机一样，是由中央处理器（CPU）、存储数据与程序的存储器等组成。存储器分为系统控制软件程序存储器(ROM)、加工程序存储器(RAM)及工作区存储器(RAM),系统控制软件程序存储器中的系统控制软件程序由数控系统生产厂家写入,用来完成 CNC 系统的各项功能,数控机床操作者将各自的加工程序存储在 RAM 中,供数控系统用于控制机床加工零件;工作区存储器是系统程序执行过程中的活动场所,用于堆栈、参数保存、中间运算结果保存等。CPU 执行系统程序、读取加工程序,经过译码、预处理计算,然后根据加工程序段指令,进行实时插补与机床位置伺服控制,同时将辅助动作指令通过可编程序控制器(PLC)发往机床,并接收通过可编程序控制器返回的机床各部分信息,以决定下一步操作。

CNC 系统对机床进行自动控制所需的各种外部控制信息及加工数据都是通过输入设备送往 CNC 装置的存储器中的。因输入设备不同,可以有多种输入方式:纸带输入、键盘输入及计算机通信输入等。CNC 系统的工作过程状态和数据一般通过显示器和各种指示灯来向用户显示。

驱动控制装置控制各轴的运动,其中进给轴的位置控制部分常在数控装置中以硬件位置控制模块或软件位置调节器实现,即数控装置接收实际位置反馈信号,将其与插补计算出的命令位置相比较,通过位置调节作为轴位置控制给定量,再输出给伺服驱动系统。

3.2.2 数控装置硬件结构类型

数控装置硬件结构按 CNC 装置中各印制电路板的插接方式可分为大板式结构和功能模板式结构;按 CNC 装置中微处理器的个数可以分为单微处理器结构和多微处理器结构;按 CNC 装置硬件的制造方式,可以分为专用型结构和个人计算机式结构;按 CNC 装置的开放程度又可分为封闭式结构、PC 嵌入 NC 式结构、NC 嵌入 PC 式结构和软件型开放式结构。

1. 大板式结构和功能模块式结构

1) 大板式结构

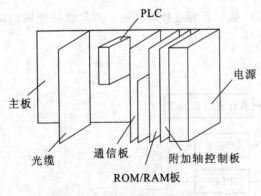

图 3-3 大板式结构示意图

大板式结构 CNC 系统的 CNC 装置由主电路板、位置控制板、PLC 板、图形控制板和电源单元等组成。主电路板是大印制电路板,其他电路是小印制电路板,它们插在大印制电路板上的插槽内而共同构成 CNC 装置。图 3-3 所示为大板式结构示意图。

FANUC CNC 6MB 就采用大板式结构,其框图如图 3-4 所示。图中主电路板(大印制电路板)上有控制核心电路、位置控制电路、纸带阅读机接口、三个轴的位置反馈量输入接口和速度控制量输出接口、手摇脉冲发生器接口、I/O 控制板接口和六个小印制电路板的插槽。控制核心电路为微机基本系统,由 CPU、存储器、定时和中断控制电路组成,存储器包括 ROM 和 RAM,ROM(常用EPROM)用于固化数控系统软件,RAM 存放可变数据,如堆栈数据和控制软件暂存数据,数控加工程序和系统参数等可变数据存储区域应具有掉电保护功能,如磁泡存储器和带电池的 RAM,从而当主电源不供电时,能保持其信息不丢失。六个插槽内分别可插入用于保存数控加工程序的磁泡存储器板、附加轴控制板、CRT 显示控制和 I/O 接口板、扩展存储器（ROM）板、PLC 板、位置反馈传感元件采用旋转变压器或感应同步器的控制板。

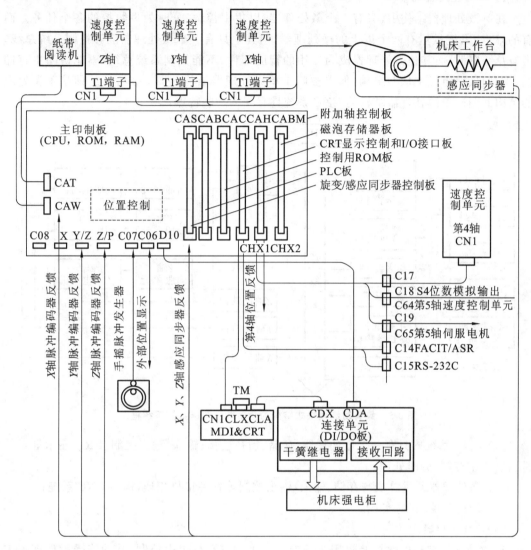

图 3-4 FANUC CNC 6MB 框图

2）功能模块式结构

在采用功能模式结构的 CNC 装置中，将整个 CNC 装置按功能划分为模块，硬件和软件的设计都采用模块化设计方法，即每一个功能模块被做成尺寸相同的印制电路板（称功能模板），相应功能模块的控制软件也模块化。这样形成了一个所谓的交钥匙 CNC 系统产品系列，用户只要按需要选用各种控制单元母板及所需功能模板，将各功能模板插入控制单元母板的槽内，就搭成了自己需要的 CNC 装置。常见的功能模板有 CNC 控制板、位置控制板、PLC 板、图形板和通信板等。例如，具有功能模块式结构的全功能型车床数控系统框图如图 3-5 所示，系统由 CPU 板、扩展存储器板、显示控制板、手轮接口板、键盘和录音机板、强电输出板、伺服接口板和三块轴反馈板等 11 块板组成，连接各模块的总线可按需选用各种工业标准总线，如工业 PC 总线、STD 总线等。FANUC 系统 15 系列就采用了功能模块化式结构。

2. 单微处理器结构和多微处理器结构

1）单微处理器结构

在单微处理器结构中，只有一个微处理器，以集中控制、分时处理数控的各个任务。而有的 CNC 系统虽然有两个以上的微处理器，但其中只有一个微处理器能够控制系统总线，占有总线资源；而其他微处理器成为专用的智能部件，不能控制系统总线，不能访问主存储器。它们虽然组成主从型结构，但也被归于单微处理器结构。图 3-2 给出的即是单微处理器结构框图。单微处理器结构的 CNC 系统具有如下一些特点：

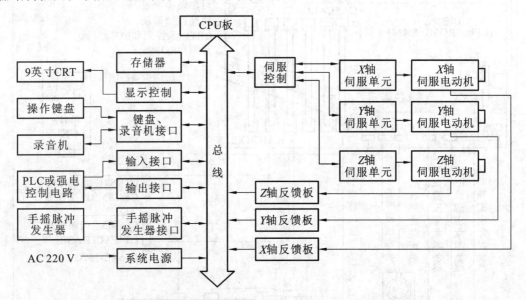

图 3-5　具有功能模块式结构的全功能型车床数控系统框图

（1）CNC 系统内只有一个微处理器，存储、插补运算、输入/输出控制、CRT 显示等功能都由它集中控制、分时处理；

（2）微处理器通过总线与存储、输入/输出控制等各种接口相连，构成 CNC 系统；

（3）结构简单，容易实现。

2）多微处理器结构

单微处理器结构的数控装置因为只有一个 CPU，实行集中控制，其功能受微处理器字长、数据宽度、寻址能力和运算速度的限制，而且插补等功能由软件来实现，因此，数控功能的扩展和提高与处理速度成为一对突出的矛盾。若想从根本上提高 CNC 装置的功能，则需要采用多微处理器结构。现代最新结构的 CNC 装置都采用多微处理器结构。

在多微处理器结构中，由两个以上的 CPU 构成处理部件和各种功能模块，处理部件和功能模块之间采用紧耦合或者松耦合形式。紧耦合结构有集中的操作系统，共享资源；松耦合结构有多层操作系统，可以有效地实行并行处理。

CNC 装置的多 CPU 结构方案多种多样，它是随着计算机系统结构的发展而变化的，多微处理器互连方式有：总线互连、环形互连、交叉开关互连、多级开关互连和混合交换互连等。多微处理器的 CNC 装置一般采用总线互连方式，典型的结构有共享总线型结构、共享存储器型结构以及它们的混合型结构等。

多微处理器 CNC 装置采用模块化技术，CNC 装置中包括哪些模块，可根据具体情况合理安排。多微处理器共享总线结构一般由下面几种功能模块组成:CNC 管理模块、存储器模块、CNC 插补模块、位置控制模块、PLC 功能模块、对话式自动编程模块、主轴控制模块,具体结构如图 3-6 所示。

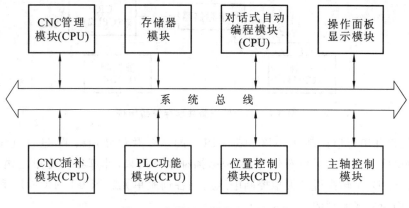

图 3-6　多微处理器共享总线结构

随着 CNC 装置的功能、结构的不同,功能模块的多少和划分也不同。如果要扩充功能,再增加相应的模块即可。

下面给出两种具有多微处理器结构的 CNC 装置的框图。

(1) 共享总线结构。

在这种结构中,以系统总线为中心组成多微处理器 CNC 装置,按功能不同,将系统划分为若干功能模块,如图 3-6 所示。带有 CPU 的模块为主模块,不带 CPU 的模块为从模块。所有主、从模块都插在配有总线插座的机箱内,在这种结构中,只有主模块有权使用系统总线,主模块对总线的使用权通过总线仲裁电路来决定,以解决多个主模块同时请求使用总线时的矛盾。

系统总线的作用是把各模块有效地连接在一起,按要求交换各种数据和控制信息,实现各种预定的功能。共享总线结构的特点是系统配置灵活、结构简单、容易实现、造价低,其不足之处是可能引起总线竞争,降低信息传递效率,倘若总线出现故障,则会影响全局。

(2) 共享存储器结构。

这种结构是以共享存储器为中心构成多微处理器 CNC 装置,如图 3-7 所示。该结构采用多端口存储器来实现各微处理器之间的互连和通信,多端口存储器的每个端口都配有一套数据、地址、控制总线,以供其他设备访问,由专门的多端口控制逻辑解决访问冲突的问题。这种结构的特点是在同一时刻只能有一个微处理器对多端口存储器进行读写,所以功能复杂,当微处理器的数量增多时,会因为争用共享存储器而造成信息传输的阻塞,降低传输效率,扩展功能也会受阻。但双端口存储器在两个 CPU 间传输数据非常迅速且可靠。

图 3-8 所示为由三个 CPU 组成的共享存储器多 CPU 典型系统框图。CPU1 为中央处理器,负责程序的编制、译码、刀具和机床参数的输入;它还控制 CPU2 和 CPU3,并与之交换信息。CPU2 根据 CPU1 的指令和显示数据,在显示缓冲区组成画面数据,通过 CRT 控制器、字符发生器和位移寄存器,将显示数据串行输入到视频电路进行显示;CPU2 还定时扫描键盘和倍率开关的状态,送到 CPU1 进行处理。CPU3 负责插补运算、位置控制、机床

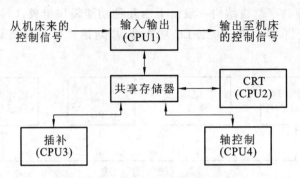

图 3-7 多微处理器共享存储器结构

输入/输出接口和串行口控制,CPU3 根据 CPU1 的指令及预处理结果,进行直线和圆弧插补。它定时接收各轴的实际位置信号,并根据插补运算结果,计算各轴的跟随误差,以得到速度指令值,经 D/A 转换得到模拟控制电压送到各伺服单元。CPU1 对 CPU2 和 CPU3 的控制是通过中断方式实现的。

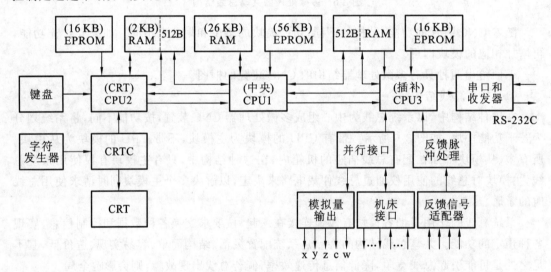

图 3-8 由三个 CPU 组成的共享存储器多 CPU 典型系统框图

3. 专用型结构和个人计算机式结构

1)专用型结构

这类 CNC 装置的硬件由各制造厂专门设计和制造,布局合理,结构紧凑,专用性强,但硬件之间彼此不能交换和替代,没有通用性。如:FANUC 数控系统、SIEMENS 数控系统、美国 A-B 系统等都属于专用型结构。

2)个人计算机式结构

这类 CNC 系统是以工业标准计算机作为 CNC 装置的支撑平台,再由各数控机床制造厂根据数控的需要,插入自己的控制卡和数控软件构成相应的 CNC 装置。由于工业标准计算机的生产数以百万台计,其生产成本很低,继而也就降低了 CNC 系统的成本。若工业标准计算机出现故障,修理及更换均很容易。美国 ANILAM 公司和 AI 公司生产的 CNC 装置均属这种类型,图 3-9 所示就是一种以工业标准计算机为技术平台的数控系统结构框图。

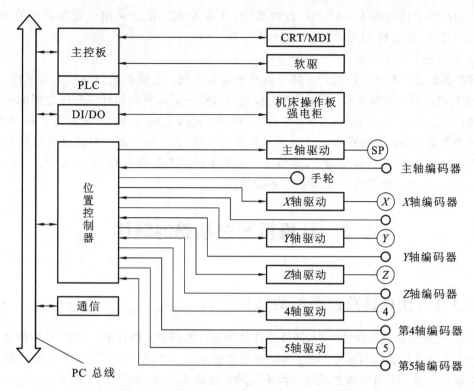

图 3-9　以工业标准计算机为技术平台的数控系统结构框图

4. 封闭式结构、PC 嵌入 NC 式结构、NC 嵌入 PC 式结构和软件型开放式结构

1）封闭式结构

如 FANUC 0 系统、MITSUBISHI M50 系统、SINUMERIK 810 系统等都是具有专用的封闭式结构的数控系统。尽管也可以由用户做人机界面,但必须使用专门的开发工具(如 SIEMENS 的 WS800A),耗费较多的人力,而它的功能扩展、改变和维修都必须求助于系统供应商。目前,这类系统还是占领了制造业的大部分市场。但由于开放体系结构数控系统的发展,传统数控系统的市场正在受到挑战,其市场份额正在逐渐减小。

2）PC 嵌入 NC 式结构

如 FANUC 18i/16i 系统、SINUMERIK 840D 系统、Num1060 系统、AB9/360 系统等均属于 PC 嵌入 NC 式结构的数控系统。这些是由于一些数控系统制造商不愿放弃多年来积累的数控软件技术,又想利用计算机丰富的软件资源而开发的产品。然而,尽管 PC 嵌入 NC 式结构数控系统也具有一定的开放性,但由于它的 NC 部分仍然是传统的数控系统,其体系结构还是不开放的,因此,用户无法介入数控系统的核心。这类系统结构复杂、功能强大,但价格昂贵。

3）NC 嵌入 PC 式结构

它由开放体系结构运动控制卡加计算机构成。运动控制卡通常选用高速 DSP 作为 CPU,具有很强的运动控制和 PLC 控制能力。它本身就是一个数控系统,可以单独使用。它开放的函数库供用户在 Windows 平台下自行开发构造所需的控制系统,因而这种开放结构运动控制卡被广泛应用于制造业自动化控制各个领域,如美国 Delta Tau 公司用 PMAC

多轴运动控制卡构造的 PMAC-NC 数控系统,日本 MAZAK 公司用三菱电动机的 MEL-DASMAGIC64 构造的 MAZATROL640CNC 等。

4）软件型开放式结构

数控系统是一种具有最新开放体系结构的数控系统。它提供给用户最大灵活性,它的 CNC 软件全部装在计算机中,而硬件部分仅是计算机与伺服驱动和外部 I/O 之间的标准化通用接口,用户可以在 Windows NT 平台上,利用开放的 CNC 内核,开发所需的各种功能,构成各种类型的高性能数控系统。与前几种数控系统相比,软件型开放式结构数控系统具有最高的性价比,因而最有生命力,其典型产品有美国 MDSI 公司的 Open CNC 系统、德国 Power Automation 公司的 PA8000NT 系统等。

◀ 3.3　计算机数控系统的软件 ▶

3.3.1　计算机数控系统的软件界面

CNC 系统由软件和硬件组成,硬件为软件的运行提供了支持环境。CNC 系统的软件是为实现其各项功能而编写的专用软件,又称为系统软件。系统软件可进一步分为管理软件和控制软件。管理软件和控制软件又由不同的功能模块组成,如图 3-10 所示。正是在系统软件的控制下,CNC 装置才能对输入的加工程序进行自动处理,并发出相应的控制指令,使机床能够加工零件。

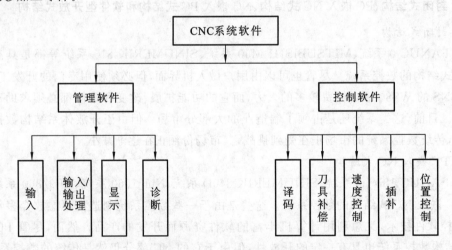

图 3-10　CNC 系统软件框图

因为软件和硬件在逻辑上具有等价性,所以在数控系统设计时,应考虑的一个主要问题就是,哪些功能由硬件实现,哪些功能由软件实现。随着微处理器集成度的提高、功能的增强、价格的降低,总的趋势是,能用软件完成的功能一般不用硬件来实现。软硬件有不同的特点,一般来说,硬件处理速度快,但价格贵;软件设计灵活,适应性强,但处理速度慢。图 3-11 说明了目前三种典型 CNC 装置的软硬件界面关系。

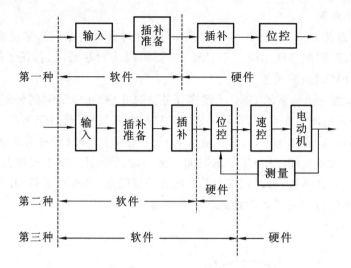

图 3-11 三种典型 CNC 装置的软硬件界面关系

3.3.2 计算机数控系统软件的结构与特点

CNC 系统是一个专用的实时多任务计算机控制系统,在它的控制软件中也能体现出当今计算机软件的许多处理技术,它最突出的特点是多任务并行处理和多重实时中断。

1. CNC 装置的多任务并行处理

如前所述,CNC 系统软件应完成管理和控制两大任务。系统管理部分包括输入、输入/输出处理、显示和诊断。系统控制部分包括译码、刀具半径补偿、速度处理、插补和位置控制。

并行处理是指计算机在同一时刻或同一时间间隔内完成两种或两种以上性质相同或不相同的工作。由于数控机床工作的特殊要求,管理和控制的某些工作必须同时进行。例如,当 CNC 装置工作在加工控制状态时,为使操作人员能及时了解 CNC 系统的工作状态,管理软件中的显示模块必须与控制软件同时运行(并行处理)。为保证程序段之间不间断,即刀具在各程序段之间不停刀,在控制软件内部,译码、刀具半径补偿和速度处理模块必须与插补模块同时运行。图 3-12 中用双箭头表示出系统软件中各模块间的并行处理关系。表现在软件上是主要通过资源分时共享和资源重叠的流水线处理技术来实现上述要求。

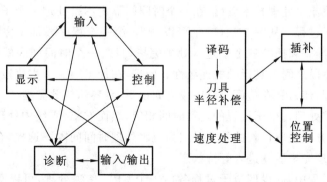

图 3-12 CNC 系统的并行处理

1）资源分时共享

在单微处理器的 CNC 系统中，主要采用 CPU 分时共享的原则来解决多任务的同时运行，使多个任务按时间顺序使用同一个 CPU，需要解决的问题是：①各任务何时占用 CPU；②各任务占用 CPU 时间的长短。

图 3-13 所示为一个典型的 CNC 系统多任务分时共享 CPU 的时间分配图，系统在完成初始化后自动进入时间分配环中，在环中依次轮流处理各任务，而对于系统中一些实时性很强的任务而言，则按优先级排队，分别放在不同的优先级上，环外任务可以随时中断环内任务的执行，且每个任务允许占用 CPU 的时间受到一定的限制。对于某些占用 CPU 时间较长的任务来说，如插补准备，可以在其中某些地方设置断点，当程序运行到断点处，自动让出CPU，等到下一个运行时间里自动跳到断点处继续执行。

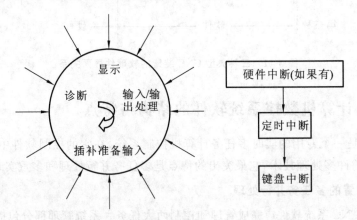

图 3-13　CNC 系统多任务分时共享 CPU 的时间分配

2）资源重叠流水处理

当 CNC 系统工作在自动加工方式下时，其数据处理过程由零件程序输入（指单程序段的读入，包括译码）、插补准备（包括刀具半径补偿、速度处理、间隙补偿等）、插补（指一次插补）和位置控制（指一次位置控制）四个子过程组成。设每个子过程的处理时间分别为 Δt_1、Δt_2、Δt_3、Δt_4，则一个零件程序段的处理时间将是 $t = \Delta t_1 + \Delta t_2 + \Delta t_3 + \Delta t_4$。如果等到第一个程序段加工完成后再处理第二个数据段（见图 3-14（a）），第二个程序段的第一次位置输出与第一个程序段的最后一次位置输出之间的时间间隔为 t，这种时间间隔表现为进给电动机和刀具在两个程序段间的停顿，停顿将使零件表面的粗糙度加大，这是加工工艺所不允许的。

采用时间重叠流水处理技术以后，在一个时间间隔内不是处理一个子过程，而是处理两个或两个以上的子过程。从图 3-14（b）中可以看出，第一个程序段加工完毕后，第二个程序段已将输入、插补准备和插补三个子过程处理完毕，只需一个时间间隔就有位置输出，从而保证了在两个程序段之间刀具运动的连续性。同理，在加工第二个程序段的同时，对第三个程序段进行预处理，使刀具在这两个程序段之间也不会停顿，依此类推。

流水处理要求处理每个子过程的运算时间相等，然而 CNC 系统中处理每个子过程所需的时间不同，解决方法是取最长的处理时间为流水处理时间间隔。这样，在处理时间间隔较短的子过程时，处理完毕后就进入等待状态。

在上述处理过程中，假设四个子过程各由一个 CPU 单独处理，可以实现在同一个时间间隔内，多任务同时（并行）处理，达到真正意义上的时间重叠；而在单微处理器的 CNC 系

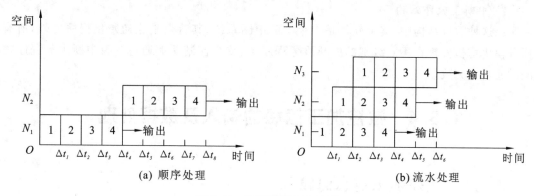

图 3-14　资源重叠流水处理

统中,流水处理的时间重叠只有宏观上的意义,即在一段时间内,由一个 CPU 处理了多个子过程,但从微观意义上看,每个子过程是分时占用 CPU 的。

2. 实时中断处理

由于数控机床在加工零件的过程中,有些控制任务具有较强的实时性要求,反映在 CNC 系统的控制软件上就是利用实时中断来满足这一要求。CNC 系统的中断管理主要靠硬件完成,系统的中断结构决定了系统软件的结构,中断类型有外部中断、内部定时中断、硬件故障中断以及程序性中断。

(1)外部中断,主要有纸带阅读机中断、外部监控中断(如急停等)和键盘输入中断。前两种中断的实时性要求很高,通常定义为较高的优先级,后一种中断定义为较低的优先级。

(2)内部定时中断,主要有插补周期定时中断和位置采样周期定时中断。在有些系统中,将这两种中断合二为一。也可以取插补中断周期为采样中断周期的整数倍,即采样中断(进行位置控制)发生几次后,发生一次插补中断。在处理时,优先处理位置控制,然后处理插补运算。

(3)硬件故障中断是指由各种硬件故障检测装置发出的中断,如存储器故障、定时器出错、插补周期超时等。

(4)程序性中断是指程序出现异常情况的报警中断,如溢出、除零等。

3. CNC 系统软件结构

1)前后台型软件结构

在这种软件结构中,前台程序为实时中断服务程序,完成全部实时功能,如插补、位控等;后台程序为背景程序,是一个循环运行程序,它完成管理及插补准备等功能。前台程序不断插入,与背景程序相配合,共同完成零件加工任务。前后台型软件结构如图 3-15 所示。

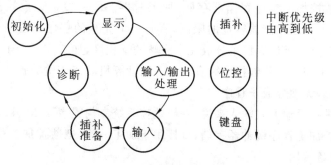

图 3-15　前后台型软件结构

2) 中断型软件结构

在这种软件结构中,整个软件是一个大的中断系统,其特点是除初始化程序之外,所有任务模块均被安排在不同级别的中断服务程序中,整个控制功能通过各级中断服务程序之间的通信来完成。

◀ 3.4 数控加工信息的输入及数据处理 ▶

3.4.1 数控加工信息的输入

1. 数控加工程序的输入

所谓数控加工程序的输入,是指把"写"在信息载体上的数控加工程序,通过一定输入方式送至数控系统的数控加工程序存储器的过程。数控系统的信息输入方式有两种:一是手动数据输入方式(MDI),一般用键盘输入;二是自动输入方式,一般有光电阅读机输入、磁盘输入、通信接口输入或由上一级计算机与数控系统通信输入。手动输入方式一般仅限于简单的数控加工程序输入,而大量复杂零件加工程序的输入要利用自动输入方式。

从计算机数控系统内部来看,存储数控加工程序的程序存储器分为两部分:一部分是数控加工程序缓冲器;另一部分是数控加工程序存储器。数控加工程序缓冲器中只能存放一个或几个程序数据段,其规模要相对小一些,它是数控加工程序输入通路的重要组成部分,在加工的时候,数控加工程序缓冲器内的数据段直接和后续的译码程序相关联,当数控加工程序缓冲器每次只容纳一个数据段时,管理操作都很简单,但当其规模可以同时存放多个数据段时,就必须配置一个相应的缓冲器管理程序。数控加工程序存储器用于存放整个数控加工程序,一般规模较大。当存储器中需同时存放有多个完整的数控加工程序时,为了便于数控加工程序的调用或编辑操作,一般在存储区中开辟一个目录区,在目录区中按规定格式存放对应数控加工程序的相关信息,如程序名称、该程序在数控加工程序存储区中的首地址和末地址。

对光电阅读机输入方式来说,若是边读入边加工,光电阅读机间歇工作,则读入的程序存储在数控加工程序缓冲器中,根本没有数控加工程序存储器,早期的数控系统特别是硬件数控系统就是这样工作的。若是一次将零件数控加工程序输入,就是光电阅读机先把程序读入数控加工程序缓冲器,再由数控加工程序缓冲器送至数控加工程序存储器保存,加工时再从数控加工程序存储器中一段一段地读入数控加工程序缓冲器。

对由上一级计算机与数控系统通信的输入方式来说,一般由上一级计算机一次把一个完整的程序送到数控加工程序存储器存储,加工时再一段一段读入数控加工程序缓冲器。当然,由于数控加工程序存储器容量的限制,有时一个完整的程序无法一次存入,解决的办法是人工把程序在上一级计算机中分成几个完整的子程序,加工完一个子程序后,再输入第二子程序,直至加工完毕。若数控系统有与上一级计算机动态传输数据的功能,则整个大程序可边传输边加工,无须分成子程序。

对于用键盘进行手动方式输入来说,一般数控系统专门设置了 MDI 缓冲器。可通过键盘把程序输入数控加工程序缓冲器存储,直接用于加工,也可把数控加工程序转存到数控加工程序存储器,以备后用。

图 3-16 是数控加工程序的输入过程框图,从图中可看出所谓数控加工程序的输入,一方面是指通过光电阅读机或键盘(经过缓冲器)将数控加工程序输入到数控加工程序存储器,另一方面是指执行时将数控加工程序从数控加工程序存储器送到数控加工程序缓冲器,然后进行译码处理。因此,从广义上讲,译码处理也包含在数控加工程序的输入过程中。从图 3-16 可看出,根据被译码数控加工程序的不同,可将其输入方式分为键盘输入方式、计算机通信输入方式和光电阅读机输入方式。本节只介绍键盘输入方式。

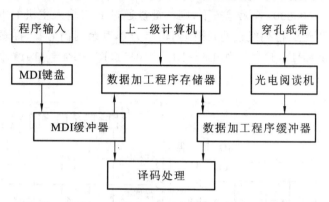

图 3-16　数控加工程序的输入过程框图

2. 键盘输入方式

键盘是数控机床最常用的输入设备,是人机对话的重要手段。键盘有两种基本类型:全编码键盘和非编码键盘。全编码键盘每按下一键,由键盘的硬件逻辑自动提供被按键的 ASCII 代码或其他编码,并能产生一个选通脉冲向 CPU 申请中断,CPU 响应后将键的代码输入内存,通过译码执行该键的功能。此外,全编码键盘还有消除抖动、多键和串键的保护电路。这种键盘使用方便,不占用 CPU 的资源,但价格昂贵。非编码键盘,其硬件上仅提供键盘的行和列的矩阵,其他识别、译码等全部工作是由软件来完成,因此键盘结构简单,价格低,使用灵活,应用广泛。本节主要介绍利用非编码键盘进行数控加工程序输入的工作原理。

1) 非编码式键盘的工作原理

非编码式键盘如图 3-17 所示,其工作原理是用逐行加低电平的办法判断有无键按下。例如,当行 1 加低电平时可以判断 3、4、5 键是否按下,如果此时列 1 变成低电平,则表示键 4 按下,表 3-1 列出了按下的键和行、列信号的关系;如果各列都是高电平,则表示无键按下。键盘上行 0~2 的信号由主机送来,而列 0~2 的信号由键盘反馈给主机,供主机判断。主机是分两步进行查询的,第一步是检测有无键按下,第二步是分析哪一个键按下,然后做相应的处理。

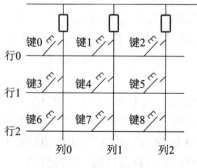

图 3-17　非编码式键盘

表 3-1　按键一览表

行 1、行 2、行 3 ＼ 列 0、列 1、列 2	011	101	110
011	0	1	2
101	3	4	5
110	6	7	8

第一步键检测,就是所有的行都加低电平,如果所有的列都反馈高电平,则表示无键按下,不必进行第二步分析,直接回到原来的程序上去继续进行第一步检测工作;如果有一列反馈为低电平,则表示有键按下。第二步键分析,就是逐行加低电平,如果某一行加低电平时,列有低电平反馈,即可由行、列综合判断出哪一键按下。

图 3-18 是一个实际使用的键盘输入电路,它由 6(行)×5(列)的矩阵组成。主机通过接口 A 输入行信号,而键盘的列信号通过接口 B 控制的三态门输入主机。例如,主机从 A 口送出数据 L6～L1＝000000,若无键按下,则从键盘通过 B 口输入主机的 R5～R1 全为 1;如有键按下,则所按下键的行列线接通,该键列输出为 0,其余列仍为 1。再逐行加低电平,如该行无键按下,则 R5～R1＝11111;如 L6～L1＝110111,R5～R1＝11011,则表示第 3 行第 3 列的键被按下。

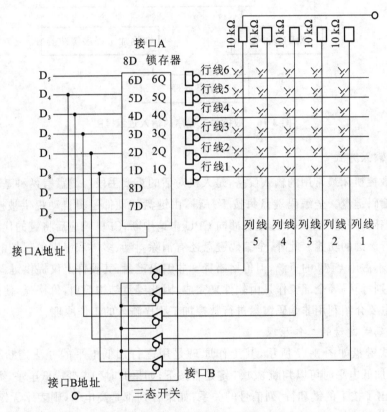

图 3-18　键盘输入电路

2) 键盘扫描的方法

对键盘采用定时扫描的方法,无论有无键按下,CPU 总是要按规定时间扫描键盘,这会出现空扫描概率很大的情况,影响 CPU 的工作效率。如果通过延长扫描的时间间隔来提高CPU 的效率,则可能出现漏扫现象,导致数据或命令丢失。为了提高效率并避免漏扫,可以采用中断扫描方式。

所谓中断扫描方式,是指当键按下时产生中断请求,CPU 响应中断后,进行扫描并生成键代码。中断扫描方式的电路图如图 3-19 所示。当没有键按下时,每根列线都为高电平,中断请求信号 INT 为高电平,不产生中断。当有键按下时,该键所在的列线为低电平,中断请求信号INT 为低电平,发出中断请求,CPU 响应中断转入中断服务程序进行键盘扫描,生成键代码。

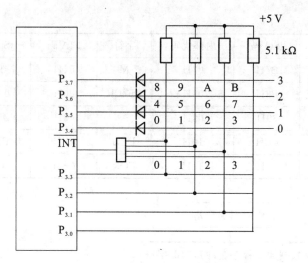

图 3-19 中断扫描方式的电路图

3.4.2 数控加工信息的译码与诊断

数控加工程序输入到数控加工程序缓冲器后,下一步就是译码处理。所谓译码,是指将输入的数控加工程序段按一定规则翻译成 CNC 装置中计算机能识别的数据形式,并按约定的格式存放在指定的译码结果缓冲器中。具体来讲,译码就是从数控加工程序缓冲器或 MDI 缓冲器中逐个读入字符,先识别出其中的文字码和数字码,再将具体的文字或辅助符号译出,最后根据文字码所代表的功能,将后续数字码送到相应译码结果缓冲器中。另外,在译码过程中还要进行数控加工程序的错误诊断。数控加工程序的译码可由硬件线路来实现,也可由软件编程来实现。现介绍软件编程实现的方法。

1. 软件译码过程

1) 代码的识别

代码识别通过软件来实现很简单,一般先把由 ISO 代码或 EIA 代码组成的排列规律不明显的代码转换成具有一定规律的数控内部代码(简称内码),如表 3-2 所示。这样就可将取出的字符与各个内码数字相比较,若相等则说明输入了该字符,并设置相应标志,再进行相应处理。图 3-20 所示就是有关数控加工程序译码处理中代码识别的部分软件流程图。

表 3-2 常用数控代码及其内部代码

字符	EIA 码	ISO 码	内部代码	字符	EIA 码	ISO 码	内部代码
O	20H	30H	00H	X	37H	D8H	12H
L	01H	B1H	01H	Y	38H	59H	13H
2	02H	B2H	02H	Z	29H	5AH	14H
3	13H	33H	03H	I	79H	C9H	15H
4	04H	B4H	04H	J	51H	CAH	16H
5	15H	35H	05H	K	52H	4BH	17H
6	16H	36H	06H	F	76H	C6H	18H

续表

字符	EIA 码	ISO 码	内部代码	字符	EIA 码	ISO 码	内部代码
7	07H	B7H	07H	M	54H	4DH	19H
8	08H	B8H	08H	LF/CR	80H	0AH	20H
9	19H	39H	09H	—	40H	2DH	21H
N	45H	4EH	10H	DEL	7FH	FFH	22H
G	67H	47H	11H	EOR	0BH	A5H	23H

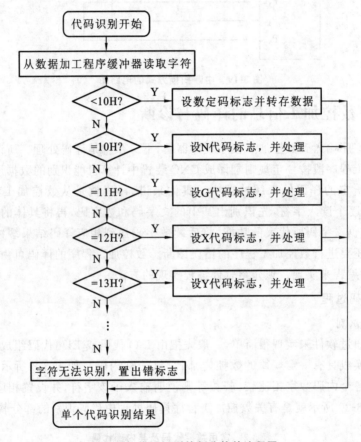

图 3-20　代码识别的部分软件流程图

2）功能码的译码

　　经过上述代码识别建立各功能代码的标志后，下面就要分别对各功能码进行处理了。这里首先要建立一个与数控加工程序缓冲器相对应的译码结果缓冲器。对于某个具体的 CNC 系统来讲，译码结果缓冲器的格式和规模是固定不变的。显然，最简单的方法是在 CNC 装置的存储器中划出一块内存区域，并使数控加工程序中可能出现的各个功能代码均对应一个内存单元，存放对应的数值或特征字，后续处理软件根据需要就到相对应的内存单元中取出数控加工程序信息，并予以执行。ISO 标准或 EIA 标准中规定的字符和代码都是很丰富的，相应地也要求设置一个很庞大的表格，但这样做不但会浪费内存，而且还会影响译码的速度，显然是不太理想的。为此，必须对译码结果缓冲器的格式加以规范，尽量减小规模。

在设计 CNC 系统时,对各自的编程格式都有规定,并不是每个数控系统都具有 ISO 标准或 EIA 标准给出的所有命令,一般情况下数控系统只具有其中的一个子集,这样就可根据各个 CNC 系统来设置译码结果缓冲器,从而可大幅度减小其内存规模。另外,某些 G 代码是不可能同时出现在一个数控加工程序段中的,也就是说:没有必要在译码结构缓冲器中同时为这些互相排斥的 G 代码设置单独的内存单元,可将它们合并,然后用不同的特征字来加以区分。通过这样分组整理,可以进一步缩小译码结果缓冲器的容量。现将常用 G 代码的分组情况列于表 3-3 中,G 代码共分为六组,分别为 GA、GB、GC、GD、GE、GF,这样即可在译码结果缓冲器中只为每一组定义一个内存单元即可。类似地,对常用的 M 代码也可实行分组处理,如表 3-4 所示。在这里要说明的是,上述划分是针对具体 CNC 系统而言的,特别是对于不具备的功能就没必要再为其分配内存单元了。

表 3-3 常用 G 代码的分组

组别	G 代码	功能	组别	G 代码	功能
GA	G00	点定位(快速进给)	GC	G17	XY 平面选择
	G01	直线插补(切削进给)		G18	ZX 平面选择
	G02	顺时针圆弧插补		G19	YZ 平面选择
	G03	逆时针圆弧插补	GD	G40	取消刀具补偿
	G06	抛物线插补		G41	左刀具半径补偿
	G33	等螺距的螺纹切削		G42	右刀具半径补偿
	G34	增螺距的螺纹切削	GE	G80	取消固定循环
	G35	减螺距的螺纹切削		G81~G89	固定循环
GB	G04	暂停	GF	G90	绝对尺寸编程
				G91	增量尺寸编程

表 3-4 常用 M 代码的分组

组别	M 代码	功能
MA	M00	程序停止(主轴、冷却液停)
	M01	计划停止(需按按钮操作确认才执行)
	M02	程序结束(主轴、冷却液停、机床复位)
MB	M03	主轴顺时针方向旋转
	M04	主轴逆时针方向旋转
	M05	主轴停止
MC	M06	换刀
MD	M10	夹紧
	M11	松开

在经过上述处理并指定译码结果的内存单元之后,就要对各个单元的容量大小进行设

置,而这些单元的字节数又与系统的精度、加工行程等有关。现假设某 CNC 装置中 CPU 为 8 位字长,对于以二进制存放的坐标值数据来说,需分配两个单元。另外,除 G 代码和 M 代码需要分组外,其余的功能代码均只有一种格式,它的地址在内存中是可以指定的。据此可以给出一种典型的译码结果缓冲器格式,如表 3-5 所示。事实上,一般数控系统中都规定,在同一个数控加工程序段中最多允许同时出现三个 M 代码指令,所以在这里为 M 代码也设置三个内存单元 MX、MY 和 MZ。

表 3-5 中的地址码实际上是表示相应单元的名称,而其中存放的值应是数控加工程序中对应功能代码后的数字或有关该功能码的特征信息。对于数据的处理来说,也需要根据对应功能码的标志区别对待,不同的功能码要求后面的数字位数或存放形式有区别。例如,N 代码和 T 代码对应单元中存放的数据为二位 BCD 码(一个字节),则其对应范围为 00~99。X 代码对应两个字节单元,如果存放二进制带符号数,则对应范围为 $-32767\sim +32767$。G 代码和 M 代码的处理要简单些,只要在对应的译码结果内存单元中以特征字形式表示。例如,设在某个数控加工程序段中有一个 G90 代码,那么首先要确定 G90 属于 GF 组,然后为了区别出是 GF 组内的哪一个代码时,可在 GF 对应的地址单元中送入一个 "90H" 作为特征字,代表已编入 G90 代码(当然这个特征字并非固定的,只要保证不会相互混淆,且能表明某个代码即可)。由于 M 代码和 G 代码的后面数字范围均为 00~99,为了方便起见,可直接将后面的数字作为特征码放入对应内存单元中。但对于 G00 和 M00 的来说,可以自行约定一个标志来表示,以防与初始化清零结果混淆。

表 3-5　译码结果缓冲器格式

地址码	字节数	数据形式	地址码	字节数	数据形式
N	1	BCD 码	MX	1	特征字
X	2	二进制	MY	1	特征字
Y	2	二进制	MZ	1	特征字
Z	2	二进制	GA	1	特征字
I	2	二进制	GB	1	特征字
J	2	二进制	GC	1	特征字
K	2	二进制	GD	1	特征字
F	2	二进制	GF	1	特征字
S	2	二进制	GE	1	特征字
T	1	BCD 码			

下面以 N05 G90 G01 X106－60 F46 M05 LF 数控加工程序段为例,说明译码程序的工作过程。首先从数控加工程序缓冲器中读入一个字符,判断是否是该程序段的第一个字符 N,如是则设定标志,接着取其后紧跟的数字,应该是二位的 BCD 码,并将它们合并,在检查没有错误的情况下将其转化成 BCD 码并存入译码结果缓冲器中 N 代码对应的内存单元;再取下一个字符是 G 代码,同样先设立相应标志,接着分两次取出 G 代码后面的二位数字(90),判别出是属于 GF 组,则在译码结果缓冲器中 GF 对应的内存单元置入 "90H";继续再读入一个字符,仍是 G 代码,根据其后的数 G01 判断出应属于 GA 组,这样只要在 GA 对应

的内存单元中置入"01H"即可;接着读入的代码是 X 代码和 Y 代码及其后紧跟的坐标值,这时需将这些坐标值内码进行拼接,并转换成二进制数,同时检查无误后即将其存入 X 或 Y 代码对应的内存单元中。如此重复进行,一直读到结束字符 LF 后,才进行有关的结束处理,并返回主程序。这样,经过上述译码程序处理后,一个完整数控加工程序段中的所有功能代码连同它们后面的数字码都被依次对应地存入到相应的译码结果缓冲器中了,从而得到图 3-21 所示的译码结果。这里假设其内存首址为 4000H。

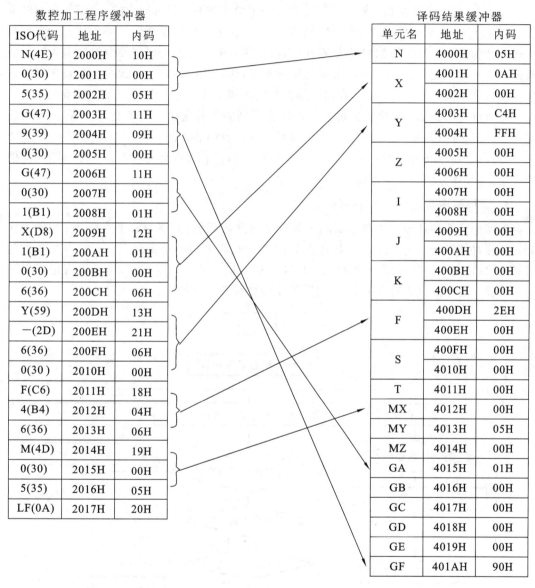

数控加工程序缓冲器

ISO代码	地址	内码
N(4E)	2000H	10H
0(30)	2001H	00H
5(35)	2002H	05H
G(47)	2003H	11H
9(39)	2004H	09H
0(30)	2005H	00H
G(47)	2006H	11H
0(30)	2007H	00H
1(B1)	2008H	01H
X(D8)	2009H	12H
1(B1)	200AH	01H
0(30)	200BH	00H
6(36)	200CH	06H
Y(59)	200DH	13H
—(2D)	200EH	21H
6(36)	200FH	06H
0(30)	2010H	00H
F(C6)	2011H	18H
4(B4)	2012H	04H
6(36)	2013H	06H
M(4D)	2014H	19H
0(30)	2015H	00H
5(35)	2016H	05H
LF(0A)	2017H	20H

译码结果缓冲器

单元名	地址	内码
N	4000H	05H
X	4001H	0AH
	4002H	00H
Y	4003H	C4H
	4004H	FFH
Z	4005H	00H
	4006H	00H
I	4007H	00H
	4008H	00H
J	4009H	00H
	400AH	00H
K	400BH	00H
	400CH	00H
F	400DH	2EH
	400EH	00H
S	400FH	00H
	4010H	00H
T	4011H	00H
MX	4012H	00H
MY	4013H	05H
MZ	4014H	00H
GA	4015H	01H
GB	4016H	00H
GC	4017H	00H
GD	4018H	00H
GE	4019H	00H
GF	401AH	90H

图 3-21　数控加工程序译码过程示意图

2. 数控加工程序的诊断

在译码过程中,要对数控加工程序的语法错误和逻辑错误等进行集中检查,只允许合法的程序段进入后续处理过程。其中,语法错误主要指某个功能代码的错误,而逻辑错误主要指一个数控加工程序段或者整个数控加工程序内功能代码之间互相排斥、互相矛盾的错误。

下面将其中的一些常见错误列举出来。

（1）语法错误。

例如，第一个代码不是 N 代码，N 代码后数值超过 CNC 系统所规定的范围，N 代码后数值为负数，碰到了不认识的功能代码，坐标值代码后的数据超越了机床行程范围，S 代码设定的主轴转速超过范围，F 代码设定的进给速度超过范围，T 代码后的刀具号不合法。

（2）逻辑错误。

例如：在同一个数控加工程序段中先后出现了两个或两个以上同组的 G 代码，如同时编入 G41 和 G42 是不允许的；在同一个数控加工程序段中先后出现两个或两个以上同组的 M 代码，如同时编入 M03 和 M04 也是不允许的；在同一个数控加上程序段中先后编入互相矛盾的零件尺寸代码；违反了 CNC 系统的设计约定，如设计时约定一个数控加工程序段中一次最多只能编入三个 M 代码，但在实际编程时编入四个甚至更多个 M 代码是不允许的。

以上仅是数控加工程序诊断过程中可能会遇到的部分错误。事实上，在实际过程中会遇到许许多多的错误现象，这时要结合具体情况加以诊断和防范。

另外，上述诊断过程大多是贯穿在译码软件中进行，有时也会专门设计一个诊断软件模块来完成，具体方法不能一概而论。

3. 译码和诊断过程的软件实现

据前面介绍的译码方法和诊断原则设计出软件流程图，如图 3-22 所示。其中，由于译码结果缓冲器对于某个数控系统来讲是固定的，因此可通过变址方式完成各个内存单元的寻址。另外，为了寻址方便，一般还在 ROM 区中对应设置一个格式字表，表中规定译码结果缓冲器中各个地址码对应的地址偏移量、字节数和数据位数等。

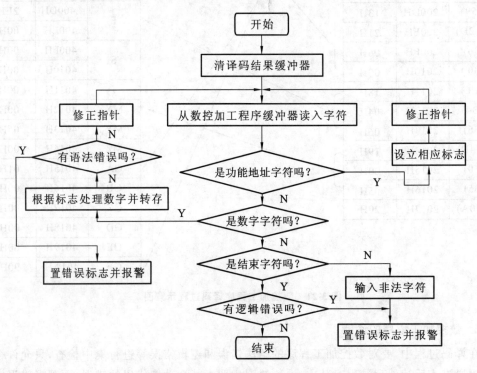

图 3-22　数控加工程序译码和诊断流程

最后还要指出的是：上述内码的转换过程不是必须和唯一的，仅是为了译码的方便而进行的一种人为约定，以确保在使用汇编语言实现时达到较好的效果。事实上，当使用高级语言实现译码过程时，完全可以省去这个过程，直接将数控加工程序翻译成标准代码。

3.4.3　其他预处理

CNC 系统的预处理过程是指从数控加工程序输入后到插补前的整个过程。预处理主要包括译码、刀具补偿、速度计算进给速度以及坐标系转换、编程方式转换及一些辅助功能的处理等。

1. 速度计算

在零件数控程序中，F 指令设定了进给速度。速度计算的任务是为插补提供必要的速度信息。由于各种 CNC 系统采用的插补法不同，所以速度计算方法也不相同。

1）脉冲增量插补方式的速度计算

脉冲增量插补方式用于以步进电动机为执行元件的系统中，坐标轴运动是通过控制步进电动机输出脉冲的频率来实现的。速度计算就是根据编程的进给速度值来计算这一脉冲频率值。步进电动机走一步，相应的坐标轴移动一个对应的距离 δ（脉冲当量）。进给速度 F 与脉冲频率 f 之间的关系如下

$$f = \frac{F}{60\delta} \tag{3-1}$$

式中：f 为脉冲频率；F 为进给速度，单位为 mm/min；δ 为脉冲当量，单位为 mm/p。

两轴联动时，各坐标轴的进给速度分别为

$$F_X = 60\delta f_X \tag{3-2a}$$
$$F_Y = 60\delta f_Y \tag{3-2b}$$

式中：F_X、F_Y 为 X 轴、Y 轴的进给速度，单位为 mm/min；f_X、f_Y 为 X 轴、Y 轴步进电动机的脉冲频率。

合成进给速度为

$$F = \sqrt{F_X^2 + F_Y^2} \tag{3-3}$$

2）数据采样插补方式的速度计算

数据采样插补方式大多数用于闭环或半闭环的数控系统，其驱动元件为直流或交流伺服电动机。插补程序在每个插补周期内被调用一次，向坐标轴输出一个微小位移增量。这个微小的位移增量被称为一个插补周期内的插补进给量，用 f_s 表示。闭环和半闭环控制系统的速度计算的任务是为插补程序提供各坐标轴在一个插补周期内的进给量 f_s。根据数控加工程序中的进给速度 F 和插补周期 T，可以计算出一个插补周期内的插补进给量为

$$f_s = \frac{KFT}{60 \times 1000} \tag{3-4}$$

式中：f_s 为一个插补周期内的插补进给量，单位为 mm；T 为插补周期，单位为 ms；F 为编程进给速度，即指令速度，单位为 mm/min；K 为速度系数（快速倍率、切削进给倍率）。

由此可得到指令进给值 f_s，即系统处于稳定进给状态时的进给量，因此称 f_s 为稳态速度。当数控机床启动、停止或加工过程中改变进给速度时，还需要进行自动加/减速处理。

2. 进给速度控制

数控机床进给系统的速度是不能突变的,进给速度的变化必须平稳,以避免冲击、失步、超程、振荡或工件超差。在进给轴启动、停止时,需要进行加/减速控制。在程序段之间,为了使程序段转接处的被加工表面不留痕迹,程序段之间的速度必须平滑过渡,不应停顿或有速度突变,这时也需要进行加/减速控制。加/减速控制多采用软件来实现。加/减速控制可以在插补前进行,称为前加/减速控制;加/减速也可以在插补之后进行,称为后加/减速控制,如图 3-23 所示。

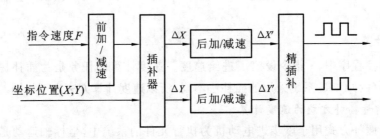

图 3-23 前加/减速控制和后加/减速控制

前加/减速控制仅对编程指令速度 F 进行控制,其优点是不会影响实际插补输出的位置精度,缺点是需要预测减速点,而预测减速点的计算量较大。

后加/减速控制是对各轴分别进行加/减速控制,不需要预测减速点。由于对各轴分别进行控制,各坐标轴的合成位置就可能不准确,但这种影响只是在加/减速过程中才存在,进入匀速状态时就没有了。

加/减速实现的方式有线性加/减速(匀加/减速)、指数加/减速和 S 曲线加/减速,图 3-24 所示为三种加/减速的特性曲线。其中,线性加/减速常用于点位控制数控系统中,指数加/减速和 S 曲线加/减速常用于轮廓控制数控系统中。

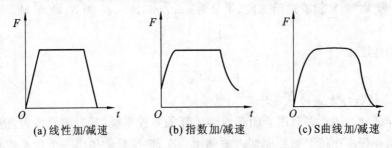

(a) 线性加/减速   (b) 指数加/减速   (c) S 曲线加/减速

图 3-24 加/减速特性曲线

3. 坐标系转换

每一台数控机床都有一个固定的机床坐标系,其坐标原点称为数控机床的机床零点。数控机床的机床零点由数控机床制造厂设定,一般不能更改。同时,数控机床还设有机床参考点,用以确定移动部件的参考位置。数控机床的参考点可以作为 CNC 系统的坐标计量基准。数控机床的机床零点和参考点都是固定的。

编制零件加工程序时,为了方便,编程人员在工件上设置了一个工件坐标系,零件加工程序中的坐标值都是建立在工件坐标系之上的。当工件被安装在数控机床上时,需要通过对刀来确定工件坐标系与机床坐标系的相对位置关系。

由于数控系统内部运算是按机床坐标系进行位置计算,因此需要将用工件坐标系编制的零件加工程序中的坐标值转换为用机床坐标系表示的坐标值,这一转换可由软件来完成。

4. 编程方式转换

通常情况下,数控机床的编程有两种方式,即绝对值方式和增量值方式。在编制加工程序时,绝对值编程和增量值编程的坐标是不同的,但 CNC 装置内部都是以绝对值方式进行处理的。为了保证加工的正确性,CNC 装置必须对编程方式进行一次判断,绝对值方式编程即使用其坐标值直接运算,增量值方式编程必须进行一次转换处理。

◀ 3.5　刀具补偿 ▶

对于一台数控机床而言,其控制对象只能是机床上的一点,机床通过控制这一点的运动来实现要求的运动轨迹。机床上的这一点对于数控车床而言是刀架参考点(对铣床、加工中心而言是机床主轴上的一点,如图 3-25(b)中的 F 点),但在实际加工中,是使用刀尖或刀刃完成切削任务的。这样就需要在刀架参考点与刀具切削点之间进行位置偏置,从而使数控系统的控制对象由刀架参考点变换到刀尖或刀刃,这种变换过程就称为刀具补偿。

刀具补偿一般分为刀具位置补偿、刀具长度补偿、刀尖圆弧半径补偿、刀具半径补偿。不同类型的数控机床和刀具,需要刀具补偿的类型也不一样,如图 3-25 所示。对于车刀而言,是刀具位置补偿和刀尖圆弧半径补偿;对于铣刀而言,是刀具长度补偿和刀具半径补偿;对于钻头而言,只有刀具长度补偿。

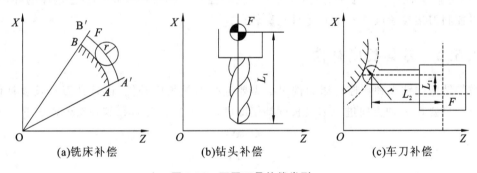

(a)铣床补偿　　　　　　(b)钻头补偿　　　　　　(c)车刀补偿

图 3-25　不同刀具补偿类型

3.5.1　刀具位置补偿

刀具位置补偿一般应用在数控车床上。图 3-26 所示为某数控车床刀具结构图,图中:P 为理论刀尖,S 为刀头圆弧圆心,R_s 为刀头半径,F 为刀架参考点。

刀具位置补偿实质是实现刀尖圆弧中心轨迹与刀架参考点之间的转换,即图中的 F 与 S 之间的转换。但在实际应用中,由于不能直接测量 F 与 S 两点之间的距离,而只能测得理论刀尖 P 与刀架参考点 F 之间的距离。根据是否考虑刀尖圆弧半径补偿,刀具位置补偿可分为两种情况。

首先分析没有刀尖圆弧半径补偿的情况,此种情况对应于刀尖圆弧半径 $R_s = 0$,理论刀尖点 P 相对于刀架参考点 F 之间的坐标值 X_{PF} 和 Z_{PF} 由测量装置测出,并存入刀具参数中,

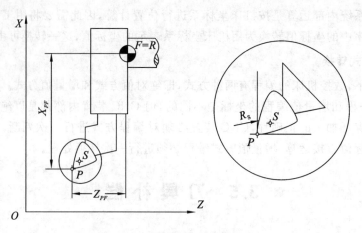

图 3-26　数控车床刀具结构参数

其位置补偿公式如下

$$X = X_P - X_{PF} \qquad (3\text{-}5a)$$
$$Z = Z_P - Z_{PF} \qquad (3\text{-}5b)$$

式中：X_P、Z_P 为理论刀尖 P 点的坐标；X、Z 为刀架参考点 F 的坐标。

对于 $R_s \neq 0$ 的情况，一方面，通常使用的车刀，R_s 很小，并且在调试程序及对刀过程中已经包括进去，可以不考虑刀尖圆弧半径补偿问题；另一方面，在加工中使用具有一定 R_s 的圆弧刀具时，可以采用刀尖圆弧半径补偿方法来解决。式(3-5)中理论刀尖 P 的坐标(X_P,Z_P)实际上就是加工零件轨迹点坐标，该坐标在数控加工程序中获得。经过这样的补偿后，能通过控制刀架参考点 F 来实现零件轮廓轨迹。

3.5.2　刀具长度补偿

数控钻床的钻头和数控铣床的铣刀都需要进行刀具长度补偿，而且其刀具长度补偿比较简单。只要在 Z 轴方向进行刀具长度补偿即可，如图 3-25(b)示，其补偿公式如下

$$X = X_P \qquad (3\text{-}6a)$$
$$Y = Y_P \qquad (3\text{-}6b)$$
$$Z = Z_P - Z_{PF} \qquad (3\text{-}6c)$$

式中：X_P、Y_P、Z_P 为数控加工程序中编制的钻孔的坐标值；Z_{PF} 为 P 点相对于 F 点的坐标值；X、Y、Z 为参考点 F 的坐标。

3.5.3　刀具半径补偿

1. 刀具半径补偿的基本概念

在轮廓加工过程中，由于刀具总有一定的半径，所以刀具中心的运动轨迹与所加工零件的实际轮廓并不重合，而用户通常希望按工件轮廓轨迹编写加工程序，这样，刀具中心轨迹必须自动偏离编程轨迹一个刀具半径的距离，这就是系统的刀具半径补偿功能。根据 ISO标准，当刀具中心轨迹在编程轨迹前进方向的左侧时，称为左刀具半径左补偿，用 G41 表示；当刀具中心轨迹在编程轨迹前进方向的右侧时，称为右刀具半径右补偿，用 G42 表示；取消

半径补偿功能用 G40 表示。根据尖角过渡方法的不同,刀具半径补偿分为 B(basic)功能刀具半径补偿和 C(complete)功能刀具半径补偿。

编程人员只需按零件的加工轮廓编制程序,同时用指令 G41、G42 和 G40 指定刀具和零件轮廓轨迹运动方向之间的相互关系,刀具半径补偿计算由数控系统自动完成。在轮廓加工时,刀具半径补偿的执行过程一般分为刀具半径补偿的建立、刀具半径补偿的进行和刀具半径补偿的撤销三步。

(1) 刀具半径补偿的建立。刀具从起刀点接近工件,在编程轨迹的基础上通过伸长或缩短一个刀具半径值来建立刀具中心运动轨迹。图 3-27 所示为刀具半径左补偿(G41)的建立、进行与撤销过程,编程轨迹为 OA,刀具半径为 $AA_1(r)$,刀心轨迹为 OA_1。

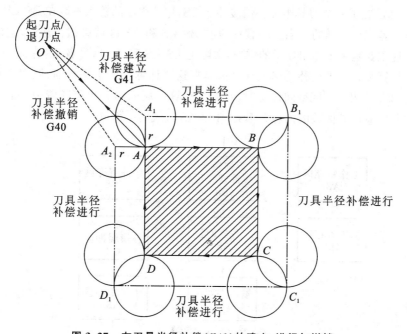

图 3-27　左刀具半径补偿(G41)的建立、进行与撤销

(2) 刀具半径补偿的进行。刀具半径补偿一经建立就一直保持有效,直到被撤销,在刀具半径补偿进行过程中,刀具中心运动轨迹($A_1B_1C_1D_1A_2$)始终偏离编程轨迹($ABCDA$)一个刀具半径的距离 r。

(3) 刀具半径补偿的撤销。与刀具半径补偿建立的过程恰好相反,刀具中心重新回到编程轨迹上,在图 3-27 中,编程轨迹为 AO,刀具半径为 $AA_2(r)$,刀心轨迹为 A_2O。

2. B 功能刀具半径补偿

B 功能刀具半径补偿为基本的刀具半径补偿,它仅根据本程序段的轮廓尺寸进行刀具半径补偿,计算刀具中心的运动轨迹。而程序段之间的连接处理则需要编程人员在编程时进行处理,即在零件的外拐角处人为编制出附加圆弧加工程序段。这样处理有两个弊端,一是编程复杂,二是工件轮廓尖角处工艺性不好。

3. C 功能刀具半径补偿

1) 刀具半径补偿的方法

C 功能刀具半径补偿自动处理两个程序段刀具中心轨迹的转接,编程人员可完全按工件轮廓编程。C功能刀具半径补偿根据相邻两个程序段的轨迹转接情况进行刀具半径补偿计算,可实现零件轮廓各种拐角的折线形尖角过渡。现代数控机床几乎都采用C功能刀具半径补偿。

图3-28是B功能刀具半径补偿与C功能刀具半径补偿的比较。图3-28(a)是普通NC系统的工作方式,编程轨迹作为输入数据送到工作寄存区AS后,由运算器进行刀具半径补偿运算,运算结果送输出寄存区OS,直接作为伺服系统的控制信号。图3-28(b)是改进后的普通NC系统的工作方式,与图3-28(a)相比,增加了一组数据输入缓冲寄存区BS,节省了数据读入时间。AS中存放着正在加工的程序段信息,而BS存放着下一段所要加工的程序段信息。图3-28(c)是CNC系统采用的C功能刀具半径补偿方法的原理框图。与前面的方法不同的是,CNC系统内部设置了一个刀具半径补偿缓冲区CS,零件程序的输入参数在BS、CS和AS区域内的存放格式是完全一样的。当某一程序段在BS、CS和AS区域中被传送时,它的具体参数是不变的。这主要是为了输出显示的需要,实际上BS、CS和AS区域各自包括一个计算区域,编程轨迹的计算及刀具半径补偿修正计算都是在这些计算区域中进行的,但固定不变的程序输入参数在BS、CS和AS区域间传送时,对应的计算区域的内容也就随着被一起传送,因此,也可认为这些对应计算区域的内容是BS、CS和AS区域的一部分。

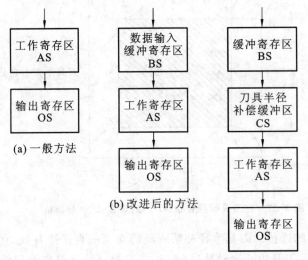

(a) 一般方法

(b) 改进后的方法

(c) C功能刀具半径补偿的办法

图3-28　三种刀具半径补偿流程

这样,系统启动后,第一段程序先被读入BS区域,在BS区域中算得的第一段编程轨迹被送到CS区域暂存后,又将第二段的编程轨迹读入BS区域,算出第二段编程轨迹。接着对第一、第二两段编程轨迹的连接方式进行判别,根据判别结果对CS区域中的第一段编程轨迹作相应的修正。修正结束后,顺序地将修正后的第一段编程轨迹由CS区域送到AS区域,第二段编程轨迹由BS区域送到CS区域。随后,由CPU将AS区域中的内容送到OS区域进行插补运算,运算结果送伺服装置执行。当修正了的第一段编程轨迹开始执行后,利用插补间隙,CPU又命令将第三段程序读入BS区域,随后,又根据BS、CS区域中的第三段、第二段编程轨迹的连接方式,对CS区域中的第二段编程轨迹进行修正。在刀具半径补偿工作状态时,CNC系统内部总是同时存有三个程序段的信息。依此类推,插补一段,刀具半径补偿计算一段,再读入一段,如此流水作业,直到全部加工程序结束。

2) 程序段的转接

一般 CNC 系统能控制加工的轨迹只有直线和圆弧,前后两段编程轨迹间共有四种连接形式,即直线与直线连接、直线与圆弧连接、圆弧与直线连接、圆弧与圆弧连接。根据两段程序轨迹交接处在工件侧的角度 α 的不同,直线过渡的刀具半径补偿分为以下三类转接过渡方式:

(1) $180° \leqslant \alpha < 360°$,缩短型;

(2) $90° \leqslant \alpha < 180°$,伸长型;

(3) $0° < \alpha < 90°$。

α 角称为转接角,其变化范围为 $0° \leqslant \alpha < 360°$,α 角规定为两个相邻轮廓(直线或圆弧)段交点处在工件侧的夹角,如图 3-29 所示。图中所示为直线与直线连接的情况,而当轮廓段为圆弧时,只要用其在交点处的切线作为角度定义的对应直线即可。

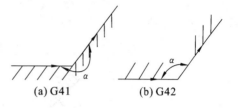

(a) G41　　　　(b) G42

图 3-29　转接角定义示意图

(1) 刀具半径补偿的建立。如图 3-30 所示,刀具半径补偿的建立分为缩短型(见图 3-30(a))、伸长型(见图 3-30(b))和插入型(见图 3-30(c))三种情况。第一个运动轨迹为圆弧时不允许进行刀具半径补偿操作。

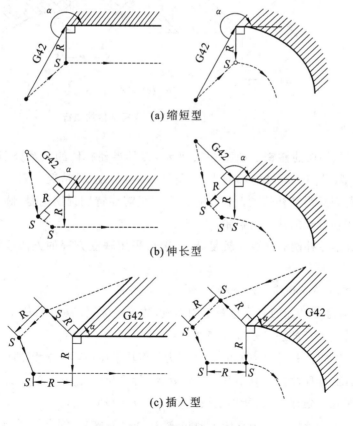

(a) 缩短型

(b) 伸长型

(c) 插入型

图 3-30　刀具半径补偿的建立

（2）刀具半径补偿的进行。如图 3-31 所示，刀具半径补偿的进行。分别为缩短型（见图 3-31(a)）、伸长型（见图 3-31(b)）和插入型（见图 3-31(c)）三种情况。

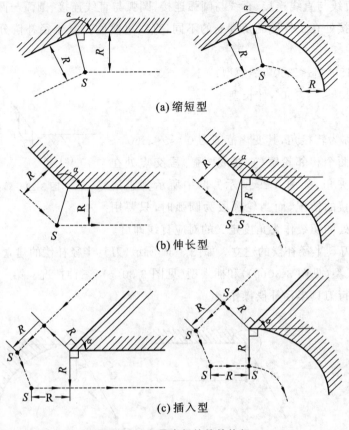

(a) 缩短型

(b) 伸长型

(c) 插入型

图 3-31　刀具半径补偿的执行

（3）刀具半径补偿的撤销。如图 3-32 所示，刀具半径补偿的撤销分别为缩短型（见图 3-32(a)）、伸长型（见图 3-32(b)）和插入型（见图 3-32(c)）三种情况。第二个运动轨迹为圆弧时不允许进行刀具半径补偿的撤销操作。在这里需要特别说明的是，圆弧轮廓上一般不允许进行刀具半径补偿的建立与撤销。

C 功能刀具半径补偿的计算比较复杂，一般可采用联立方程的方法或用平面几何方法进行计算。

3）C 功能刀具半径补偿实例分析

图 3-33 所示为 C 功能刀具半径补偿的实例，数控系统完成 OAA_1FGH 的编程轨迹的加工。刀具半径补偿计算的加工步骤如表 3-6 示。

（1）读入 OA 程序段，计算出矢量 $\overrightarrow{OA}$。因为是刀具半径补偿建立段，所以继续读下一段。

（2）读入 AA_1 程序段。经判断是插入型转接，计算出矢量 r_{D2}、$\overrightarrow{Ag}$、$\overrightarrow{Af}$、r_{D1}、$\overrightarrow{AA_1}$。因为上一段是刀具半径补偿建立段，所以上段走 Oe，且 $Oe=OA+r_{D1}$。

（3）读入 A_1F 程序段。由于是插入型转接，计算出矢量 r_{D3}、$\overrightarrow{A_1i}$、$\overrightarrow{A_1h}$、$\overrightarrow{A_1F}$，走 $\overrightarrow{ef}$，且 $ef=Af-r_{D1}$。

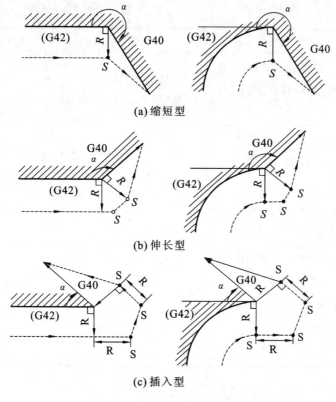

(a) 缩短型

(b) 伸长型

(c) 插入型

图 3-32　刀具半径补偿的撤销

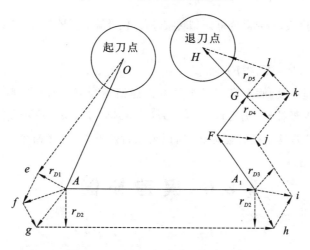

图 3-33　C 刀具半径补偿计算实例

表 3-6　C 功能刀具半径补偿流水作业过程

序号	BS	CS	AS	OS
1	读入 OA 程序段,计算矢量 $\overrightarrow{OA}$,判断为刀具半径补偿建立段(因该段有 G42 指令)			

序号	BS	CS	AS	OS
2	读入 AA_1 程序段,计算 AA_1,判断为插入型转接,计算 r_{D2},Ag,Af,r_{D1}	OA;$Oe=OA+r_{D1}$; $ef=Af-r_{D1}$;$fg=Ag-Af$		
3	读入 A_1F 程序段,计算 $\overrightarrow{A_1F}$,判断为插入型转接,计算 r_{D3}、$\overrightarrow{A_1i}$、$\overrightarrow{A_1h}$	AA_1;$gh=AA_1+A_1h-Ag$; $hi=A_1i-A_1h$	Oe;ef; fg	走 Oe 走 ef
4	读入 FG 程序段,计算 $\overrightarrow{FG}$,判断为缩短型转接,计算 r_{D4}、$\overrightarrow{Fj}$	A_1F; $ij=A_1F+Fj-A_1i$	fg;gh; hi	走 fg; 走 gh
5	读入 GH 程序段,计算 $\overrightarrow{GH}$,判断为伸长型转接,计算 r_{D5}、$\overrightarrow{Gk}$	FG;$jk=FG+Gk-Fj$; $kl=r_{D5}-Gk$	hi; ij	走 hi 走 ij
6	GH 程序段为刀具半径补偿撤销段(有 G40 指令)	GH; $LH=GH-r_{D5}$	jk; kl	走 jk 走 kl
7			lH	走 lH

(4) 继续走 fg,且 $fg=Ag-Af$。

(5) 走 gh,且 $gh=AA_1-Ag+A_1h$。

(6) 读入 FG 程序段,经判断为缩短型转接,所以仅计算 r_{D4}、$\overrightarrow{Fj}$、$\overrightarrow{FG}$。继续走 hi,且 $hi=A_1i-A_1h$。

(7) 走 ij,$ij=A_1F-A_1i+Fj$。

(8) 读入 GH 程序段(假定有刀具半径补偿撤销指令 G40)。经判断为伸长型转接,所以尽管要撤销刀具半径补偿,仍需计算 r_{D5}、$\overrightarrow{GH}$。继续走 jk,$jk=FG-Fj+Gk$。

(9) 由于上段是刀具半径补偿撤销,所以要做特殊处理,直接命令走 kl,$kl=r_{D5}-Gk$。

◀ 3.6 误差补偿 ▶

3.6.1 误差补偿概述

数控机床的精度是机床性能的一项重要指标,它是影响工件加工精度的重要因素。数控机床的精度可分为静态精度和动态精度。静态精度在不切削的状态下进行检测,它包括机床的几何精度和定位精度两项内容,反映的是机床的原始精度;而动态精度是指机床在实际切削加工条件下加工的工件所达到的精度。

机床精度的高低是以误差的大小来衡量的。数控机床的生产者与使用者对数控机床精度要求的侧重点不同,机床生产者要保证工件的加工精度是很困难的,一般只能保证机床出厂时的原始制造精度;而机床使用者只对数控机床的加工精度感兴趣,追求的是工件加工后的成形精度。

1. 数控机床误差源分析

根据对加工精度的影响情况,可将影响数控机床加工精度的误差源分为以下几类:①机床原始制造精度产生的误差;②机床控制系统性能产生的误差;③热变形带来的误差;④切削力产生的"让刀"误差;⑤机床的振动误差;⑥检测系统的测量误差;⑦外界干扰引起的随机误差;⑧其他误差。

以上各种误差源对数控机床的加工精度影响权重是不一样的,根据美国 $E. K. Kline$ 等的研究成果,误差权重分配如表 3-7 所示。

表 3-7 数控机床各种误差源所点比例

误差源	误差种类	比例	合计
机床误差	几何误差	22%	50%
	热变形误差	28%	
加工过程误差	刀具误差	13.5%	35%
	夹具误差	7.5%	
	工件热误差和弹性变形	6.5%	
	其他误差	7.5%	
检测误差	不确定误差	10%	15%
	安装误差	5%	

从表 3-7 可以看出,几何误差、热变形误差、载荷误差以及刀具误差占总误差 75% 左右。误差的权重随机床种类或工作状态而变化,如大型机床的载荷误差就占较大比重。

2. 误差补偿方法

提高数控机床精度有两条途径:其一是误差预防的途径;其二是误差补偿的途径。误差预防也称为精度设计,是试图通过设计和制造途径消除可能的误差源。单纯采用误差预防的方法来提高机床的加工精度是十分困难的,而必须辅以误差补偿的策略。

误差补偿一般是采用"误差建模—检测—补偿"的方法来抵消既存的误差。误差补偿的类型按其特征可分为:实时与非实时误差补偿,硬件补偿与软件补偿,静态补偿与动态补偿。

1)实时与非实时误差补偿

数控机床的闭环位置反馈控制系统就采用了实时误差补偿技术。非实时误差补偿的误差检测与误差补偿是分离的。一般来说,非实时误差补偿只能补偿系统误差部分,实时误差补偿不仅补偿系统误差,而且还能补偿相当大的一部分随机误差。静态误差广泛采用非实时误差补偿技术,而热变形误差总是采用实时误差补偿技术。非实时误差补偿成本低,实时误差补偿成本高。只有制造超高精度机床时,才采用实时误差补偿技术。此外,在动态加工过程中,误差值迅速变化,而补偿总有时间滞后,实时补偿不可能补偿全部误差。

2) 硬件补偿与软件补偿

在机床加工中,误差补偿的实现都是靠改变切削刀刃与工件的相对位置来达到。硬件补偿法是采用机械的方法,来改变机床的加工刀具与工件的相对位置达到加工误差补偿的目的。与利用微机的软件补偿相比,这种方法显得十分笨拙,要改变补偿量,需改制凸轮、校正尺等补偿装置(至少得重新调整),很不方便。再者,这种方法一般对局部误差(短周期误差)无法补偿。

软件补偿是通过执行补偿指令来实现加工误差的补偿。由于软件补偿克服了硬件补偿的困难和缺点,逐渐取代了误差的硬件补偿方法。采用软件补偿方法,可在不对机床的机械部分做任何改变的情况下,使其总体精度和加工精度显著提高。软件补偿具有很好的柔性,用于补偿的误差模型参数或者补偿曲线可随机床加工的具体情况而改变,这样,在机床的长期使用中,只要实时地对机床进行误差标定,修改用于软件补偿的参数,就可使数控机床的加工精度多次再生。

3) 静态补偿与动态补偿

误差的静态补偿是指数控机床在加工时,补偿量或补偿参数不变。它只能按预置的设定值进行补偿,而不能按实际情况改变补偿量或补偿参数。采用静态补偿方法只能补偿系统误差而不能补偿随机误差。动态误差补偿是指在切削加工条件下,能根据机床工况、环境条件和空间位置的变化来跟踪、调整补偿量或补偿参数,是一种反馈补偿方法。这种方法也叫综合动态误差补偿法,它不仅能补偿机床系统误差,还可以补偿部分随机误差,能对几何误差、热误差和切削载荷误差进行综合补偿。动态补偿可以获得较好的补偿效果,是数控机床最有前途的误差补偿方法,但需要较高的技术水平和较高的附加成本。

如上所述,引起加工误差的原因是多方面的,这里只简单介绍齿隙补偿和螺距补偿。

3.6.2 齿隙补偿

1. 齿隙补偿的原理

齿隙补偿也称反向间隙补偿。在数控机床上,由于各坐标轴进给传动链上驱动部件(如伺服电动机、伺服液压马达和步进电动机等)的反向死区、各机械运动传动副的反向间隙等误差的存在,造成各坐标轴在运动反向时形成反向偏差。由于齿隙的存在,在开环系统中会造成进给运动的实际位移值滞后于指令值;当运动反向时,会出现反向死区,从而影响定位精度和加工精度。在闭环系统中,由于有反馈功能,滞后量虽可得到补偿,但反向时会使伺服系统产生振荡而不稳定。

为解决这一问题,可先采取调整和预紧的方法,减少间隙。而对于剩余间隙来说,可在半闭环系统中将其值测出,作为参数输入数控系统,则此后每当坐标轴接收到反向指令时,数控系统便调用间隙补偿程序,自动将间隙补偿值加到由插补程序算出的位置增量命令中,以补偿间隙引起的失动量,这样控制电动机多走一段距离,这段距离等于间隙值,从而补偿了间隙误差。需注意的是,全闭环数控系统不能采用以上补偿方法(通常数控系统要求将间隙值设为零),因此必须从机械上减小或消除这种间隙。有些数控系统还具有全闭环反转间隙附加脉冲补偿,以减小这种误差对全闭环稳定性的影响。也就是说,当工作台反向运动时,对伺服系统施加一定宽度和高度的脉冲电压(可由参数设定),以补偿间隙误差。

2. 齿隙补偿的软件流程

齿隙补偿的流程如图 3-34 所示。

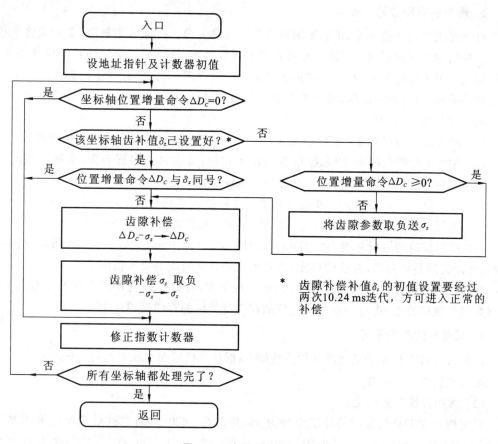

图 3-34 齿隙补偿流程图

3.6.3 螺距补偿

螺距误差是指由螺距累积误差引起的常值系统性定位误差。在半闭环系统中,定位精度很大程度上受滚珠丝杠精度的影响。尽管滚珠丝杠的精度很高,但总存在着制造误差。要得到超过滚珠丝杠精度的运动精度,必须采用螺距误差补偿功能,利用数控系统对误差进行补偿与修正。采用该功能的另一个原因是,数控机床经长时间使用后,其精度由于磨损而下降。采用该功能进行定期测量与补偿,可在保持精度的前提下延长机床的使用寿命。

1. 螺距误差补偿的原理

螺距误差补偿的基本原理就是将数控机床某轴的指令位置与高精度位置测量系统所测得的实际位置相比较,计算出在数控加工全行程上的误差分布曲线,再将误差以表格的形式输入数控系统中,而数控系统在控制该轴运动时,会自动考虑到误差值,并加以补偿。

采用螺距误差补偿功能应注意以下几点:第一,对重复定位精度较差的轴,因无法准确确定其误差曲线,螺距误差补偿功能无法实现,即该功能无法补偿重复定位误差;第二,只有建立机床坐标系后,螺距误差补偿才有意义;第三,必须采用比滚珠丝杠精度至少高一个数量级的检测装置来测量误差分布曲线。一般常用激光干涉仪来测量。

2. 螺距误差补偿的方法

对于螺距误差补偿来说,正确的测量误差曲线是关键。在进行测量前,必须先将数控系统中被补偿轴的反向间隙和螺距误差补偿参数单元清零,或使被补偿轴的补偿功能失效,或将补偿比例因子设定为零,避免在测量各目标点位置误差值时,原补偿值仍起作用。上述工作完成后关机,进行回零操作,确保绝对坐标与机器坐标相同。

测量的具体步骤如下:

(1) 将激光干涉仪安装在某工作台的一侧,测定工作台上某特定点的初始距离;

(2) 在整个行程范围内,用数控指令移动工作台,每次移动相同距离,来确定轴向点的位置,这些点的数目由工作台行程大小和数控系统特点决定;

(3) 记录命令位置和激光干涉仪所测得的实际位置之间的偏差;

(4) 重复上述步骤三次以上,计算每轴向点的平均误差,画出误差曲线;

(5) 按照相应的分析标准(如 VDI3441、JIS6330、GB 10931—1989 等)对测量数据进行分析,可以先测量再补偿,补偿后再测量,直到达到机床精度的要求范围。

对于测得的误差数据来说,如果被测点数目不多,可以通过设置螺距误差参数的方法,根据数控系统的特点,将每一点的误差值储存在计算机的存储器单元中。

3. 螺距补偿实例分析

例如,FANUC 0i 系统的螺距补偿方法如下:假如某机床 X 轴机械行程为 $-400\sim800$ mm,机床参考点设在 0 mm 处。

(1) 螺距补偿参数设定。

设定螺距误差补偿参考的补偿点号为 40(即参数 3620＝40,也就是说设定机床参考点在参数 3620 处),螺距误差补偿间隔为 50 mm(即参数 3624＝50000),补偿倍率为 1(即参数 3623＝1)。

在机床行程负方向最远端补偿点号为:螺距误差补偿点基准编号－(机床负方向行程/补偿间隔)＋1＝40－(400/50)＋1＝33

在机床行程正方向最远端补偿点号为:螺距误差补偿点基准编号＋(机床正方向行程/补偿间隔)＝40＋(800/50)＝56。

上述螺距补偿参数如表 3-8 所示。

表 3-8 　与螺距补偿有关的参数

参数	意义	设定值	单位
3620	参考点的补偿点号	40	
3621	负方向最远端的补偿点号	33	
3622	正方向最远端的补偿点号	56	
3623	补偿倍率	1	
3624	补偿间隔	50000	0.001mm

（2）测量 X 轴的误差曲线。

采用上述方法,测量出 X 轴的误差曲线如图 3-35 示,图中各点的螺距误差用绝对值表示。根据误差曲线图,用增量补偿的方法将各补偿点的补偿值计算出来,如表 3-9 所示。

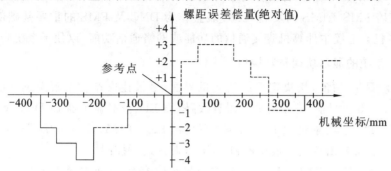

图 3-35　X 轴的误差曲线

表 3-9　各补偿点的补偿值

补偿点	33	34	35	36	37	38	39	40	41	42	43	44	45	46	47	48	49	…	56
补偿量	+2	+1	+1	−2	0	−1	0	−1	+2	+1	0	−1	−1	−2	0	+1	+2	…	+1

（3）打开螺距误差补偿画面,将上述各补偿点的误差输入系统,并使其生效。

3.7　计算机数控系统的输入/输出与通信功能

3.7.1　计算机数控系统的输入/输出接口电路

当 CNC 装置作为控制独立的单台机床设备时,通常与下列设备相连并进行数据输入和输出。

（1）数据输入/输出设备,如光电纸带阅读机、纸带穿孔机、零件的编程器和 PLC 的编程器等。

（2）外部机床操作面板,包括键盘和终端显示器。特别是大型机床,为了操作方便,往往在机床一侧设置一个外部的机床控制面板。它的结构多为悬挂式,可能远离 CNC 装置,目前多用 RS-232C 串行接口与 CNC 连接。

（3）手摇脉冲发生器。

（4）进给驱动线路和主轴驱动线路。一般情况下,主轴驱动线路和进给驱动线路与 CNC 装置在同一个机箱或机柜内,通过内部连线相连,它们之间不设置通用输入/输出接口。

当 CNC 装置作为工厂自动化(FA)或计算机集成制造系统(CIMS)中的一个节点时,CNC 装置除了与上述设备连接并传输数据外,还要与上级主计算机或 DNC(直接数字控制或分布式数字控制)计算机直接通信,或者与工厂局域网相连。CNC 装置传输的信息包括机床启停信号、操作命令、机床状态信息、零件加工程序等。

1. 数控系统对输入/输出与通信接口的要求

一般情况下,对 CNC 装置输入/输出和通信接口有四个方面的要求:①用户要能将数控命令、代码输入系统,系统要具备拨盘、键盘、软驱、串口、网络接口之类的设备;②需具备按程序对继电器、电动机等进行控制的能力和对相关开关量（如超程、机械原点等）进行检测的能力；③系统有操作信息提示，用户能对系统执行情况、电动机运动状态等进行监视，系统需配备有 LED（数码管）、CRT（阴极射线管）、LCD（液晶显示器）、TFT（薄膜晶体管）等显示接口电路；④随着 FMS、CIMS 的发展，CNC 装置作为 DNC 及 FMS 的重要基础部件，应具有与 DNC 计算机或上级主计算机直接通信的功能或网络通信功能，以便于系统管理和集成。

2. CNC 系统的显示功能及其接口

CNC 系统显示功能直接决定系统的人机界面，尽量让操作者了解系统当前状态，并指导下一步的操作等。目前，常用的显示器有数码管 LED、液晶显示器 LCD、阴极射线管 CRT 和薄膜晶体管 TFT。一般情况下，LED、LCD 可由 8255、8155、8273、8279 等芯片进行控制，而 CRT、TFT 通常要由专门的接口板和 6845 等芯片进行控制。

目前普遍采用的 LCD、CRT 显示中，主要显示内容有：当前功能状态区，当前执行的程序区，动态坐标显示区，动态轨迹显示区，S、T、M、I/O 口状态区，有关参数调整区，错误信息提示区，操作信息区，动态键提示区。在数控系统中，显示器的特点是要求其能实时、动态地反映加工控制过程中各种信息，对显示区进行合理规划与切换，有友好的人机界面。

3. 数控系统的 I/O 接口

数控系统的 I/O 接口一般接收机床操作面板上的开关信号、按钮信号、机床的各种开关信号。把某些工作状态显示在操作面板的指示灯上，把控制机床的各种信号送到强电柜等工作都要经过 I/O 接口来完成，因此，可以说，I/O 接口是 CNC 装置和机床、操作面板之间信号交换的转换接口。

I/O 接口电路的作用和要求是：进行必要的电隔离，防止干扰信号的串入和强电对系统的破坏；进行电平转换和功率放大，CNC 系统的信号往往是 TTL 脉冲或电平信号，而机床提供和需要的信号却不一定是 TTL 信号，而且有的负载比较大，因此需要进行信号的电平转换和功率放大。在数控系统的 I/O 接口电路中，常用的器件有光电耦合器和继电器。

图 3-36 所示为开关量信号输入接口电路，常用于限位开关、手持点动、刀具到位、机械原点、传感器的输入等。对于一些有过渡过程的开关量而言，还要增加适当的电平整形转换电路。

图 3-37 所示为开关量信号输出接口电路，可用于驱动 24V 小型继电器。在这些电路中，要根据信号特点选择相应速度、耐压、负载能力的光电耦合器和三极管。

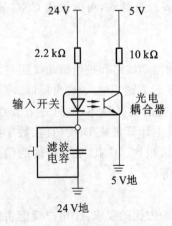

图 3-36　开关量信号输入接口电路

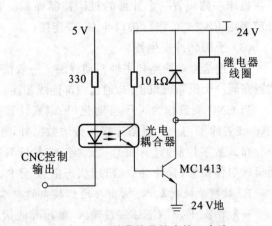

图 3-37　开关量信号输出接口电路

3.7.2 数控系统常用串行通信接口标准

数据在设备之间传送可以采用并行方式或串行方式,传送距离较远时用串行方式。为了保证数据传送的正确和一致,接收和发送双方对数据的传送应确定一致的且共同遵守的约定,它包括定时、控制、格式化和数据表示方法等。这些约定称为通信规则(communication procedure)或通信协议(communication protocol)。串行通信协议分为异步协议和同步协议。异步串行通信协议比较简单,但速度不快;同步串行通信协议传送速度较快,但接口比较复杂,一般在传送大量数据时使用。

串行通信接口需要有一定的控制逻辑,发送端将机内的并行数据转换成串行信号再发送出去,接收端要将串行信号转换成并行数据再送至机内处理。常用的串行通信功能芯片有 8251A、MC6850 及 6852 等。

数控机床广泛应用异步串行通信接口传送数据,主要的接口标准有 RS-232C/20 mA 和 RS-422/RS-449。下面主要分析 RS-232C/20 mA 接口标准。

1. RS-232C

RS-232C 是美国电子工业协会(EIA)在 1969 年公布的数据通信标准。RS 是推荐标准(recommended standard)的英文缩写,232C 是标准号,该标准定义了数据终端设备(DTE)和数据通信设备(DCE)之间的连接信号的含义及其电压信号规范等参数。其中,DTE 可以是计算机,DCE 一般指调制解调器。RS-232C 标准规定使用 25 根或 9 根插针的 D 形连接器,其引脚对应关系如表 3-10 所示。

表 3-10 DB-9 和 DB-25 两种连接器引脚的对应关系

DB-9	信号名称	DB-25	DB-9	信号名称	DB-25
1	接收线信号检测(DCD)	8	6	数据传输设备就绪(DSR)	6
2	接收数据(RD)	3	7	请求发送(RTS)	4
3	发送数据(TD)	2	8	允许发送(CTS)	5
4	数据终端就绪(DTR)	20	9	振铃指示(RI)	22
5	信号地(SG)	7			

为将 RS-232C 连接器与 TTL 电平的器件相连,需采用传输线驱动器 MC1488 和传输线接收器 MC1489 进行转换,如图 3-38 所示。RS-232C 为不平衡接口,采用非平衡驱动、非平衡接收的电路连接方式,信号电平−5～−15 V 代表逻辑"1",+5～+15 V 代表逻辑"0"(为负逻辑)。它能连接的最大距离一般不超过 15 mm。

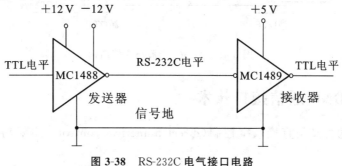

图 3-38 RS-232C 电气接口电路

在距离较近的两台计算机之间进行串行通信时,最简单的三线连接方式如图 3-39 所示。

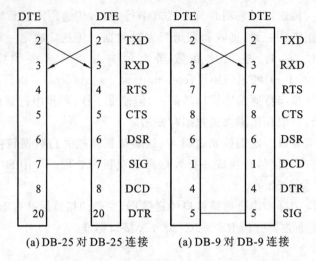

(a) DB-25 对 DB-25 连接　　(a) DB-9 对 DB-9 连接

图 3-39　RS-232C MDDEM 连接方式

2. 20 mA 电流环

RS-232C 的另外一种选择是 20 mA 电流环。它采用电流信号进行通信,而不采用电平信号。这种电流回路通信系统的抗干扰能力强,发送和接收之间可采用隔离技术,传输距离比 RS-232C 远得多,直接传输可达 1 km。在 20 mA 电流环中规定:回路中有 20 mA 电流表示逻辑"1",无 20 mA 电流表示逻辑"0"。

在数据通信过程中,当数据发送时,由发送端的比特流"1"或"0"控制开关 S_1(S_2)的接通或断开,从而使回路中有电流或无电流通过,接收端的电流检测器将有、无电流转化为 TTL 电平信号"1"和"0",完成接收过程。图 3-40 为 20 mA 电流环通信结构框图,可实现双向串行通信。

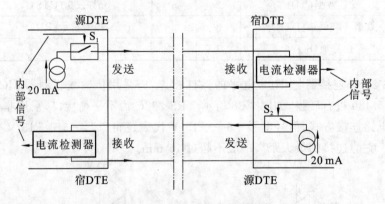

图 3-40　20 mA 电流环通信结构

3.7.3　DNC 通信接口技术

DNC 最初的含义是直接数字控制(direct numerical control),主要功能是由 PC 机向

CNC 装置下传 NC 程序；现在的含义发展到分布式数字控制（distributed numerical control），功能有所扩大，除与数控系统通信外，DNC 主机也可以与工厂级的计算机通过网络等方式通信。DNC 主机还可以集通信、控制、计划、管理、设计等功能于一体。目前，从 DNC 通信接口功能角度将 DNC 分为基本 DNC、狭义 DNC 和广义 DNC 三种，如表 3-11 所示。

表 3-11　三种 DNC 通信接口功能的比较

	基本 DNC	狭义 DNC	广义 DNC
功能	下传 NC 程序	下传 NC 程序 上传 NC 程序	下传 NC 程序，上传 NC 程序，系统状态采集，远程控制
复杂程度	简单	中等	复杂
价格	低	一般	高

3.7.3　数控系统网络通信接口

现代制造业向 FMS、CIMS 和 FA 方向发展，为此需要数控机床与其他设备和计算机一起组成工业局域网 LAN，为保证网络中的设备之间能高速、可靠地传输数据和程序，一般采用同步通信方式。数控系统中有专用的微处理机控制通信接口，完成网络通信任务。

国际标准化组织 ISO 提出的"开放系统互连参考模型 OSI/RM"和 IEEE802 局部网络等有关协议，是网络通信的基础，它的最大优点在于有效地解决异地、异机种之间的通信问题。工业局域网络（LAN）用双绞线、同轴电缆、光导纤维等传输媒体传输信号，一般距离限制在几千米，并要求有较高的传输速率和较低的误码率。

OSI/RM 的七层结构如图 3-41 所示，每一层完成一定的功能，并直接为上层提供服务。服务功能是通过相邻层之间定义的接口来完成的，从表面上看，似乎是发送方和接收方的对应层之间直接对话，但实际上信息发送是由发送方的高层从上到下传递，并在每一层经过相应处理，最终到达物理层，经过物理传输线传递到接收方。接收方各层从下到上进行与发送方相反的操作，将数据传送到每一相应高层，从而完成收发双方之间的会话。层与层之间的实线连接表示有真正的信息传递。

两个系统进行网络通信，需要有相同的层次划分，各同等层的通信要遵守一系列的规划和约定，即协议。不管两个系统之间的差异有多大，只要具有以下特点就可以相互有效通信：①它们完成一组同样的功能；②这些功能划分成相同的层次，同等层提供相同的功能；③同等层必须遵循相同的协议。

近年来，制造自动化协议（MAP）已成为应用于工厂自动化的标准工业网络协议，它是由美国 GM（通用汽车）公司研究开发的用于工厂车间环境的通用网络通信标准，已被许多国家和企业接受。FANUC、SIEMENS、A-B 公司支持 MAP，并在它们生产的数控系统中配置了 MAP2.1 或 MAP3.0 网络通信接口。

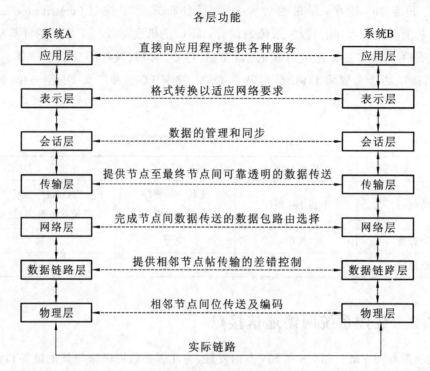

各层功能

图 3-41 OSI/RM 的七层结构

◀ 3.8 数控系统中的可编程序控制器 ▶

3.8.1 PLC 的组成与特点

可编程控制器 PLC(programmable logic controller)是 20 世纪 60 年代发展起来的一种新型自动化控制装置。最初用于替代传统的继电器逻辑控制(relay logic control,RLC)装置,只有逻辑运算、定时、计数及顺序控制功能,或者说只能进行开关量控制。随着计算机技术的发展,PLC 与微机控制技术相结合,使其控制功能远远超出逻辑控制的范畴,既可以控制开关量,也可以控制模拟量,正式命名为"programmable controller",但为了避免与个人计算机"personal computer"的简称 PC 相混淆,仍简称为 PLC。

国际电工委员会(IEC)给 PLC 所下的定义为:可编程控制器是一种专为在工业环境下应用而设计的数字运算操作的电子系统。它采用可编程序的存储器,用来在其内部存储执行逻辑运算、顺序控制、定时、计数和算术运算等操作的指令,并通过数字式、模拟式的输入和输出,控制各种类型的机械设备和生产过程。可编程序控制器及其有关设备,都应按易于与工业控制系统连成一个整体,易于扩充其功能的原则设计。

PLC 实际上就是一种计算机控制系统,它面向工业现场环境设计,具有更多、更强的输入/输出接口和面向电气工程技术人员的编程语言。

图 3-42 为一种小型 PLC 的内部结构。它由中央处理器(CPU)、存储器、输入/输出单

元、编程器、电源和外部设备等组成,各部分通过总线相连。

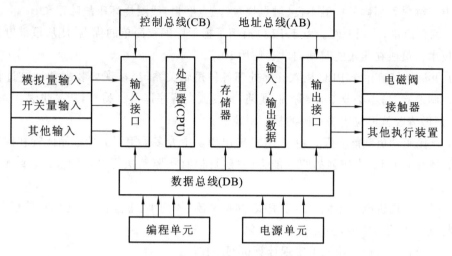

图 3-42 小型 PLC 结构示意图

中央处理器(CPU)是系统的核心,一般是通用微处理器,如 8086、80386 等。它通过输入模块采集现场信息,按用户程序规定进行逻辑处理,将运算结果输出,去控制外部设备。

存储器主要用于存放系统程序、用户程序和工作数据。系统程序包括监控程序、模块化应用功能子程序、指令解释程序、故障诊断程序和各种管理程序等,作用是控制和完成 PLC 的各种功能,由制造厂家固化在 PROM 型存储器中,一般不允许用户修改。用户程序是指用户根据生产过程的工艺要求编写的应用程序,在修改、调试完成后由用户固化在 EPROM 型存储器中。工作数据是在 PLC 运行过程中需要经常存取,并且随时可能改变的一些中间数据,一般放在随机存储器 RAM 中,其中的一些重要数据由后备电池来保存。由此可见,PLC 所使用的存储器基本上由 PROM、EPROM 和 RAM 三种形式组成。

输入/输出模块负责外部现场信号电平和 PLC 内部标准逻辑电平间的转换。根据信号特点可分为直流开关量输入模块、直流开关量输出模块、交流开关量输入模块、交流开关量输出模块、继电器输出模块、模拟量输入模块和模拟量输出模块等。

编程器是用来开发、调试、运行应用程序的特殊工具,一般由键盘、显示屏、智能处理器、外部设备(硬盘、软驱)等组成,通过通信接口与 PLC 相连。装有专用软件的通用微型计算机也可作为编程器使用。

电源的作用是将外部提供的交流电源转换为 PLC 内部所需要的直流电源。一般情况下,电源有三路输出:一路供给 CPU 模块使用,另一路供给编程器接口使用,还有一路供给各种接口模板使用。PLC 对电源的要求是:较好的电磁兼容性能,工作稳定,具有过流、过压保护。另外,电源还装有后备电池(锂电池),用于掉电时保护 RAM 区的重要信息和标志。

PLC 在上述硬件支持下,还必须有相应的软件配合,才能实现预定的功能。如前所述,PLC 的基本软件包括系统软件和用户应用软件。

与传统的继电器逻辑控制相比,PLC 具有以下特点。

(1) 可靠性高。由于 PLC 针对恶劣的工业环境设计,在其硬件和软件方面均采取了很多有效的措施来提高其可靠性。例如,在硬件方面采取了屏蔽、滤波、隔离、电源保护、模块化设计等措施,在软件方面采取了自诊断、故障检测、信息保护与恢复等手段。另外,PLC中不存在中间继电器那样的接触不良、触点烧焦、触点磨损、线圈烧坏等故障现象。

（2）编程简单,使用方便。由于PLC沿用了梯形图编程简单的优点,使从事继电器控制工作的技术人员能在很短的时间内学会使用PLC。

（3）灵活性好。由于PLC用软件来处理各种逻辑关系,当在现场装配和调试过程中需要改变控制逻辑时,不必改变外部控制线路,只要改变程序即可。另外,产品也易于系列化、通用化,稍做修改就可应用于不同的控制对象。

（4）直接驱动负载能力强。由于PLC输出模块中大多采用了大功率晶体管和控制继电器的形式输出,因而具有较强的驱动能力,一般可以直接驱动执行电器的线圈、接通或断开强电线路。

（5）便于实现机电一体化。由于PLC结构紧凑、体积小、重量轻、功耗低和效率高,所以很容易将其装入控制柜内,实现机电一体化。

（6）利用其网络通信功能可实现计算机网络控制。

3.8.2 PLC的工作过程

图 3-43 PLC循环顺序
扫描工作流程图

PLC内部一般采用循环扫描工作方式（在大、中型PLC中还增加了中断工作方式）。实现过程为:①将调试完成的用户应用程序用编程器写入PLC的EPROM中;②将现场输入信号和被控制的执行元件相应地连接到输入模板的输入端和输出模板的输出端;③将PLC的运行控制开关置于运行方式,PLC就以循环顺序扫描的工作方式工作,在输入信号和用户程序的控制下,产生相应的输出信号,完成预定的控制任务。从图3-43可以看出,一个扫描周期要完成如下六个模块的处理过程。

1. 自诊断模块

在PLC的每个扫描周期内,首先要执行自诊断程序,主要包括软件系统的校验、硬件RAM的测试、CPU的测试、总线的动态测试等。如发现异常,PLC在做出相应的保护处理后停止运行,并显示出错信息;如诊断正常,PLC将继续执行后续模块的功能。

2. 编程器处理模块

该模块主要完成PLC与编程器间的信息交换过程。如果PLC的控制开关拨向编程工作方式,则当CPU执行到这里时,马上将总线控制权交给编程器。用户可通过编程器在线监视和修改内存中的用户程序,启动或停止CPU,读出CPU状态,封锁或开放输入/输出,对逻辑变量和数字变量进行读写等。当编程器完成工作或达到所规定的信息交换时间后,将总线的控制权交还CPU。

3. 网络处理模块

该模块完成与网络进行信息交换的扫描过程,只有当 PLC 配置了网络功能时,才执行该扫描过程,它主要用于 PLC 与 PLC 之间、PLC 与计算机之间的信息交换。

4. 用户程序处理模块

在用户程序处理过程中,PLC 中的 CPU 采用查询方式,首先通过输入模块采集现场的状态数据,并传送到输入映像区。PLC 按照梯形图(用户程序)先左后右、先上后下的顺序执行用户程序,根据需要可在输入映像区提取有关现场信息,在输出映像区提取有关历史信息,并在处理后将结果存入输出映像区,供下次处理时使用或准备输出。该模块在 PLC 的运行过程中占有重要的位置,图 3-44 所示为它的执行过程。

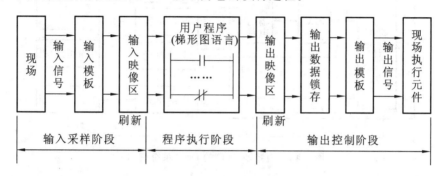

图 3-44 PLC 用户程序扫描过程

5. 超时检查模块

超时检查过程是由 PLC 内部的看门狗定时器(watch dog timer,WDT)来完成,若扫描周期执行时间没有超过 WDT 的设定时间,则继续执行下一个扫描周期;若时间超过了,则 CPU 停止运行,复位输出,并在报警后转入停机扫描过程。由于超时大多是硬件或软件故障而引起的系统死机,或者是用户程序执行时间过长的"程序跑飞",它的危害性极大,所以必须加以监视和防范。

6. 出错处理模块

当自诊断出错或超时出错时进行报警,显示出错信息并做相应处理(例如将全部输出口置为 OFF 状态,保存目前执行状态),然后停止扫描过程。

3.8.3　PLC 在数控系统中的应用

1. 数控机床 PLC 的控制对象

数控机床 PLC 的控制可分为两大部分:一部分是坐标轴运动的位置控制,另一部分是数控加工过程中的顺序控制。前者处理高速轨迹信息,后者处理低速辅助信息。在讨论 PLC、CNC 和机床各机械部件、机床辅助装置、强电线路之间的关系时,常把数控机床分为"NC 侧"和"MT 侧"(即机床侧)两大部分。NC 侧包括 CNC 系统的硬件和软件以及与 CNC 连接的外部设备;MT 侧包括机床机械部分及其液压、气压、冷却、润滑、排屑等辅助装置,机床操作面板,继电器线路,机床强电线路等。PLC 处在 CNC 和 MT 之间,对 NC 侧和 MT 侧的输入、输出信号进行处理。MT 侧最终受控对象的数量和顺序控制的复杂程度是依 CNC 车床、CNC 铣床、加工中心、FMC、FMS 的顺序递增的。

2. 数控系统 PLC 的分类及特点

1）内装型（built-in type）PLC

内装型 PLC 从属于 CNC 装置，PLC 和 CNC 间的通信在 CNC 内部完成，PLC 与 MT（机床侧）的通信借助于 CNC 的输入/输出接口电路实现，如图 3-45 所示。

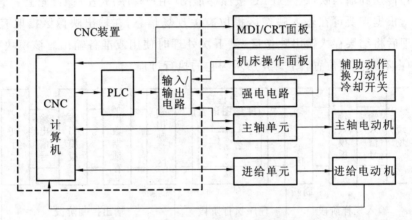

图 3-45　内装型 PLC 的 CNC 系统框图

内装型 PLC 具有以下特点：

（1）内装型 PLC 实质上是 CNC 装置带有的 PLC 功能，作为一种基本功能提供给用户；

（2）内装型 PLC 的硬件和软件作为 CNC 系统的基本功能或附加功能与 CNC 系统统一设计制造，因此，系统硬件和软件结构十分紧凑，PLC 所具有的功能针对性强，技术指标合理实用，性能价格比高，适用于单台数控机床和加工中心等场合；

（3）在数控系统的结构上，内装型 PLC 可与 CNC 共用一个 CPU，也可单独使用一个 CPU。内装型 PLC 一般单独制成一块附加板，插装到 CNC 主板插座上，不单独配备输入/输出接口，而使用 CNC 系统本身的输入/输出接口，且 PLC 控制部分及输入接口电源由 CNC 装置提供，而输出接口需另配电源；

（4）采用内装型 PLC 结构，CNC 系统可获得某些高级控制功能，如梯形图编辑和传送功能等。

世界上著名的数控系统生产厂家，如日本的 FANUC 公司、德国的 SIEMENS 公司等，均在其 CNC 系统中开发了内装型 PLC，如 FANUC 0i 系统中配置有 PMC-L 型或 PMC-M 型内装型 PLC，SINUMERIK 810/840D 中配置有 S7-300 型内装型 PLC。

2）独立型（stand-alone type）PLC

独立型 PLC 又称通用型 PLC，PLC 独立于 CNC 装置，具有完备的硬件和软件功能，能够独立完成规定的控制任务。采用独立型 PLC 的数控机床框图如图 3-46 所示。

独立型 PLC 具有以下特点：

（1）独立型 PLC 的 CNC 系统中不但要进行机床侧的输入/输出连接，而且还要进行 CNC 侧的输入/输出连接，CNC 和 PLC 均具有各自的输入/输出接口电路；

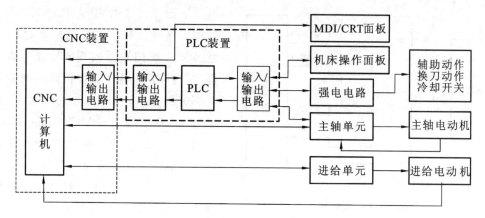

图 3-46 独立型 PLC 的 CNC 系统框图

（2）独立型 PLC 一般采用中型或大型 PLC，输入/输出点数一般在 200 点以上，所以多采用积木式模块化结构，具有安装方便、功能易于扩展等优点；

（3）独立型 PLC 的输入/输出点数可以通过输入/输出模块的增减灵活配置。有的独立型 PLC 还可通过多个远程终端连接器，构成有大量输入/输出点数的网络，实现大范围的集中控制，用于 FMS 和 CIMS。

生产通用型 PLC 的厂家很多，应用较多的有 SIEMENS 公司的 SIMATIC S5/S7 系列、日本立石公司的 OMRON SYSMAC 系列、FANUC 公司的 PMC 系列、三菱公司的 FX 系列等。

3. 数控机床 PLC 的信息交换

PLC、CNC 和 MT 之间的信息交换包括以下四个部分。

（1）CNC 传送给 PLC。

CNC 送至 PLC 的信息可由开关量输出信号（对 CNC 侧而言）完成，也可由 CNC 直接送入 PLC 的寄存器中，主要包括各种功能代码 M、S、T 的信息，手动/自动方式信息及各种使能信息等。

（2）PLC 传送给 CNC。

PLC 送至 CNC 的信息由开关量输入信号（对 CNC 侧而言）完成，所有 PLC 传送至 CNC 的信号地址与含义由 CNC 生产厂家确定，PLC 编程者只可使用而不可改变和增删，主要包括 M、S、T 功能的应答信息和各坐标轴对应的机床参考点信息等。

（3）PLC 传送给 MT。

PLC 控制机床的信号通过 PLC 的开关量输出接口送至 MT 中，主要用来控制机床的执行元件，如电磁阀、继电器、接触器以及各种状态指示和故障报警等。

（4）MT 传送给 PLC。

机床的开关量信号可通过开关量输入接口送入 PLC 中，主要是机床操作面板输入信息和其上的各种开关、按钮等信息，如机床的起停、主轴的正反转和停止、各坐标轴点动、刀架或卡盘的夹紧与松开、切削液的开关、倍率选择及各运动部件的限位开关信号等信息。

不同数控系统 CNC 和 PLC 之间的信息交换方式、功能强弱差别很大，但其最基本的功能是 CNC 将所需执行的 M、S、T 代码送到 PLC，由 PLC 完成相应的控制动作，再由 PLC 送给 CNC 完成信号。

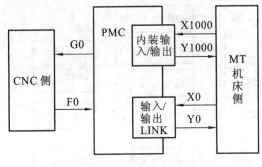

图 3-47　FANUC 0i-MA
数控系统中 PMC 的信息交换

下面以图 3-47 说明 FANUC 0i-MA 数控系统中 PMC 的信息交换过程。注意：PMC 与 PLC 所实现的功能是基本一样的，当强调专用于数控机床外围辅助电气部分的控制时，将前述的 PLC 称为可编程机床控制器 PMC（programmable machine controller），而 PLC 的含义则侧重于控制工厂的一般通用设备。

从图中可以看到，X 信号是来自机床侧的输入信号（如接近开关、极限开关、压力开关、操作按钮、对刀仪等检测元件），内装输入/输出的地址是从 X1000 开始的，而输入/输出 LINK 的地址是从 X0 开始的。PMC 接收从机床侧各检测装置反馈回来的输入信号，在控制过程中进行逻辑运算，作为机床动作的条件及对外围设备进行自诊断的依据。

Y 信号是由 PMC 输出到机床侧的信号。在 PMC 控制程序中，根据自动控制的要求，输出信号控制机床侧的电磁阀、接触器、信号指示灯动作，满足机床运行的需要。内装输入/输出的地址是从 Y1000 开始的，而输入/输出 LINK 的地址是从 Y0 开始的。

F 信号是由控制伺服电动机和主轴电动机的 CNC 系统部分输入到 PMC 的信号，系统部分将伺服电动机的状态，以及请求相关机床动作的信号（如移动中信号、位置检测信号、系统准备完了信号等），反馈到 PMC 中去进行逻辑运算，作为机床动作的条件及进行自诊断的依据。其地址是从 F0 开始的。

G 信号是由 PMC 侧输出到控制伺服电动机和主轴电动机的 CNC 系统部分的信号，对系统部分进行控制和位置反馈（如轴互锁信号、M 代码执行完毕信号等）。其地址是从 G0 开始的。

3.8.4　典型 PLC 的指令系统简介

一、PLC 用户程序的表达方法

如前所述，PLC 程序分为系统程序和用户程序，其中系统程序由 PLC 生产厂家出厂时编好并固化在 PROM 中。本节主要阐述用户面向机床辅助控制功能，编写用户程序的方法。

不同厂家的 PLC 产品所采用的编程语言不尽相同，这些编程语言有梯形图、语句表、控制流程图等多种形式。目前，以梯形图语言的应用最为广泛。

1. 梯形图（LAD）

PLC 以微处理器为核心，可视为继电器、定时器、计数器的集合体。梯形图程序采用类似继电器触点、线圈的图形符号，容易为从事电气设计制造的技术人员理解和掌握。

图 3-48 为用于电动机启停两地控制的继电器控制电路和与其控制逻辑等效的梯形图。在图 3-48(a) 中，S1 和 S3、S2 和 S4 分别为相距较远的两个操作台上控制同一台电动机启停的按钮，K 为电动机的接触器线圈。这样，两个操作台均可独立地对电动机的启停进行控制。

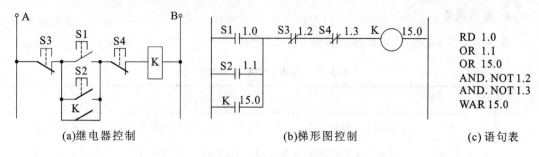

| (a)继电器控制 | (b)梯形图控制 | (c) 语句表 |

图 3-48 电动机启停两地控制

在图 3-48(b)中,左右两条竖线称为电力轨(power rail)。梯形图由电力轨和夹在电力轨间的节点(或称触点)、线圈(或称继电器线圈)、功能块(功能指令,图中未画出)等构成的一个或多个网络。包括两个电力轨在内的一个网络叫作梯形图的一个梯级(rung),每个梯级由一行或多行构成。图中的梯形图由一个梯级构成,该梯级有三行,包括五个节点和一个线圈。

2. 语句表(STL)

目前,简易编程器无法直接利用梯形图编程,为了使编程语言既保持简单、直观、易读特点,又能采用简易编程器编制用户程序,便产生了梯形图的派生语言——语句表。图 3-48(c)为与图 3-48(b)对应的 FANUC PMC 指令系统的语句表。语句表也称指令表或编码表,每一个语句包括语句序号(也叫地址,图中未给出)、操作码(即指令助记符)和数据(参加逻辑操作的软继电器号)。不同厂家的 PLC,其指令的表达方法不尽相同,使用时要注意。

二、FANUC PLC 的指令系统简介

1. 概述

数控机床用 FANUC PLC 有 PMC-A、PMC-B、PMC-D、PMC-G、PMC-L 等多种型号,它们分别适用于不同的 FANUC 数控系统,组成内装型的 PLC。在 FANUC 系列的 PLC 中,有基本指令和功能指令两种指令,型号不同时,只是功能指令的数目有所不同,除此之外,指令系统是完全一样的。在 FANUC PMC-L 中,基本指令有 12 条,功能指令有 35 条。

在基本指令和功能指令执行中,用一个堆栈寄存器暂存逻辑操作的中间结果。堆栈寄存器共有 9 位,如图 3-49 所示。按先进后出、后进先出的原理工作,当操作结果压入堆栈时,堆栈各原状态全部左移一位;相反地,取出操作结果时,堆栈全部右移一位,最后压入的信号首先读出。

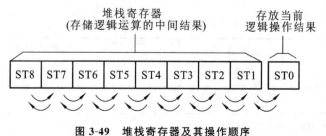

图 3-49 堆栈寄存器及其操作顺序

2. 基本指令

基本指令共 12 条,指令处理内容如表 3-12 所示。

表 3-12　基本指令和处理内容

序　号	指　　令	处理内容
1	RD	读指令信号的状态,并写入 ST0 中,在一个阶梯开始的是常开节点时使用
2	RD. NOT	将信号的"非"状态读出,送入 ST0 中,在一个阶梯开始的是常闭节点时使用
3	WRT	将运算结果(ST0 的状态)输出到指定地址
4	WRT. NOT	将运算结果(ST0 的状态)的"非"状态输出到指定地址
5	AND	将 ST0 的状态与指定地址的信号状态相"与"后,再置于 ST0 中
6	AND. NOT	将 ST0 的状态与指定地址信号状态的"非"状态相"与"后,再置于 ST0 中
7	OR	将 ST0 的状态与指定地址的信号状态相"或"后,再置于 ST0 中
8	OR. NOT	将 ST0 的状态与指定地址的信号状态的"非"状态相"或"后,再置于 ST0 中
9	RD. STK	堆栈寄存器左移一位,并把指定地址的状态读入 ST0 中
10	RD. NOT. STK	堆栈寄存器左移一位,并把指定地址的状态的"非"状态读入 ST0 中
11	AND. STK	将 ST0 和 ST1 的内容执行逻辑"与",结果存于 ST0,堆栈寄存器右移一位
12	OR. STK	将 ST0 和 ST1 的内容执行逻辑"或",结果存于 ST0,堆栈寄存器右移一位

以下是一个综合运用基本指令的例子,用来说明梯形图与指令代码的应用。图 3-50 为梯形图,表 3-13 为其语句表。

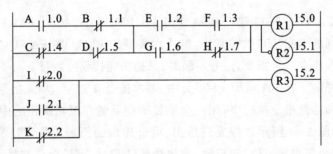

图 3-50　梯形图示例

表 3-13　梯形图 3-50 的编码表

序　号	指　　令	地址号位数	备注	运算结果状态 ST2	ST1	ST0
1	RD	1.0	A			A
2	AND NOT	1.1	B			$A\bar{B}$

续表

序号	指令	地址号位数	备注	运算结果状态		
				ST2	ST1	ST0
3	RD. NOT. STK	1.4	C		$A\overline{B}$	$\overline{C}$
4	AND. NOT	1.5	D		$A\overline{B}$	$\overline{C}\,\overline{D}$
5	OR. STK					$A\overline{B}+\overline{C}\,\overline{D}$
6	RD. STK	1.2	E		$A\overline{B}+\overline{C}\,\overline{D}$	E
7	AND	1.3	F		$A\overline{B}+\overline{C}\,\overline{D}$	EF
8	RD. STK	1.6	G	$A\overline{B}+\overline{C}\,\overline{D}$	EF	G
9	ANDL. NOT	1.7	H	$A\overline{B}+\overline{C}\,\overline{D}$	EF	GH
10	OR. STK				$A\overline{B}+\overline{C}\,\overline{D}$	$EF+G\overline{H}$
11	AND. STK					$(A\overline{B}+\overline{C}\,\overline{D})(EF+G\overline{H})$
12	WRT	15.0	R1			$(A\overline{B}+\overline{C}\,\overline{D})(EF+G\overline{H})$
13	WRT. NOT	15.1	R2			$(A\overline{B}+\overline{C}\,\overline{D})(EF+G\overline{H})$
14	RD. NOT	2.0	I			$\overline{I}$
15	OR	2.1	J			$\overline{I}+J$
16	OR. NOT	2.2	K			$\overline{I}+J+\overline{K}$
17	WRT	15.2	R3			$\overline{I}+J+\overline{K}$

3. 功能指令

数控机床用的 PLC 指令必须满足数控机床信息处理和动作顺序控制的特殊要求。例如对 CNC 输出的 M、S、T 二进制代码信号进行译码（DEC），加工零件计数（CTR），机械运动状态或液压系统动作状态的延时（TMR）确认，刀库、回转工作台沿最短路径旋转和现在位置至目标位置步距数的计算（ROT），换刀时数据检索（DSCH）和数据变址传送指令（XMOV）等。对上述的译码、计数、定时、最短路径的选择以及比较、检索、转移、四则运算、信息显示等控制功能，仅用一位操作的基本指令编程，实现起来将十分困难，因此需要增加一些具有专门功能的指令，这些专门指令就是功能指令。实际上，每个专门指令就是一个子程序，应用功能指令就是调用相应的子程序。FANUCPMC 的功能指令数目视型号不同而不同，其中：PMC-A、PMC-B、PMC-C、PMC-D 为 22 条，PMC-G 为 23 条，PMC-L 为 35 条。

1）功能指令的格式

功能指令不能使用继电器的符号，必须使用图 3-51 所示的符号。这种符号格式包括控制条件、指令、参数和输出几个部分。

指令格式中各部分说明如下。

（1）控制条件。控制条件的数量和意义随功能指令的不同而不同。控制条件存入堆栈寄存器中，其顺序是一定的，如表 3-14 所示。

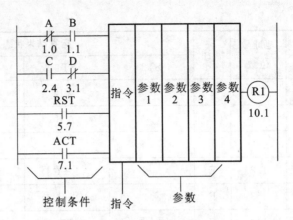

图 3-51　功能指令的格式

表 3-14　图 3-51 的编码表

序号	指令	地址号位数	备注	运算结果状态			
				ST3	ST2	ST1	STD
1	RD. NOT	1.0	A				$\overline{A}$
2	AND	1.1	B				$\overline{A}B$
3	RD-STK	2.4	C				$\overline{A}B$
4	AND. NOT	3.1	D			$\overline{A}B$	$C\overline{D}$
5	RD. STK	5.7	RST			$\overline{A}B$	$C\overline{D}$	RST
6	RD. STK	7.1	ACT		$\overline{A}B$	$C\overline{D}$	RST	ACT
7	SUB	○○	指令	$\overline{A}B$	$C\overline{D}$	RST	ACT
8	(PRM)	○○○○	参数 1	$\overline{A}B$	$C\overline{D}$	RST	ACT
9	(PRM)	○○○○	参数 2	$\overline{A}B$	$C\overline{D}$	RST	ACT
10	(PRM)	○○○○	参数 3	$\overline{A}B$	$C\overline{D}$	RST	ACT
11	(PRM)	○○○○	参数 4	$\overline{A}B$	$C\overline{D}$	RST	ACT
12	WRT	10.1	R1 输出	$\overline{A}B$	$C\overline{D}$	RST	ACT

（2）指令。指令有三种格式,分别用于梯形图、纸带穿孔和程序显示。

（3）参数。功能指令不同于基本指令,可以处理各种数据,即数据本身和存储数据的地址均可作为功能指令的参数,参数的数目和含义与具体的功能指令有关。

（4）输出。功能指令的执行结果是"1"或"0",可以把它输出到继电器 R1(地址在允许范围内可任意指定),但有的功能指令不使用继电器 R1,例如 MOVE、COM、JMP 等。

（5）需要处理的数据。功能指令处理的数据通常是 BCD 码或二进制数。数据存放的约定是,一个多字节数据从最低位开始,从最小地址连续存放,在功能指令中指定参数的地址为其最小地址。例如,BCD 码 1234 存放在地址 200 单元和 201 单元中,低两位 34 存放在 200 单元,高两位 12 存放在 201 单元,该 BCD 码的地址为 200。

2）部分功能指令说明

（1）定时器指令（TMR、TMRB）。定时器指令用于顺序程序中需要与时间建立逻辑关系的场合，功能相当于常用的延时继电器。

① TMR 定时器。此为设定时间可更改的定时器，指令格式及语句表如图 3-52 所示。

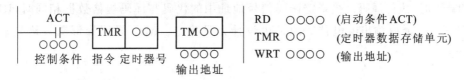

图 3-52　TMR 的指令格式

TMR 定时器的工作原理是：当控制条件 ACT＝0 时，定时继电器断开；当 ACT＝1 时，定时器开始计时，到达预定时间后，定时器 TMR 接通。定时器设定时间的更改可通过数控系统的 CRT/MDI 定时器数据地址中设定，设定值用二进制表示，例如下式：

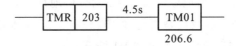

式中，4.5 s 延时数据通过手动数据输入面板 MDI 在 CRT 上预先设定，由系统存入第 203号数据单元，TM01 为 1 号定时继电器，数据位为 206.6。

定时数据的设定以 50 ms 为单位，将定时时间化为毫秒数再除以 50，转换为二进制数写入选定的存储单元。本例中用 4500 ms 除以 50 得 90，将 90 化为二进制数 01011010，存入第 203 号数据单元，该二进制数只占用 16 位的 203 号单元（由 203、204 两单元组成）的低 8位，204 号单元的内容为 00000000。

② TMRB 定时器。TMRB 为设定时间固定的定时器。TMRB 与 TMR 的区别在于，TMRB 的时间编在梯形图中，在指令和定时器号的后面加上一项参数预设定时间，与顺序程序一起写入 EPROM，所设定时间不能用 CRT/MDI 改写。

（2）译码指令（DEC）。数控机床在执行加工程序中规定的 M、S、T 功能时，CNC 装置以 BCD 码形式输出 M、S、T 代码信号。这些信号要经过译码才能从 BCD 码状态转化成具有一定意义的一位逻辑状态。DEC 功能的指令格式如图 3-53 所示。译码信号地址是指CNC 至 PLC 的两字节 BCD 码的信号地址（如译码缓冲器中相应 M 代码的地址），译码规格数据由译码值和译码位数两部分组成，其中译码值只能是两位数，例如 M30 的译码值为 30。译码位数有三种情况：

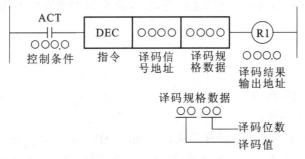

图 3-53　DEC 功能指令格式

01:对译码地址中的两位 BCD 码,高位不译码,只译低位码;

10:高位译码,低位不译码;

11:两位 BCD 码均被译码。

DEC 指令的工作原理是:当控制条件 ACT=0 时,不译码,译码继电器断开;当控制条件 ACT=1 时,执行译码。当指定译码信号地址中的代码与译码规格数据相同时,R1=1;否则,R1=0。译码输出继电器的地址由设计人员确定。M30 译码梯形图及语句表如图 3-54 所示。

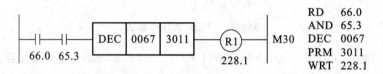

图 3-54   M30 译码梯形图及语句表

图 3-54 中,0067 为译码信号地址,3011 表示对译码地址 0067 中的两位 BCD 码的高位、低位均译码,并判断该地址中的数据是否为 30,若是 30,228.1 地址内容为"1"(译码输出继电器 R1 接通),否则为"0"(译码输出继电器 R1 断开)。

3.8.5   数控机床中 PLC 应用实例

本节以主轴运动的控制为例,分析 PLC 在数控机床中的具体应用。

自动/手动控制主轴正反转以及主轴换挡的局部梯形图如图 3-55 所示。图中各信号的含义如下。

HS.M:手动操作开关

AS.M:自动操作开关

CW.M:主轴正转(顺时针)按钮

CCW.M:主轴反转(逆时针)按钮

OFF.M:主轴停止按钮

SPLGEAR:齿轮低速换挡到位开关

SPHGEAR:齿轮高速换挡到位开关

LGEAR:手动低速换挡操作开关

HGEAR:手动高速换挡操作开关

程序中应用了译码和延时两个功能指令,所涉及的 M 功能有以下几个。

M03:主轴正转

M04:主轴反转

M05:主轴停转

M41:主轴齿轮换低速挡

M42:主轴齿轮换高速挡

当机床操作面板上的工作方式开关选择手动时,HS.M=1,"手动方式"梯级软继电器线圈 HAND 接通,该梯级中的 HAND 常开触点闭合,同时使"自动方式"梯级中 HAND 常

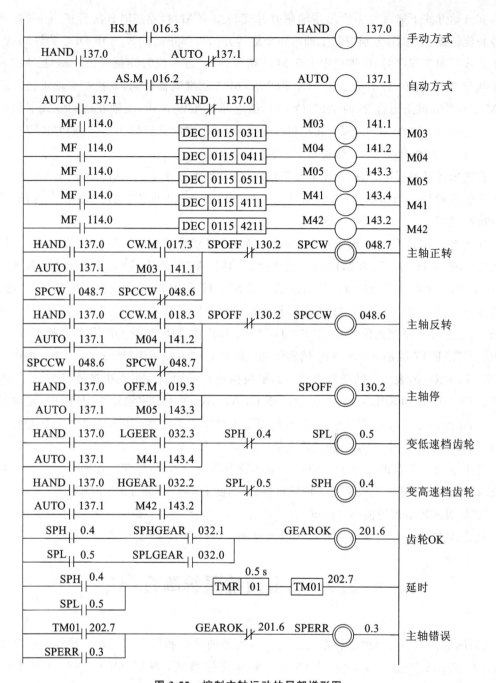

图 3-55 控制主轴运动的局部梯形图

闭触点断开,使软继电器线圈 AUTO 断开,所以"手动方式"梯级中 AUTO 常闭触点接通,使 HAND 软继电器线圈处于自保持状态(自锁),从而建立了手动工作方式。

在"主轴正转"梯级中,HAND=1,当按下主轴正转按钮时,CW.M=1,由于 SPOFF 常闭触点为 1,使主轴正转(顺时针旋转)并自保持。

工作方式选择开关在自动位置时,AS.M=1,使系统处于自动工作方式。由于自动方式和手动方式的常闭触点接在对方的自保持支路中,所以两者的功能是互锁的。

在自动方式下通过程序给出主轴顺时针旋转指令 M03,或逆时针旋转指令 M04,或主轴停止旋转指令 M05,分别控制主轴的两个旋转方向和停止。图 3-55 中 DEC 为译码指令,当输入零件加工程序时,如程序中出现 M03 指令,则经过一段时间延时(80 ms)后 MF=1,开始执行 DEC 指令,译码确定为 M03 指令后,M03 软继电器接通,其接在主轴正转梯级中的 M03 软常开触点闭合(此时 AUTO=1),继电器 SPCW 接通,主轴在自动方式下顺时针旋转。若程序中出现 M04 指令,其控制过程类似,主轴逆时针旋转。同"自动方式"与"手动方式"一样,"主轴正转"和"主轴反转"的功能也是互锁的。

在机床运行过程中,主轴齿轮需要换挡时,零件加工程序中应该给出换挡指令。M41 代码为主轴齿轮低速挡指令,M42 为主轴齿轮高速挡指令。下面以执行 M41 指令为例,说明自动换挡过程。

输入带有 M41 代码的程序段并开始执行后,经过延时,MF=1,执行 DEC 译码,当译码值为"41"时,M41 为"1",即 M41 软继电器接通,其接在"变低速挡齿轮"梯级中的软常开触点 M41 闭合(此时 AUTO=1),从而使继电器 SPL 接通,齿轮箱齿轮换到低速挡。SPL 的常开触点接在"延时"梯级中,当其闭合时,定时器 TMR 开始工作。在定时器设定时间到达以前,如果接收到换挡到位信号,即 SPLGEAR=1,该信号使"齿轮 OK"梯级的换挡成功,软继电器 GEAROK 接通,GEAROK 的常闭触点断开,使"主轴错误"梯级的 SPERR 继电器断开,即 SPERR=0,表示主轴换挡成功。如果换挡过程不顺利或出现机械故障时,则接收不到换挡到位信号,即 SPLGEAR=0,使线圈 GEAROK=0,在"主轴错误"梯级中,定时时间到达后,定时器 TM01 的常开触点闭合,接通了主轴错误继电器 SPERR,通过其常开触点的自保持,发出错误信号,表示主轴换挡出错。

处于手动工作方式时,也可以进行主轴齿轮换挡。此时,将机床操作面板上的选择开关 LGEAR 置于"1",即可完成手动主轴齿轮换到低速挡。同样,也可由"主轴错误"梯级和"齿轮 OK"梯级来表示齿轮换挡是否成功。

执行 M42 指令进行主轴齿轮高速换挡过程与执行 M41 指令类似。

◀ 3.9 典型数控系统简介 ▶

目前,我国应用较多的数控系统主要分为国外的产品和国内的产品。国外的产品主要有,日本 FANUC 公司生产的 FANUC 系列数控系统,德国 SIEMENS 公司生产的 SINUMERIK 系列数控系统,西班牙 FAGOR 公司生产的 FAGOR 系列数控系统,德国 HEIDENHAIN 公司生产的 HEIDENHAIN 系列数控系统,以及日本 MITSUBISHI 公司生产的数控系统。国内生产数控系统的生产厂和公司虽然较多,但是占有市场份额较少,我国数控产品以华中数控、航天数控为代表,也已将高性能数控系统产业化。

3.9.1 日本 FANUC 系列数控系统

FANUC 系列数控系统以其高质量、低成本、高性能、较全的功能,适用于各种机床和生产机械等特点,在市场的占有率远远超过其他的数控系统。

1. FANUC 系统的分类

FANUC 系统的主要产品有如下几种。

(1) 高可靠性的 Power Mate 0 系列:用于控制 2 轴的小型车床,取代步进电动机的伺服系统;可配画面清晰、操作方便、中文显示的 CRT/MDI,也可配性能/价格比高的 DPL/MDI。

(2) 普及型 CNC 0-D 系列:0-TD 用于车床,0-MD 用于铣床及小型加工中心,0-GCD 用于圆柱磨床,0-GSD 用于平面磨床,0-PD 用于冲床。

(3) 全功能型的 0-C 系列:0-TC 用于通用车床、自动车床,0-MC 用于铣床、钻床、加工中心,0-GCC 用于内、外圆磨床,0-GSC 用于平面磨床,0-TTC 用于双刀架 4 轴车床。

(4) 高性能/价格比的 0i 系列:整体软件功能包,高速、高精度加工,并具有网络功能。0i-MB/MA 用于加工中心和铣床,4 轴 4 联动;0i-TB/TA 用于车床,4 轴 2 联动;0i-mate MA 用于铣床,3 轴 3 联动;0i-mate TA 用于车床,2 轴 2 联动。

(5) 具有网络功能的超小型、超薄型 CNC 16i/18i/21i 系列:控制单元与 LCD 集成于一体,具有网络功能,超高速串行数据通信。其中,FS16i-MB 的插补、位置检测和伺服控制以纳米为单位。16i 最大可控 8 轴,6 轴联动;18i 最大可控 6 轴,4 轴联动;21i 最大可控 4 轴,4 轴联动。

除此之外,还有实现机床个性化的 CNC 16/18/160/180 系列。

2. FANUC 0i 系列

1) 主要功能及特点

(1) FANUC 0i 系统与 FANUC 16/18/21 等系统的结构相似,均为模块化结构。主 CPU 板上除了主 CPU 及外围电路之外,还集成了 FROM&SRAM 模块、PMC 控制模块、存储器和主轴模块、伺服模块等,其集成度较 FANUC 0 系统的集成度更高,因此 0i 控制单元的体积更小,便于安装布置。

(2) 采用全字符键盘,可用 B 类宏程序编程,使用方便。用户程序区容量比 0-MD 大一倍,有利于较大程序的加工。使用存储卡存储或输入机床参数、PMC 程序以及加工程序,操作简单方便。

(3) 系统具有 HRV(高速矢量响应)功能,伺服增益设定比 0-MD 系统高一倍,理论上使轮廓加工误差减少一半。以切削圆为例,同一型号机床 0-MD 系统的圆度误差通常为 0.02~0.03 mm,换用 0i 系统后圆度误差通常为 0.01~0.02 mm。

(4) 机床运动轴的反向间隙,在快速移动或进给移动过程中由不同的间隙补偿参数自动补偿。反向间隙补偿效果更为理想,这有利于提高零件加工精度。

(5) FANUC0i 系统可预读 12 个程序段,比 0-MD 系统多。结合预读控制及前馈控制等功能的应用,可减少轮廓加工误差。

2) FANUC 0i 数控系统的组成

FANUC 0i 数控系统由控制单元、显示单元、机床操作面板、I/O 接口模块、伺服驱动单元、主轴驱动单元等组成,其中,控制单元(即常说的数控装置)是最核心的部分。

FANUC 0i 数控装置(控制单元)由主板模块和 I/O 接口模块两部分构成,如图 3-56 示。

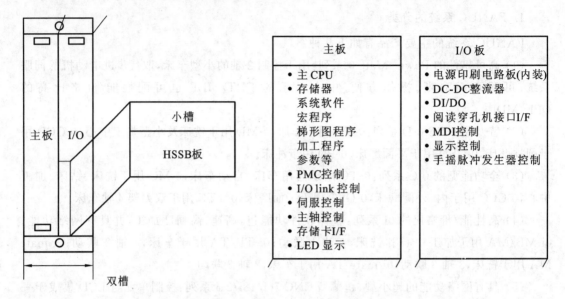

图 **3-56** FANUC 0i 控制单元组成

主板模块主要包括 CPU、内存(系统软件、宏程序、梯形图、参数等)、PMC 控制、I/O LINK 控制、伺服控制、主轴控制、内存卡 I/F 及 LED 显示等。

I/O 模块主要包括电源、I/O 接口、通信接口、MDI 控制、显示控制、手摇脉冲发生器控制和高速串行总线等。

3. FANUC 16i/18i/21i 系列系统

FANUC 16i/18i/21i 系列系统的主要功能及特点如下。

(1) 超小型、超薄型。将液晶显示器与 CNC 控制部分融为一体,实现了超小型化和超薄型化(无扩展槽时厚度只有 60 mm)。

(2) 纳米插补。以纳米为单位计算发送到数字伺服控制器的位置指令,极为稳定,与高速、高精度的伺服控制部分配合,能够实现高精度加工。通过使用高速 RISC 处理器,可以在进行纳米插补的同时,以适合于机床性能的最佳进给速度进行加工。

(3) 伺服 HRV 控制。借助于纳米 CNC 的稳定指令和高响应伺服 HRV 控制的高增益伺服系统,以及高分辨率的脉冲编码器(16000000 P/r),实现高速、高精度加工。

(4) 超高速串行通信。利用光导纤维将 CNC 控制单元和多个伺服放大器连接起来的高速串行总线,可以实现高速度的数据通信并减少连接电缆。

(5) 丰富的网络功能。具有内嵌式以太网控制板(FANUC 21i 为选购件),可以与多台计算机同时进行高速数据传输,适合于构建在加工线和工厂主机之间进行交换的生产系统。

(6) 远程诊断。通过因特网对数控系统进行远程诊断,将维护信息发送到服务中心。

(7) 高性能的开放式 CNC。FANUC 160i/180i/210i 是与 Windows 2000 对应的高功能开放式 CNC。这些型号的 CNC 与 Windows 2000 对应,可以使用市面上出售的多种软件,不仅支持机床制造商的机床个性化和智能化,而且还可以与终端用户自身的个性化相对应。

3.9.2 SIEMENS 公司的 SINUMERIK 系列数控系统

德国 SIEMENS 公司是全世界最大的自动化设备开发制造公司。SIEMENS 公司有许多产品,其中,SINUMERIK 系列 CNC 系统是该公司面向机械制造行业研制开发的控制系统。SINUMERIK 系列 CNC 系统有很多系列和型号,主要有 SINUMERIK 3、SINUMERIK 8、SINUMERIK 810/820、SINUMERIK 850/880、SINUMERIK 840、SINUMERIK 802 等系列。

1. SINUMERIK 810/820 系列

该系列的产品生产于 20 世纪 80 年代中期。

SINUMERIK 810/820 系列是 SIEMENS 公司 20 世纪 80 年代中期开发的 CNC、PLC 一体型控制系统,它适合于普通车床、铣床、磨床的控制,系统结构简单、体积小、可靠性高,在 20 世纪 80 年代末、90 年代初的数控机床上使用较广。810/820 系列最大可控制 6 轴(其中允许有 2 轴作为主轴控制),3 轴联动。硬件采用了较多的大规模集成电路和专用集成电路,系统的模块少、整体机构简单,通常无须进行硬件调整和设定。PLC 采用 STEP5 语言编程,指令丰富,通过 OB、PB、SB、FB 等功能块为结构化编程提供了良好的环境。

20 世纪 90 年代中期,SIEMENS 公司又推出了全数字式数控系统 SINUMERIK 810D/DE,该系统最明显的标志就是采用 ASIC 芯片将控制和驱动集成在一块电路上。它采用 32 位微处理器,内装高性能的 PLC(SIMATIC S7)。其紧凑型控制单元(CCU 单元)负责处理 CNC、PLC 的通信和闭环控制任务,控制器和驱动器组成一个整体(它们之间没有接口)。它可用于数字闭环驱动控制,最多可控制 6 轴(包括 1 个主轴和 1 个辅助主轴)。CCU 单元中包括了 3 个进给轴的功率模块(也可组合成 2 个进给轴和 1 个主轴),利用这一特点,只要配置 1 个电源模块,就可以组成 1 台数控车床所需的驱动装置。

2. SINUMERIK 850/880 系列

该系列的产品生产于 20 世纪 80 年代末,有 850M、850T、880M、880T 等规格。850 和 880 系列在结构上相近,但在功能上有着明显的差别。该系列产品适用于高度自动化水平的机床及柔性制造系统,有 850M、850T、880M 和 880T 等规格。

SINUMERIK 850/880 系列为紧凑型通道结构、多微处理器数控系统,其主 CPU 为 80386,除了数控用 CPU 之外,还有伺服用 CPU、通信用 CPU 及 PLC 用 CPU。上述 CPU 除通信用 CPU 外均可扩展至 2~4 个 CPU,最多可控制 30 个主、辅坐标轴和 6 个主轴,可实现 16 个工位联动控制。该系统有很强的通信功能,可与计算机集成制造系统(computer integrated manufacture system,CIMS)进行通信。

3. SINUMERIK 802 系列

SINUMERIK 802 系列系统包括 802S/Se/Sbase line、802C/Ce/Cbase line、802D 等型号,它是西门子公司 20 世纪 90 年代末开发的集 CNC、PLC 于一体的经济型控制系统。系统性能价格比较高,比较适合于经济型、普及型车床、铣床、磨床的控制,近年来在国产经济型、普及型数控机床上应用较多。SINUMERIK 802 系列数控系统的共同特点是结构简单、体积小、可靠性高,此外软件功能也较强。

SINUMERIK 802S、802C 系列是 SIEMENS 公司专为简易数控机床开发的经济型系统,两种系统的区别是:802S/Se/Sbase line 系列采用步进电动机驱动,802C/Ce/Cbase line 系列采用数字式交流伺服驱动系统。

SINUMERIK 802S、802C 系列系统的 CNC 结构完全相同,可以进行 3 轴联动控制;系统带有 ±10 V 的主轴模拟量输出接口,可以配备具有模拟量输入功能的主轴驱动系统,如变频器。

SINUMERIK 802S、802C 系列系统可以配 OP020 独立操作面板与 MCP 机床操作面板,显示器为 7 英寸或 5.7 英寸单色液晶显示。集成内置式 PLC 最大可以控制 64 点输入与 64 点输出,PLC 的 I/O 模块与 ECU 间通过总线连接;系统体积小,结构紧凑,性能价格比高。

SINUMERIK 802D 与 802S、802C 有较大的不同,在功能上比 802S/C 系统有了改进与提高,系统采用 PCU210 模块,控制轴数为 4 轴/4 轴联动,可以通过 611U 伺服驱动器携带 10 V 主轴模拟量输出,以驱动带模拟量输入的主轴驱动系统;系统可以配 OP020 独立 NC 键盘、MCP 机床操作面板(与 802S/C 相同),802D 采用了 10.4 英寸彩色液晶显示器,比 802S/C(5.7 英寸或 7 英寸单色液晶显示)具有更好的操作性能;系统与驱动、I/O 模块间利用 PROFBUS 总线进行连接;I/O 模块采用了独立的输入、输出单元(PP72/48 I/O 单元),每一系统最大可以配备两个 PP72/48 I/O 单元,点数比 802S/C 系统大大增加,最大可以到 144/96 点。

4. SINUMERIK 840 系列

该系列产品生产于 20 世纪 90 年代中期,是新设计的全数字化数控系统,具有高度模块化及规范化的结构。它将 CNC 和驱动控制集成在一块主板上,将闭环控制的全部硬件和软件集成在一平方厘米的空间中,便于操作、编程和监控。

SINUMERIK 840C 数控系统是 1991～1993 年开发出的数控系统,从功能上覆盖了 850/880 系统的功能,是适应于全功能车床、铣床、加工中心及 FMS、CIMS 的数控系统。

接着,SIEMENS 公司又推出主打产品——开放式数控系统 SINUMERIK 840D/840Di。该系统适于各种复杂加工任务的控制,具有优于其他系统的动态品质和控制精度;最大可控 31 个坐标轴。它还具有强大的网络功能,易实现现代化管理。

3.9.3 华中数控系统(HNC)

1. 华中 I 型(HNC-1)数控系统

HNC-1 数控系统采用了以工业 PC 机为硬件平台,以 DOS、WINDOWS 及其丰富的支持软件为软件平台的技术路线,使主控制系统具有质量好、性能价格比高、新产品开发周期短、维护方便、更新换代和升级快、配套能力强、开放性好及便于用户二次开发和集成等许多优点。华中 I 型数控系统有多个品种,如表 3-15 所示。

表 3-15　华中 I 型数控系统系列数控产品

型　　号	用　　途	型　　号	用　　途
NHC-1M	铣床、加工中心数控系统	NHC-1G	五轴联动工具磨床数控系统
NHC-1T	车床数控系统	NHC-1P	锻压、冲压加工数控系统
NHG-1Y	齿轮加工数控系统	NHC-1MM	多功能小型铣床数控系统
NHC-1P	数字化仿形加工数控系统	NHC-1MT	多功能小型车床数控系统
NHC-1L	激光加工数控系统	NHC-1S	高速缝纫机数控系统

2. 华中-2000 高性能数控系统

HNC-2000 是在 HNC-1 数控系统的基础上开发的高档数控系统,采用工业控制机, TFT 薄膜晶体管显示器,具有多轴多通道控制能力和内装式 PLC,可与多种伺服驱动单元配合使用,具有开放性好、结构紧凑、集成度高、可靠性好、性能价格比高、维护方便的特点。该系列数控系统产品如表 3-16 所示。

表 3-16　华中-2000 型数控系统系列数控产品

型　　号	用　　途	型　　号	用　　途
NHC-2000M	铣床、加工中心数控系统	NHC-200QP	数字化仿形加工数控系统
NHC-2000T	车床数控系统	NHC-2000L	激光加工数控系统
NHC-2000Y	齿轮加工数控系统	NHC-2000G	五轴联动工具磨床数控系统

3. 华中"世纪星"系列数控系统

华中"世纪星"数控系统是在华中高性能数控系统的基础上,为满足用户对低价格、高性能、实用、可靠的要求而开发的数控系统。产品类型主要是 HNC-21T、HNC-21/22M。

华中"世纪星"系列数控系统功能如下。

(1) 最大控制轴数为 4 轴。

(2) 可选配各种类型的脉冲式、模拟式交流伺服驱动单元,步进电动机驱动单元或 HSV-11 系列(华中数字式伺服产品)串口式伺服驱动单元。

(3) 除标准机床控制面板外,配置 40 路光电隔离开关量输入和 32 路输出接口,手持单元接口,主轴控制及编码器接口。还可扩展远程 128 路输入/128 路输出端子板。

(4) 采用分辨力为 640×480 的 7.5 英寸彩色液晶显示器,全汉字操作界面,加工轨迹显示和仿真,故障诊断与报警。

(5) 采用标准 G 代码编程,与各种流行的 CAD/CAM 自动编程软件兼容,具有多种插补功能(直线、圆弧、螺旋线、固定循环、旋转、镜像、宏程序等)。

(6) 具有小线段连续加工功能,特别适合复杂模具零件的加工。

(7) 断点保持/恢复功能。

(8) 反向间隙补偿,双向螺距误差补偿。

(9) 巨量程序加工,不需 DNC,配置硬盘可直接加工 2 GB 以下的 G 代码程序。

(10) 内置 RS-232 接口。

(11) 6 MB Flash RAM(可扩展至 72 MB)程序断电存储器,不需备用电池,8 MB RAM (可扩展至 64 MB)。

思考与练习题

3-1　什么是计算机数控系统? 计算机数控系统包括哪些组成部分?

3-1　计算机数控系统有哪些特点?

3-2　简述 CNC 装置的工作过程。

3-3　数控装置硬件分为哪几种类型? 各有何特点?

3-4　现代数控系统硬件由哪几部分组成?

3-5 简述单微处理器系统的结构与特点。

3-6 简述多微处理器系统的结构与特点。

3-7 简述 CNC 系统软件包含哪些内容。

3-8 简述 CNC 系统软件的主要特点。

3-9 现代数控系统的软件有哪几种结构？各有何特点？

3-10 简述非编码式键盘的工作原理。

3-11 键盘采用什么扫描方法？如何处理按键时的抖动？

3-12 什么是译码？译码包括哪些内容？

3-13 诊断程序能诊断哪些错误？

3-14 什么是预处理？为什么要对进给速度进行控制？

3-15 刀具补偿的目的是什么？刀具补偿有哪些类型？

3-16 刀具半径补偿分为哪几类？各有何特点？

3-17 C 功能刀具半径补偿转接类型判断的标准是什么？转接类型有几种？

3-18 分析数控机床误差源有哪些？如何消除误差？

3-19 分析齿隙的危害，并说明齿隙的补偿方法？

3-20 简述 FANUC 0i 系统的螺距补偿方法与过程。

3-21 分析数控系统对输入/输出与通信接口的要求。

3-22 简述 I/O 接口电路的作用。

3-23 数控机床上主要运用哪种通信接口标准？各有什么特点？

3-24 何谓可编程序控制器？有什么特点？

3-25 可编程序控制器由哪几部分组成？各部分的功能怎样？

3-26 简述可编程序控制器的工作过程。

3-27 可编程序控制器在数控机床中可分为哪几类？各有何特点？

3-28 简述 FANUC PMC-L 中的 DEC、ROT 功能指令的格式与含义。

3-29 结合图 3-55 说明主轴手动正转的工作过程。

3-30 简述 FANUC 系列数控系统的特点。

3-31 简述 SIEMENS 公司系列数控系统的特点。

3-32 简述华中数控系统的特点。

第 4 章
位置检测装置

◀ 4.1 概　述 ▶

检测元件是闭环伺服系统的重要组成部分。它的作用是检测位置和速度、发送反馈信号、构成闭环控制。闭环系统的数控机床的加工精度主要取决于检测系统的精度。位移检测系统能够测量出的最小位移量称为分辨率。分辨率不仅取决于检测装置本身,也取决于测量线路,因此,研制和选用性能优越的检测装置是很重要的。

4.1.1　对检测装置的要求

数控机床对检测装置的主要要求有:①工作可靠,抗干扰性强;②维护方便,适应机床的工作环境;③满足精度和速度要求;④成本低。

不同类型的数控机床对检测装置的精度和适应的速度是不同的。对大型机床来说,以满足速度要求为主;对中小型机床和高精度机床来说,以满足精度要求为主。选择测量系统的分辨率时,要比加工精度高一个数量级。

4.1.2　检测装置的分类

1. 根据检测元件的安装位置及机床运动部件的耦合方式分类

根据检测元件的安装位置及机床运动部件的耦合方式,检测装置可分为直接测量和间接测量装置两种。

（1）直接测量。

直接测量是将直线型检测装置安装在移动部件上,用来直接测量工作台的直线位移,作为全闭环伺服系统的位置反馈信号,而构成位置闭环控制。其优点是准确性高、可靠性好;缺点是测量装置要和工作台行程等长,所以在大型数控机床上受到一定限制。

（2）间接测量。

它是将旋转型检测装置安装在驱动电动机轴或滚珠丝杠上,通过检测转动件的角位移来间接测量机床工作台的直线位移,作为半闭环伺服系统的位置反馈用。其优点是测量方便、无长度限制;缺点是测量信号中增加了由回转运动转变为直线运动的传动链误差,从而影响了测量精度。

2. 根据绝对测量和增量测量的角度分类

从绝对测量和增量测量的角度来分,检测装置可分为增量型检测装置和绝对型检测装置,如表 4-1 所示。

表 4-1　检测装置分类

	增　量　式	绝　对　式
回　转　型	脉冲编码器 旋转变压器 圆感应同步器 圆光栅,圆磁栅	多速旋转变压器 绝对脉冲编码器 三速圆感应同步器
直　线　型	直线感应同步器 磁尺,激光干涉仪	三速感应同步器 绝对值式磁尺

（1）增量式测量。

轮廓控制数控机床上多采用这种测量方式，增量式测量只测相对位移量，如测量单位为 0.001 mm，则每移动 0.001 mm 就发出一个脉冲信号，其优点是测量装置较简单，任何一个对中点都可以作为测量的起点，而移距是由测量信号计数累加所得，一旦计数有误，以后测量所得结果完全错误。

（2）绝对式测量。

绝对式测量装置对于被测量的任意一点位置均由固定的零点标起，每一个被测点都有一个相应的测量值。测量装置的结构较增量式复杂，如编码盘中对应于码盘的每一个角度位置便有一组二进制位数。显然，分辨精度要求越高，量程越大，则所要求的二进制位数也越多，结构就越复杂。

3. 根据检测装置输出信号的类型分类

从检测装置输出信号的类型分，检测装置又可以分为数字式和模拟式两大类。

（1）数字式测量。

它是将被测的量以数字形式来表示，测量信号一般为脉冲，可以直接把它送到数控装置进行比较、处理。其优点是信号抗干扰能力强、处理简单。

（2）模拟量测量。

它是将被测的量用连续变量来表示，如电压变化、相位变化等。它对信号处理的方法相对来说比较复杂，需增加滤波器等，以提高抗干扰性。在数控机床上除位置检测外，还有速度检测，其目的是精确地控制转速。转速检测装置常用测速电动机、回转式脉冲发生器、脉冲编码器和"频率-电压变换"回路产生速度检测信号。

◀ 4.2 旋转变压器 ▶

4.2.1 旋转变压器的结构

旋转变压器是一种小型的精密交流电动机，在结构上和二相线绕式异步电动机相似，由定子和转子组成，分为有刷结构和无刷结构两种。在有刷结构中，定子与转子上均为两相交流分布绕组。二相绕组轴线相互垂直，转子绕组的端点通过电刷和滑环引出。无刷旋转变压器没有电刷与滑环，由两大部分组成：一部分叫分解器，其结构与有刷旋转变压器基本相同；另一部分叫变压器，它的一次绕组绕在与分解器转子轴固定在一起的线轴（高导磁材料）上与转子一起转动，它的二次绕组绕在与转子同心的定子轴线上。分解器定子线圈接外加的激磁电压，它的转子线圈输出信号接在变压器的一次绕组，从变压器的二次绕组引出最后的输出信号。无刷旋转变压器具有可靠性高、寿命长、不用维修以及输出信号大的特点，是数控机床常用的位置检测装置之一。

4.2.2 旋转变压器的工作原理

旋转变压器是一种角位移测量装置，工作原理与普通变压器基本相似，其中，定子绕组作为变压器的一次侧,接受励磁电压;转子绕组作为变压器的二次侧,通过电磁耦合得到感应电压,其输出电压的大小与转子位置有关。旋转变压器通过测量电动机或被测轴的转角来间接测量工作台的位移。

旋转变压器分为单极和多极形式,先分析一下单极工作情况。

如图 4-1 所示,单极型旋转变压器的定子和转子各有一对磁极,假设加到定子绕组的励磁电压为 U_1,则转子通过电磁耦合,产生感应电压 U_2。当转子转到使它的磁轴和定子绕组磁轴垂直时转子绕组感应电压 U_2 为 0;当转子绕组的磁轴自垂直位置转过一定角度时,转子绕组中产生的感应电压为:

$$U_2 = KU_1\sin\theta = KU_m\sin\omega t\sin\theta \tag{4-1}$$

式中,K 为变压比(即绕组匝数比);U_m 为励磁信号的幅值;ω 为励磁信号角频率;θ 为旋转变压器转角。

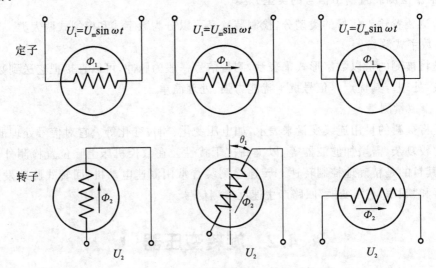

图 4-1　旋转变压器工作原理

当转子转过 90° 时,两磁轴平行,此时转子绕组中感应电压最大,即

$$U_2 = KU_m\sin\omega t \tag{4-2}$$

4.2.3　旋转变压器的应用

在实际应用中,通常采用多极形式,如正弦、余弦旋转变压器,其定子和转子绕组中各有两个互相垂直的绕组,如图 4-2 所示。当励磁绕组用两个相位相差 90° 的电压供电时,应用叠加原理,在副边的一个转子绕组中磁通为(另一绕组短接)。

$$\Phi_3 = \Phi_1\sin\theta_1 + \Phi_2\cos\theta_2 \tag{4-3}$$

而输出电压则为

$$U_3 = KU_m\sin\omega t\sin\theta_1 + KU_m\cos\omega t\cos\theta \tag{4-4}$$

$$= KU_m\cos(\omega t - \theta_1)$$

由此可知,当把励磁信号 $U_1 = U_m\sin\omega t$ 和 $U_2 = U_m\cos\omega t$ 施加于定子绕组时,旋转变压器转子绕组便可输出感应信号 U_3。若转子转过角度 θ_1,那么感应信号 U_3 和励磁信号 U_2 之间

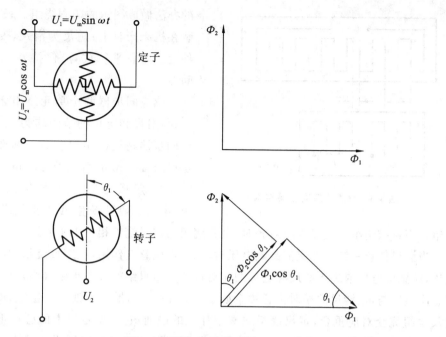

图 4-2　正弦、余弦变压器

一定存在着相位差,这个相位差可通过鉴相器线路检测出来,并表示成相应的电压信号。这样,通过对该电压信号的测量便可得到转子转过的角度 θ_1。由于 $U_3 = KU_m\cos(\omega t - \theta_1)$ 是关于变量 θ_1 的周期函数,故转子每转一周,U_3 值将周期性地变化一次。因此,在实际应用时,不但要测出 U_3 的大小,而且还要测出 U_3 的周期性变化次数;或者将被测角位移 θ_1 限制在 $180°$ 之内,即每次测量过程中,转子转过的角度小于半周。

◀◀ 4.3　感应同步器 ▶▶

　　感应同步器是一种电磁感应式的高精度位移检测装置,它实质上是多极旋转变压器的展开形式。感应同步器分为旋转式和直线式两种,前者用于角度测量,后者用于长度测量,二者工作原理相同。

4.3.1　感应同步器的结构和工作原理

　　感应同步器和旋转变压器均为电磁式检测装置,属模拟式测量,二者工作原理相同,其输出电压随被测直线位移或角位移而改变。

　　感应同步器按其结构特点一般分为直线式和旋转式两种:直线式感应同步器由定尺和滑尺组成,用于直线位移测量;旋转式感应同步器由转子和定子组成,用于角位移测量。下面以直线式感应同步器为例,介绍其结构和工作原理。

　　直线感应同步器相当于一个展开的多极旋转变压器,其结构如图 4-3 所示,定尺和滑尺的基板采用与机床热膨胀系数相近的钢板制成,钢板上用绝缘黏结剂贴有铜箔,并利用腐蚀

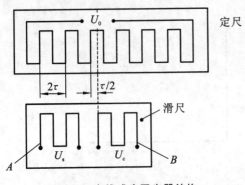

图 4-3 直线感应同步器结构

的办法做成图示的印刷绕组。长尺叫定尺,安装在机床床身上;短尺为滑尺,安装于移动部件上。两者平行放置,保持 $0.05\sim0.25$ mm 间隙。

感应同步器两个单元绕组之间的距离为节距,滑尺和定尺的节距均为 2τ,这是衡量感应同步器精度的主要参数。标准感应同步器定尺长 250 mm,滑尺长 100 mm,节距(2τ)为 2 mm。定尺上是单向、均匀、连续的感应绕组,滑尺有两组绕组,A 为正弦绕组,B 为余弦绕组。当正弦绕组与定尺绕组对齐时,余弦绕组与定尺绕组相差 1/4 节距。

当滑尺任意一绕组加交流激磁电压时,由于电磁感应作用,在定尺绕组中必然产生感应电压,该感应电压取决于滑尺和定尺的相对位置。当只给滑尺上正弦绕组加励磁电压时,定尺感应电压与定、滑尺的相对位置关系如图 4-4 所示。如果滑尺处于 a 位置,即滑尺绕组与定尺绕组完全对应重合,定尺绕组线圈中穿入的磁通最多,则定尺上的感应电压最大。随着滑尺相对定尺做平行移动,穿入定尺的磁通逐渐减少,感应电压逐渐减小。当滑尺移到图 4-4 中 b 点位置,与定尺绕组刚好错开 1/4 节距时,感应电压为零;再移动至 1/2 节距处,即图 4-4 中 c 点位置时,定尺线圈中穿出的磁通最多,感应电压最大,但极性相反;再移至 3/4 节距,即图 4-4 中 d 点位置时,感应电压又变为零,当移动一个节距位置如图 4-4 中 e 点,又恢复到初始状态,与 a 点相同。显然,在定尺移动一个节距(2τ)的过程中,感应电压按余弦函数变化了一个周期,如图 4-4 中的 $abcde$。

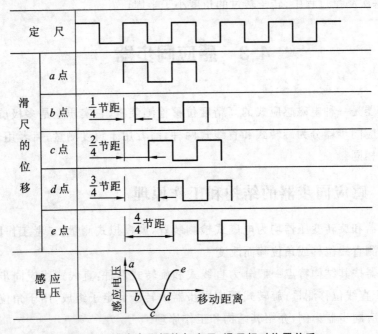

图 4-4 感应电压幅值与定尺、滑尺相对位置关系

由此可见,在励磁绕组中加上一定的交变励磁电压,感应绕组中会感应出相同频率的感应电压,其幅值大小随着滑尺移动做余弦规律变化。滑尺移动一个节距,感应电压变化一个周期。感应同步器就是利用感应电压的变化进行位置检测的。

4.3.2 感应同步器的工作方式

感应同步器已被广泛应用于大位移静态测量与动态测量中,例如用于三坐标测量机、程控数控机床及高精度重型机床及加工中心测量装置等。

感应同步器作为位置测量装置安装在数控机床上,它也有两种工作方式,即鉴相式工作方式和鉴幅式工作方式。

1. 鉴相式工作方式

在这种工作方式下,供给滑尺的正、余弦绕组的激磁信号是频率、幅值相同,相位相差90°的交流励磁电压为

$$U_s = U_m \sin\omega t \tag{4-5}$$

$$U_c = U_m \cos\omega t \tag{4-6}$$

根据叠加原理,定尺上的总感应电压为

$$U_0 = K U_m \sin\omega t \cos\theta + K U_m \cos\omega t \cos\left(\theta + \frac{\pi}{2}\right)$$

$$= K U_m \sin(\omega t - \theta) \tag{4-7}$$

式中,K 为耦合系数;U_m 为激磁电压的幅值;ω 为激磁电压的角频率;θ 为滑尺绕组相对于定尺绕组的空间相位角。

若滑尺上的正、余弦绕组同时励磁,就可以分辨出感应电压值所对应的唯一确定的位移。

$$\frac{\theta}{2\pi} = \frac{x}{2\tau} \tag{4-8}$$

$$x = \frac{\theta\tau}{\pi} \tag{4-9}$$

通过鉴别定尺感应输出电压的相位,即可测量定尺和滑尺之间的相对位移。例如,定尺感应输出电压与滑尺励磁电压之间的相位差为 1.8°,当节距 $2\tau = 4$ mm 时,滑尺移动了 $x = 1.8 \times 2/180$ mm $= 0.02$ mm。

2. 鉴幅式工作方式

供给滑尺上正弦、余弦绕组的励磁电压的频率相同、相位相同,但幅值不同。

$$U_s = U_m \sin\alpha \sin\omega t \tag{4-10}$$

$$U_c = U_m \cos\alpha \cos\omega t \tag{4-11}$$

式中,α 为给定的电气角。

则,在定尺绕组产生的总感应电压为

$$U_0 = K U_m \sin\alpha \sin\omega t \cos\theta - K U_m \cos\alpha \sin\omega t \sin\theta$$

$$= K U_m \sin(\alpha - \theta) \sin\omega t \tag{4-12}$$

由式(4-12)可知,当滑尺和定尺处于初始位置时,$\alpha = \theta$,则 $U_0 = 0$。在滑尺移动过程中,在一个节距内任一 $U_0 = 0$ 的 $\alpha = \theta$ 点称为节距零点。当定尺、滑尺之间产生相对位移 Δx(即

改变滑尺位置时),则 $\alpha \neq \theta$,使得 $U_0 \neq 0$。令 $\alpha = \theta + \Delta\theta$,此时在定子绕组上产生的感应电压又可表示为

$$U_0 = KU_m \sin\omega t \sin(\alpha - \theta) = KU_m \sin\omega t \sin\Delta\theta \qquad (4-13)$$

当 $\Delta\theta$ 很小时,定尺绕组上的感应电压可近似表示为

$$U_0 = KU_m \sin\omega t \Delta\theta \qquad (4-14)$$

又因为 $\Delta\theta = \pi\Delta x/\tau$,所以定尺绕组上的感应电压又可表示为

$$U_0 = KU_m \frac{\pi\Delta x}{\tau} \sin\omega t \qquad (4-15)$$

由式(4-15)可知,定尺绕组上的感应电压 U_0 实际上是误差电压,当滑尺位移量 Δx 很小时,误差电压幅值和 Δx 成正比,因此可通过测量 U_0 的幅值来测定位移量 Δx 的大小。

4.3.3 感应同步器的应用

1.感应同步器的应用特点

感应同步器作为检测装置具有许多优点,所以广泛应用于位置检测,其应用特点如下。

(1)测量精度高。

感应同步器直接对机床移动部件位移进行检测,不需要进行中间转换,测量精度只受测量装置本身精度限制。定尺和滑尺上的平面绕组,采用专门的工艺方法制造精确。感应同步器的极对数多,定尺上的感应电压是多极感应电压的平均值,因此检测装置本身微小的制造误差由于取平均值而得到补偿,因而测量精度高。目前,直线感应同步器的精度可达 $\pm$ 0.001 mm,重复精度 0.0002 mm,灵敏度 0.00005 mm。直径为 302 mm 的感应同步器的精度可达 $0.5''$,重复精度可达 $0.1''$,灵敏度可达 $0.05''$。

(2)可拼接成各种需要的长度。

根据测量长度的需要,采用多块定尺接长,相邻定尺间隔也可以调整,使拼接后总长度的精度保持(或略低于)单块定尺的精度。尺与尺之间的绕组连接方式如图 4-5 所示。当定尺少于 10 块时,将各绕组串联连接(见图 4-5(a));当多于 10 块时,先将各绕组分成两组串联,然后将此两组再并联(见图 4-5(b)),以不使定尺绕组阻抗过高为原则。

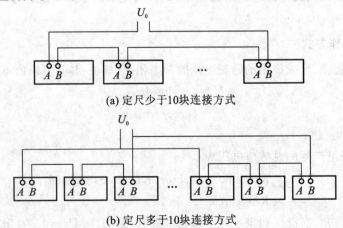

(a) 定尺少于10块连接方式

(b) 定尺多于10块连接方式

图 4-5 绕组连接图

（3）对环境的适应性强。

直线式感应同步器金属基尺与安装部件的材料（钢或铸铁）的膨胀系数相近，当环境温度变化时，两者的变化规律相同，而不影响测量精度。感应同步器为非接触式电磁耦合器件，可选耐温性能好的非导磁性材料作为保护层，可以加强其抗温防湿能力，同时在绕组的每个周期内，任何时候都可给出与绝对位置相对应的单值电压信号，而不受环境干扰的影响。

（4）使用寿命长。

由于感应同步器定尺与滑尺之间不直接接触，因而没有磨损，所以使用寿命长。但是由于感应同步器大多装在切屑或切削液容易入侵的部位，所以必须用钢带或折罩覆盖，以免切屑划伤滑尺与定尺的绕组。

（5）注意安装间隙。

安装感应同步器时，要注意定尺与滑尺之间的间隙，一般在（0.02～0.25）±0.05 mm 以内；滑尺移动过程中，由于晃动所引起的间隙变化也必须控制在 0.01 mm 之内。如间隙过大，必将影响测量信号的灵敏度。

（5）成本低，易于生产。

（6）与旋转变压器相比，感应同步器的输出信号比较微弱，需要一个放大倍数很高的前置放大器。

2. 鉴相式测量系统应用

数控机床闭环系统采用鉴相式系统时，其结构方框图如图 4-6 所示。误差信号 $\pm\Delta\theta_2$ 用来控制数控机床的伺服驱动机构，使机床向消除误差的方向运动，构成位置反馈，指令信号 $U_\tau = K_1\sin(\omega t + \theta_1)$ 的相位角 θ_1 由数控装置发出。机床工作时，由于定尺和滑尺之间产生相对移动，则定尺上感应电压 $U_2 = K\sin(\omega t + \theta)$ 的相位角发生变化，其值为 θ。当 $\theta \neq \theta_1$ 时，鉴相器有信号 $\pm\Delta\theta_2$ 输出，使机床伺服驱动机构带动机床工作台移动。当滑尺与定尺的相对位置达到指令要求值 θ_1 时（即 $\theta = \theta_1$），鉴相器输出电压为零，工作台停止移动。

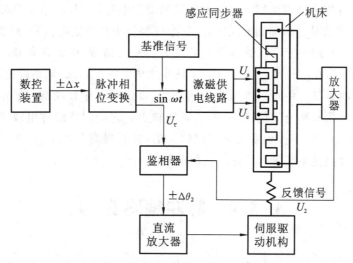

图 4-6　鉴相式检测系统方框图

3. 鉴幅式测量系统应用

鉴幅式测量系统用于数控机床闭环控制系统时,其结构方框图如图 4-7(a)所示。当工作台位移值未达到指令要求值时(即 $x \neq x_1 (\theta \neq \theta_1)$),定尺上感应电压 $U_2 \neq 0$。该电压经检波放大控制伺服驱动机构,带动机床移动部件(工作台或刀架)移动。当机床移动部件移动至 $x = x_1 (\theta = \theta_1)$时,定尺上感应电压 $U_2 = 0$,误差信号消失,工作台停止移动。定尺上感应电压同时输出至相敏放大器,与来自相位补偿器的标准正弦信号进行比较,以控制工作台运动的方向。

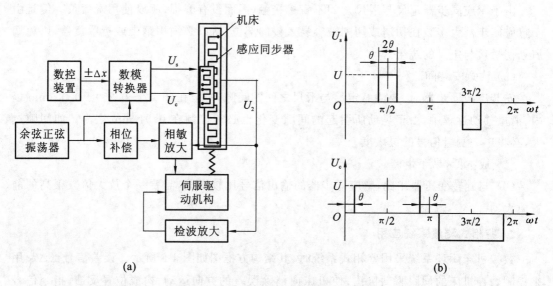

(a)   (b)

图 4-7 鉴幅式检测系统方框图和波形图

鉴幅式测量系统的另一种系统为脉宽调制型系统,同样是根据定尺上感应电压的幅值变化来测定滑尺和定尺之间的相对位移量。但是供给滑尺的正、余弦绕组的激磁信号不是正弦电压,而是方波脉冲,这样便于用开关线路实现,使线路简化,性能稳定。

设 U_c 和 U_s 分别为提供给感应同步器滑尺的励磁信号,如图 4-7(b)所示方波。若同时将 U_c 和 U_s 的方波信号分别加到滑尺的正弦、余弦绕组上作为励磁信号,则在定尺上将产生相应的感应电压。利用性能良好的低通滤波器去掉高次谐波,得到含有基波成分的感应电压。它将定尺和滑尺相对运动的位移角与励磁脉冲角度联系起来,调整励磁脉冲的宽度,相当于改变鉴幅式测量系统中励磁电压中的相位角,以跟踪机床移动部件的位移值。脉宽调制型系统保留了鉴幅式系统的优点,克服了某些缺点。它用固体组件组成数字电路来代替函数发生器,体积小、易于生产,系统应用比较灵活,如要提高分辨率,只要加几位计数器即可实现,因此,这种测量系统具有良好的发展前景。

◄ 4.4 脉冲编码器 ►

脉冲编码器是一种旋转式脉冲发生器,能把机械转角转化成脉冲信号,是数控机床上使用很广泛的位置检测装置。脉冲编码器也可作为速度检测装置用于速度检测。脉冲编码器分光电式、接触式和电磁感应式三种。从精度和可靠性方面来看,光电式脉冲编码器优于其他两种。数控机床上主要使用光电式脉冲编码器。

脉冲编码器是一种增量检测装置,它的型号是由每转发出的脉冲数来区分。数控机床上常用的脉冲编码器有 2000 p/r、2500 p/r 和 3000 p/r 等;在高速、高精度数字伺服系统中,应用高分辨率的脉冲编码器,如 20000 p/r、25000 p/r 和 30000 p/r 等,现在已有使用每转发出 10 万个脉冲,乃至几百万个脉冲的脉冲编码器,该编码器装置内部应用了微处理器。

4.4.1 光电式脉冲编码器的结构与工作原理

1. 光电式脉冲编码器的结构

光电式脉冲编码器由光源、聚光镜、光电盘、圆盘、光电元件和信号处理电路等组成,如图 4-8 所示。光电盘是用玻璃材料研磨抛光制成,玻璃表面在真空中镀上一层不透光的铬,然后用照相腐蚀法在上面制成向心透光窄缝。透光窄缝在圆周上等分,其数量从几百条到几千条不等。圆盘也用玻璃材料研磨抛光制成,其透光窄缝为两条,每一条后面安装有一只光电元件。

光电脉冲编码器的结构如图 4-9 所示。在一个圆盘(一般为真空镀膜的玻璃圆盘)的圆周上刻有间距相等的细密线纹,分为透明和不透明部分,称为圆盘形主光栅。主光栅与转轴一起旋转。在主光栅刻线的圆周位置,与主光栅平行地放置一个固定的指示光栅,它是一小块扇形薄片,制有三个狭缝。其中,两个狭缝在同一圆周上相差 1/4 节距(称为辨向狭缝);另外一个狭缝叫作零位狭缝,主光栅转一周时,由此狭缝发出一个脉冲。在主光栅和指示光栅两边,与主光栅垂直的方向上固定安装有光源、光电接收元件。此外,还有用于信号处理的印刷电路板。光电脉冲编码器通过十字连接头与伺服电动机相连,它的法兰盘固定在电动机端面上,罩上防护罩,构成一个完整的检测装置。

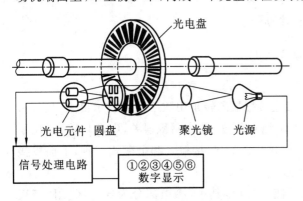

图 4-8　光电式脉冲编码器结构示意图

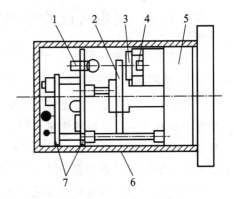

图 4-9　光电式脉冲编码器的结构
1—光源;2—光栅;3—指示光栅;4—光电池组;
5—机械部件;6—护罩;7—印刷电路板

2. 光电脉冲编码器的工作原理

光电脉冲编码器在码盘的边缘上开有间距相等的透光窄缝隙,在码盘的两侧分别安装光源与光敏元件。光电盘与工作轴连在一起,光电盘转动时,每转过一个缝隙就发生一次光线的明暗变化,光电元件把通过光电盘和圆盘射来的忽明忽暗的光信号转换为近似正弦波的电信号,经过整形、放大和微分处理后,输出脉冲信号;通过记录脉冲的数目,就可以测出转角,进而测出脉冲的变化率(即单位时间脉冲的数目),就可以求出速度。

为了判别旋转方向,可在码盘两侧再装一套光电转换装置,分别用 A 和 B 表示。两套光电转换装置在光电元件上形成两条明暗变化的光线,产生两组近似于正弦波的电流信号 A 与 B,两者的相位相差 $90°$,经放大和整形电路处理后变成方波。若 A 相超前于 B 相,对应电动机做正向旋转;若 B 相超前于 A 相,对应电动机做反向旋转。若以该方波的前沿或后沿产生计数脉冲,可以形成代表正向位移和反向位移的脉冲序列。

脉冲编码器除有 A 相和 B 相输出信号外,还有 Z 相输出信号,它是用来产生机床的基准点的。通常情况下,数控机床的机械原点与各轴的脉冲编码器 Z 相输出信号的位置是一致的。

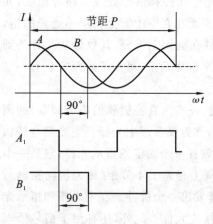

图 4-10　光电脉冲编码器输出波形

为了判断旋转方向,圆盘的两个窄缝距离彼此错开 1/4 节距,使两个光电元件输出信号相位差 $90°$。如图 4-10 所示,A、B 信号为具有 $90°$ 相位差的正弦波,经放大和整形变为方波 A_1、B_1。

设 A 相比 B 相超前时为正方向旋转,则 B 相超前 A 相就是负方向旋转,利用 A 相与 B 相相位关系可以判别旋转方向。此外,在光电盘的里圈不透光圆环上还刻有一条透光条纹,用以产生每转一个的零位脉冲信号,它是轴旋转一周在固定位置上产生一个脉冲。在数控机床上,光电脉冲编码器作为位置检测装置,用在数字比较伺服系统中,将位置检测信号反馈给 CNC 装置。

4.4.2　光电式脉冲编码器的分类

光电式脉冲编码器可分为绝对式与增量式两类。

1. 绝对式脉冲编码器

绝对式编码器是一种旋转式检测装置,可直接把被测转角用数字代码表示出来,且每一个角度位置均有其对应的测量代码。它能表示绝对位置,没有累积误差,电源切除后,位置信息不丢失,仍能读出转动角度。绝对式编码器有光电式、接触式和电磁式三种,下面以接触式 4 位绝对编码器为例来说明其工作原理。

它在一个不导电基体上做成许多金属区使其导电,其中,涂黑部分为导电区,用“1”表示;其他部分为绝缘区,用“0”表示。每一径向由若干同心圆组成的图案代表了某一绝对计数值,通常把组成编码的各圈称为码道,码盘最里圈是公用的,它和各码道所有导电部分连在一起,经电刷和电阻接电源负极。在接触式码盘的每个码道上都装有电刷,电刷经电阻接到电源正极。当检测对象带动码盘一起转动时,电刷和码盘的相对位置发生变化,与电刷串联的电阻将会出现有电流通过或没有电流通过两种情况。若回路中的电阻上有电流通过,为“1”;反之,电刷接触的是绝缘区,电阻上无电流通过,为“0”。如果码盘顺时针转动,就可依次得到按规定编码的数字信号输出,图 4-11 所示为 4 位二进制码盘,根据电刷位置得到由"1"和"0"组成的二进制码,输出为 0000、0001、0010……1111。

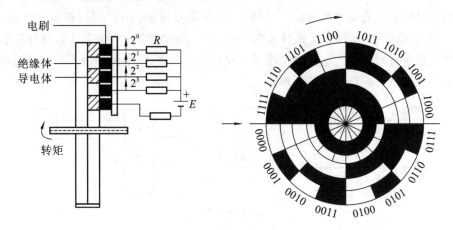

图 4-11　4 位二进制数编码盘

由图 4-11 可以看出,码道的圈数就是二进制的位数,且高位在内,低位在外,其分辨角 $\theta = 360°/2^4 = 22.5°$。若是 n 位二进制数编码盘,就有 n 圈码道,分辨角 $\theta = 360°/2^n$,即码盘位数越大,所能分辨的角度越小,测量精度越高。若要提高分辨力,就必须增多码道,即二进制位数增多。目前,接触式码盘一般可以做到 9 位二进制,光电式码盘可以做到 18 位二进制。如果要求更多位数,可以采用组合码盘,即同时采用一个粗计码盘和一个精计码盘,粗计码盘转一圈,精计码盘转过最低位的一格。如果用两个 9 位二进制数码盘组合,即可得到相当于 18 位的二进制数码盘,使读数精度大幅度提高。

由于接触式码盘的电刷易磨损,转速不宜太高。光电式码盘和电磁式码盘是非接触式,允许转速较高。数控机床上实际使用的绝对式编码器大多数为光电式码盘。

2. 增量式脉冲编码器

增量式脉冲编码器分光电式、接触式和电磁感应式三种。就精度和可靠性来讲,光电式脉冲编码器优于其他两种,它的型号是用脉冲数/转(p/r)来区分,数控机床常用 2000 p/r、2500 p/r、3000 p/r 等,现在已有每转发 10 万个脉冲的脉冲编码器。脉冲编码器除可以用于角度检测外,还可以用于速度检测。

光电式脉冲编码器通常与电动机安装在一起,或者安装在电动机非轴伸端,电动机可直接与滚珠丝杠相连,或通过减速比为 i 的减速齿轮,然后与滚珠丝杠相连,那么每个脉冲对应机床工作台移动的距离可用式(4-16)计算

$$\delta = \frac{S}{iM} \tag{4-16}$$

式中,δ 为脉冲当量,mm/脉冲;S 为滚珠丝杠的导程,mm;i 为减速齿轮的减速比;M 为脉冲编码器每转的脉冲数,p/r。

图 4-12 所示为第一种方式的电路图和波形图。光电脉冲编码器的输出脉冲信号 A、$\overline{A}$、B、$\overline{B}$ 经过差分驱动传输进入 CNC 装置,仍为 A 相信号和 B 相信号。将 A、B 信号整形后,变成规整的方波(电路中 a、b 点)。当光电脉冲编码器正转时,A 相信号超前 B 相信号,经过

单稳电路变成 d 点的窄脉冲,与 B 相反向后 c 点的信号进入与门,由 e 点输出正向计数脉冲;而 f 点由于在窄脉冲出现时,b 点的信号为低电平,所以 f 点也保持低电平,这时可逆计数器进行加计数。当光电脉冲编码器反转时,B 相信号超前 A 相信号,在 d 点窄脉冲出现时,因为 c 点是低电平,所以 e 点保持低电平;而 f 点输出窄脉冲,作为反向减计数脉冲,这时可逆计数器进行减计数。这样就实现了不同旋转方向时,数字脉冲由不同通道输出,分别进入可逆计数器做进一步的误差处理。

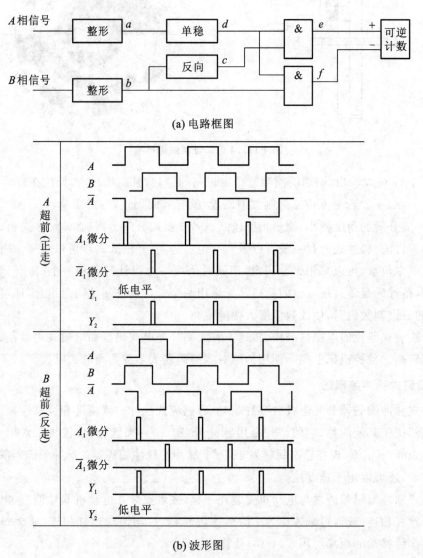

(a) 电路框图

(b) 波形图

图 4-12　脉冲编码器组成计数器方式一

图 4-13 为产生方向控制信号和计数脉冲的电路图和波形图。光电脉冲编码器的输出信号 A、$\overline{A}$、B、$\overline{B}$ 经差分驱动传输进入 CNC 装置,为 A 相信号和 B 相信号,该两相信号为本电路的输入脉冲。经整形和单稳后变成 A_1、B_1 窄脉冲。正走时,A 脉冲超前 B 脉冲,B 方波和 A_1 窄脉冲进入 C 与非门,A 方波和 B_1 窄脉冲进入 D 与非门,则 C 与非门和 D 与非门分别输出高电平和负脉冲。这两个信号使由 1、2 与非门组成的 R-S 触发器置"0"(此时,Q 端输出

"0",代表正方向),使 3 与非门输出正走计数脉冲。反走时,B 脉冲超前 A 脉冲。B、A_1 和 A、B_1 信号同样进入 C、D 与非门,但由于其信号相位不同,使 C、D 与非门分别输出负脉冲和高电平,从而将 R-S 触发器置"1"(Q 端输出"1",代表负方向)、3 与非门输出反走计数脉冲。不论正走、反走,3 与非门都是计数脉冲输出门、R-S 触发器的 Q 端输出方向控制信号。

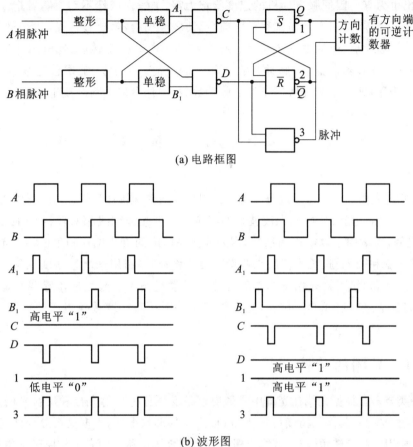

(a) 电路框图

(b) 波形图

图 4-13　脉冲编码器组成计数器方式二

现代全数字数控伺服系统中,由专门的微处理器通过软件对光电脉冲编码器的信号进行采集、传送、处理,完成位置控制任务。

上面介绍的光电脉冲编码器主要用在进给系统中。如在主运动(主轴控制)中也采用这种光电脉冲编码器,则该系统称为具有位置控制功能的主轴控制系统,或者叫作"C"轴控制。在一般主轴控制系统中,采用主轴位置脉冲编码器,其原理与光电脉冲编码器一样,只是光栅线纹数为 1024/周,经 4 倍频细分电路后,为每转 4096 个脉冲。

主轴位置脉冲编码器的作用是,自动换刀时的主轴准停和车削螺纹时的进刀点、退刀点的定位。加工中心自动换刀时,需要定向控制主轴停在某一固定位置,以便在该处进行换刀等动作,只要数控系统发出换刀指令,利用主轴位置脉冲编码器输出的信号使主轴停在规定的位置上。数控车床车削螺纹时需要多次走刀,车刀和主轴都要求停在固定的准确位置,其主轴的起点、终点角度位置依据主轴位置脉冲编码器的"零脉冲"作为基准来准确保证。

在进给坐标轴中,还应用一种手摇脉冲发生器,一般每转产生 1000 个脉冲,脉冲当量为

$1~\mu m$,它的作用是慢速对刀和手动调整机床。

光电脉冲编码器用于数字脉冲比较伺服系统的工作原理如下：光电脉冲编码器与伺服电动机的转轴连接，随着电动机的转动产生脉冲序列，其脉冲的频率将随着转速的快慢而升降。若工作台静止，指令脉冲和反馈脉冲都为零，两路脉冲送入数字脉冲比较器中进行比较，结果输出也为零。因伺服电动机的速度给定为零，工作台依然不动。随着指令脉冲的输出，指令脉冲不为零，在工作台尚未移动之前，反馈脉冲仍为零，比较器输出指令信号与反馈信号的差值，经放大后，驱动电动机带动工作台移动。电动机运转后，光电脉冲编码器将输出反馈脉冲送入比较器，与指令脉冲进行比较，如果偏差不为零，工作台继续移动，不断反馈，直到偏差为零，即反馈脉冲数等于指令脉冲数时，工作台停在指令规定的位置上。

◀ 4.5 光　　栅 ▶

光栅有物理光栅和计量光栅之分。物理光栅刻线细密，栅距（两刻线间的距离）在 $0.002\sim$ $0.005~mm$ 之间，用于光谱分析和光波波长的测定。计量光栅刻线相对较粗，栅距在 $0.004\sim$ $0.25~mm$ 之间，通常用于数字检测系统，用来检测高精度的直线位移和角位移。光栅按运动方式分为长光栅和圆光栅，长光栅用来测量直线位移；圆光栅用来测量角度位移。根据光线在光栅中的运动路径，可将光栅分为透射光栅和反射光栅。一般光栅传感器都是做成增量式的，也可以做成绝对值式的。目前，光栅传感器应用在高精度数控机床的伺服系统中，其测量精度仅次于激光式测量。

4.5.1 光栅的结构

光栅种类较多。根据光线在光栅中是透射还是反射分为透射光栅和反射光栅，透射光栅分辨率较反射光栅高，其检测精度可达 $1~\mu m$ 以上。从形状上看，光栅又可分为圆光栅和直线光栅。圆光栅用于测量转角位移，直线光栅用于检测直线位移。两者工作原理基本相似，本节着重介绍一种应用比较广泛的透射式直线光栅。

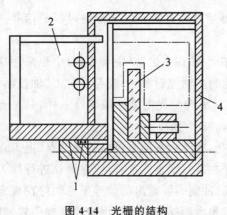

图 4-14　光栅的结构

1—防护垫；2—光栅读数头；
3—标尺光栅；4—防护罩

直线光栅通常是一长和一短两块光栅配套使用，其中长的光栅称为标尺光栅或长光栅，一般固定在机床移动部件上（如工作台上），要求与行程等长；短的光栅称为指示光栅或短光栅，装在机床固定部件上。两光栅尺是刻有均匀密集线纹的透明玻璃片，线纹密度为 25 条/mm、50 条/mm、100 条/mm、250 条/mm 等。线纹之间距离相等，该间距称为栅距。测量时，它们相互平行放置，并保持 $0.05\sim0.1~mm$ 的间隙。图 3-14 给出了光栅检测装置的安装结构。

标尺光栅和指示光栅通称为光栅尺，它们是在真空镀膜的玻璃片或长条形金属镜面上光刻出均匀密集的线纹。光栅的线纹相互平行,线纹之间的距离叫作栅距。对于圆光栅而言,这些线纹是圆心角相等的向心条纹。两条向心条纹线之间的夹角叫作栅距角。栅距角是光栅的重要参数。对于长光栅而言,金属反射光栅的线纹密度为每毫米有 25～50 个条纹;玻璃透射光栅为每毫米有 100～250 个条纹。对于圆光栅而言,一周内刻有 10800 条线纹(圆光栅直径为 ϕ 270 mm,360 进制)。

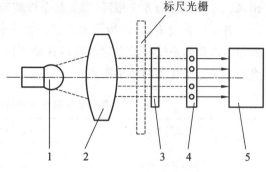

光栅读数头又叫光电转换器,它把光栅莫尔条纹变成信号。图 4-15 为垂直入射的光栅读数头。光栅读数头是由光源、透镜、指示光栅、光敏元件和驱动线路组成。图 4-15 中的标尺光栅不属于光栅读数头,但它要穿过光栅读数头,且保证与指示光栅有准确的相互位置关系。光栅读数头又分为光读数头、反射读数头和镜像读数头等几种。

图 4-15　光栅读数头
1—光源;2—透镜;3—指示光栅;4—光敏元件;5—驱动线路

4.5.2　光栅的工作原理

当指示光栅上的线纹与标尺光栅上的线纹成一小角度放置时,两光栅尺上线纹互相交叉。在光源的照射下,交叉点附近的小区域内黑线重叠,形成黑色条纹,其他部分为明亮条纹,这种明暗相间的条纹称为莫尔条纹(见图 4-16)。莫尔条纹与光栅线纹几乎成垂直排列。严格地说,莫尔条纹是与两光栅线纹夹角的平分线相垂直。莫尔条纹具有如下特点。

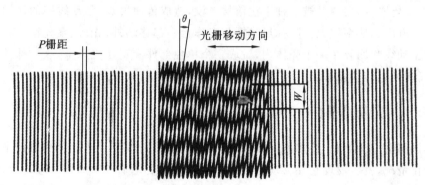

图 4-16　莫尔条纹

1. 放大作用

用 W(mm)表示莫尔条纹的宽度,P(mm)表示栅距,θ(rad)为光栅线纹之间的夹角,如图 4-16 所示。则有

$$W=\frac{P}{\sin\theta}\approx\frac{P}{\theta}\tag{4-17}$$

莫尔条纹宽度 W 与角 θ 成反比,θ 越小,放大倍数越大。

2. 均化误差作用

莫尔条纹是由光栅的大量刻线共同组成。例如,200 条/mm 的光栅,10 mm 宽的光栅就由 2000 条线纹组成,这样栅距之间的固有相邻误差就被平均化,消除了栅距之间不均匀造成的误差。

3. 莫尔条纹的移动与栅距的移动成比例

当光栅尺移动一个栅距 P 时，莫尔条纹也刚好移动了一个条纹宽度 W。只要通过光电元件测出莫尔条纹的数目，就可知道光栅移动了多少个栅距，工作台移动的距离也可以计算出来。若光栅移动方向相反，则莫尔条纹移动方向也相反（见图 4-16）。

若标尺光栅不动，将指示光栅转一很小的角度，两者移动方向及光栅夹角关系如表 4-2 所示。因莫尔条纹移动方向与光栅移动方向垂直，可用检测垂直方向宽大的莫尔条纹代替光栅水平方向移动的微小距离。

表 4-2　莫尔条纹移动方向与光栅移动方向及光栅夹角的关系

指示光栅转角方向	标尺光栅移动方向	莫尔条纹移动方向
逆时针方向	右	上
	左	下
顺时针方向	右	上
	左	下

光栅测量系统由光源、聚光镜、光栅尺、光电元件和驱动线路组成。光栅读数头光源采用普通的灯泡，发出辐射光线，经过聚光镜后变为平行光束，照射光栅尺。光电元件（常使用硅光电池）接受透过光栅尺的光信号，并将其转换成相应的电压信号。由于此信号比较微弱，在长距离传递时，很容易被各种干扰信号淹没，造成传递失真，驱动线路的作用就是将电压信号进行电压和功率放大。除标尺光栅与工作台一起移动外，光源、聚光镜、指示光栅、光电元件和驱动线路均装在一个壳体内，做成一个单独部件固定在机床上，这个部件称为光栅读数头，又叫光电转换器，其作用是把光栅莫尔条纹的光信号变成电信号。

4.5.3　光栅位移——数字变换电路

当光栅移动一个栅距，莫尔条纹便移动一个条纹宽度，假定开辟一个小窗口来观察莫尔条纹的变化情况，就会发现它在移动一个栅距期间明暗变化了一个周期。理论上，光栅亮度变化是一个三角波形，但由于漏光和不能达到最大亮度，被削顶、削底后而近似一个正弦波（见图 4-17）。硅光电池将近似正弦波的光强信号变为同频率的电压信号（见图 4-18），经光栅位移——数字变换电路放大、整形、微分输出脉冲。每产生一个脉冲，就代表移动了一个栅距那么大的位移，通过对脉冲计数便可得到工作台的移动距离。

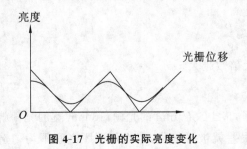

图 4-17　光栅的实际亮度变化

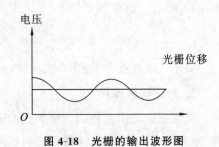

图 4-18　光栅的输出波形图

采用一个光电元件即只开一个窗口观察,只能计数,而无法判断移动方向。因为无论莫尔条纹上移或下移,从一固定位置看其明暗变化是相同的。为了确定运动方向,至少要放置两个光电元件,两者相距 1/4 莫尔条纹宽度。当光栅移动时,莫尔条纹通过两个光电元件的时间不同,所以两个光电元件所获得的电信号虽然波形相同,但相位相差 90°。根据两光电元件输出信号的超前和滞后,可以确定标尺光栅移动方向。

增加线纹密度能提高光栅检测装置的精度,但制造较困难,成本高。在实际应用中,为了既提高测量精度又达到自动辨向的目的,通常采用倍频或细分的方法来提高光栅的分辨精度。如果在莫尔条纹的宽度内,放置四个光电元件,每隔 1/4 光栅栅距产生一个脉冲,一个脉冲代表移动了 1/4 栅距那么大位移,分辨精度可提高四倍,这就是四倍频方案。

4.5.4 光栅位移——数字变换电路

在光栅测量系统中,为提高分辨率和测量精度,不可能仅靠增大栅线的密度来实现。工程上采用莫尔条纹的细分技术,细分技术有光学细分、机械细分和电子细分等方法。伺服系统中,应用最多的是电子细分法。下面介绍一种常用的四倍频光栅位移——数字变换电路,该电路的组成如图 4-19 所示。光栅移动时产生的莫尔条纹由光电元件接收,然后经过位移——数字变换电路形成正走、反走时的正、反向脉冲,由可逆计数器接收。图中由四块光电池发出的信号分别为 a、b、c 和 d,相位彼此相差 90°。a、c 信号相位差为 180°,送入差动放大器放大,得正弦信号,将信号幅度放大到足够大。同理,b、d 信号送入另一个差动放大器,得到余弦信号。正弦信号、余弦信号经整形变成方波 A 和 B,A 和 B 信号经反相得 C 和 D 信号。A、B、C、D 信号再经微分变成窄脉冲 A'、C'、B'、D',即在正走或反走时每个方波的上升沿产生窄脉冲,由与门电路把 0°、90°、180°、270° 四个位置上产生的窄脉冲组合起来,根据不同的移动方向形成正向脉冲或反向脉冲,用可逆计数器进行计数,测量光栅的实际位移(见图 4-20)。在光栅位移——数字变换电路中,除上面介绍的四倍频回路以外,还有十倍频回路等。

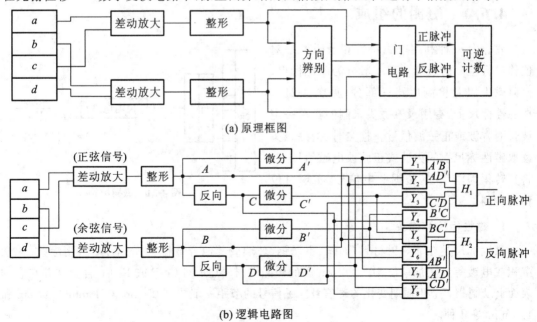

图 4-19 光栅信号四倍频电路

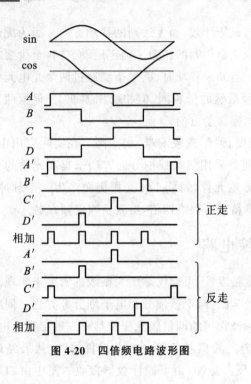

图 4-20　四倍频电路波形图

增量式光栅检测装置通常给出这样一些信号：

A、A'（相当于图 4-20 中的 C 信号）、B、$\overline{B}$（相当于图 4-20 中的 D 信号）、Z、$\overline{Z}$ 六个信号。其中，A 与 B 相差 $90°$，$\overline{A}$、$\overline{B}$ 分别为 A、B 反相 $180°$ 的信号。Z、$\overline{Z}$ 互为反相，是每转输出一个脉冲的零位参考信号，Z 有效电平为正，$\overline{Z}$ 有效电平为负。所有这些信号都是方波信号。这些信号组成了四倍频细分电路。

若光栅栅距为 0.01 mm，则工作台每移动 0.0025 mm，就会送出一个脉冲，即分辨率为 0.0025 mm。由此可见，光栅检测系统的分辨力不仅取决于光栅尺的栅距，还取决于鉴相倍频的倍数。除四倍频以外，还有十倍频、二十倍频等。

4.6　磁　栅

磁栅按其结构特点可分为直线式和角位移式，分别用于长度和角度的检测。磁栅具有精度高、复制简单以及安装调整方便等优点，而且在油污、灰尘较多的工作环境使用时，仍具有较高的稳定性。磁栅作为检测元件可用在数控机床和其他测量机上。

4.6.1　磁栅的组成

磁栅是一种利用电磁特性和录磁原理对位移进行检测的装置。它一般分为磁性标尺、拾磁磁头以及检测电路三部分（见图 4-21）。在磁性标尺上，有用录磁磁头录制的具有一定波长的方波或正弦波信号。检测时，拾磁磁头读取磁性标尺上的方波或正弦波电磁信号，并将其转化为电信号，根据此电信号，实现对位移的检测。

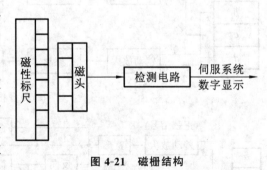

图 4-21　磁栅结构

1. 磁性标尺和磁头

磁性标尺是在非导磁材料（如铜、不锈钢、玻璃或其他合金材料）的基体上，用涂敷、化学沉积或电镀等方法加一层 $10\sim20\ \mu m$ 厚的硬磁性材料（如 Ni-Co-P 或 Fe-Co 合金），并在它的表面上录制相等节距周期变化的磁信号。磁信号的节距一般为 0.05 mm、0.1 mm、0.2 mm 和 1.0 mm 等几种。

按照基体的形状,磁尺分为平面实体型磁尺、带状磁尺、线状磁尺和回转型磁尺,前三种用于测量直线位移,后一种用于测量角位移。

磁头是进行磁电转换的器件,它把反映位置的磁信号检测出来,并转换成电信号输送给检测电路。根据数控机床的要求,为了在低速运动和静止时也能进行位置检测,磁尺上采用的磁头与普通录音机上的磁头不同。普通录音机上采用的是速度响应型磁头,而磁尺上采用的是磁通响应型磁头。该种磁头的结构如图 4-22 所示。磁头有两组绕组,分别为绕在磁路截面尺寸较小的横臂上的励磁绕组和绕在磁路截面尺寸较大的竖杆上的拾磁绕组(输出绕组)。当对励磁绕组施加励磁电流 $i_a = i_0 \sin\omega t$ 时,若 i_a 的瞬时值大于某一数值,横杆上的铁心材料饱和,这时磁阻很大,磁路被阻断,磁性标尺的磁通 Φ_0 不能通过磁头闭合,输出线圈不与 Φ_0 交链;如果 i_a 的瞬时值小于某一数值,i_a 所产生的磁通也随之降低,两横杆中的磁阻也降低到很小,磁通开路,Φ_0 与输出线圈交链。由此可见,励磁线圈的作用相当于磁开关。

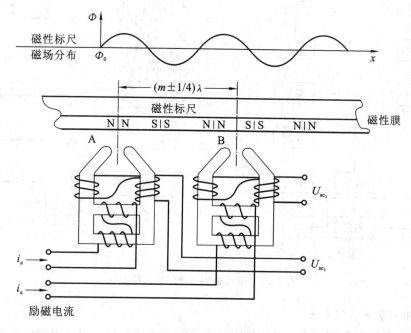

图 4-22 磁头的结构

2. 检测电路

磁尺检测是模拟测量,必须和检测电路配合才能检测。检测线路包括励磁电路,读取信号的滤波、放大、整形、倍频、细分、数字化和计数等线路。根据检测方法不同,检测电路分为鉴幅型和鉴相型两种。

1) 鉴幅型系统工作原理

如前所述,磁头有两组信号输出,将高频载波滤掉后则得到相位差为 $\pi/2$ 的两组信号,即

$$U_{sc_1} = U_m \cos\left(\frac{2\pi x}{\lambda}\right) \tag{4-18}$$

$$U_{sc_2} = U_m \sin\left(\frac{2\pi x}{\lambda}\right) \qquad (4-19)$$

检测电路方框图如图 4-23 所示。磁头 H_1、H_2 相对于磁尺每移动一个节距发出一个正（余）弦信号，经信号处理后可进行位置检测。这种方法的线路比较简单，但分辨率受到录磁节距 λ 的限制，若要提高分辨率就必须采用较复杂的倍频电路，所以不常采用。

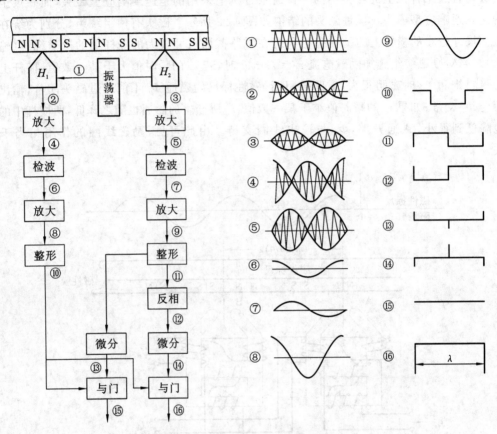

图 4-23　磁尺鉴幅型检测线路框图

2）鉴相型系统工作原理

采用相位检测的精度可以大幅度高于录磁节距 λ，并可以通过提高内插补脉冲频率以提高系统的分辨率，可达 1 μm。相位检测方框图如图 4-24 所示。可将图中一组磁头的励磁信号移项 90°，则得到输出电压为

$$U_{sc_1} = U_m \cos\left(\frac{2\pi x}{\lambda}\right)\sin\omega t \qquad (4-20)$$

$$U_{sc_2} = U_m \sin\left(\frac{2\pi x}{\lambda}\right)\cos\omega t \qquad (4-21)$$

在求和电路中相加，则得到磁头总输出电压为

$$U_{sc_1} = U_m \sin\left(\frac{2\pi x}{\lambda} + \omega t\right) \qquad (4-22)$$

由式（4-22）可知，合成输出电压 U 的幅值恒定，而相位随磁头和磁尺的相对位置 x 变化而变化。其输出信号与旋转变压器、感应同步器的读取绕组中取出的信号相似，所以其检

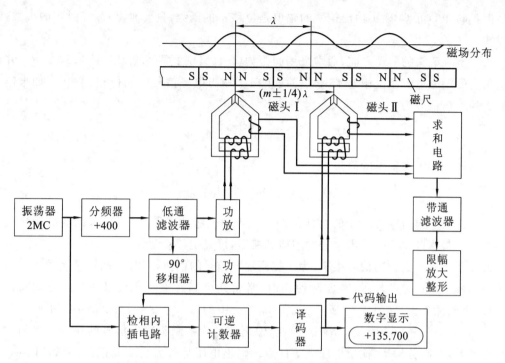

图 4-24 振幅式工作状态工作原理

测电路也相同。从图 4-24 看出，振荡器送出的信号经分频器，低通滤波器得到波形较好的正弦波信号。一路经 90°移项后功率放大送到磁头 Ⅱ 的励磁绕组，另一路经功率放大送至磁头 Ⅰ 的励磁绕组。将两磁头的输出信号送入求和电路中相加，并经带通滤波器、限幅、放大整形得到与位置量有关的信号，送入检相内插电路中进行内插细分，得到分辨率为预先设定单位的计数信号。计数信号送入可逆计数器，即可进行数字控制和数字显示。

磁尺制造工艺比较简单，录磁、去磁都较方便。若采用激光录磁，可得到更高的精度。直接在机床上录制磁尺，不需安装、调整工作，避免了安装误差，从而得到更高的精度。

磁尺还可以制得比较长，用于大型数控机床。目前，数控机床快速移动的速度已达到 24 m/min，而磁尺作为测量元件难以跟上这样高的反应速度，因此其应用受到限制。

4.6.2 磁尺的工作原理

励磁电流在一个周期内两次经过零，出现两次峰值，相应地磁开关通断两次。磁路由通到断的时间内，输出线圈中交链磁通量由 Φ_0 变化到 0；磁路由断到通的时间内，输出线圈中交链磁通量由 0 变化到 Φ_0。Φ_0 由磁性标尺中磁信号决定，因此，输出线圈中输出的是一个调幅信号，即

$$U_{sc} = U_m \cos\left(\frac{2\pi x}{\lambda}\right)\sin\omega t \tag{4-23}$$

式中，U_{sc} 为输出线圈中的输出感应电势；U_m 为输出电势峰值；λ 为磁性标尺节距；x 为选定某一 N 极作为位移零点，磁头相对磁性标尺的位移量；ω 为输出线圈感应电势的频率，它比励磁电流 i_a 的频率 ω_0 高一倍。

由式(4-23)可见,磁头输出信号的幅值是位移 x 的函数,只要测出 U_{sc} 经过零的次数,就可以知道 x 的大小。

为了辨别磁头的移动方向,通常采用间距为 $(l+1/4)\lambda$ 的两组磁头 $(l=1,2,3,\cdots)$,并使两组磁头的励磁电流相位相差 $45°$,这样两组磁头输出电势信号的相位相差 $90°$。如果第一组磁头的输出信号为

$$U_{sc_1}=U_m\cos\left(\frac{2\pi x}{\lambda}\right)\sin\omega t \tag{4-24}$$

则第二组磁头的输出信号必然为

$$U_{sc_2}=U_m\sin\left(\frac{2\pi x}{\lambda}\right)\cos\omega t \tag{4-25}$$

U_{sc_1} 和 U_{sc_2} 是相位相差 $90°$ 的两列脉冲。至于两列脉冲中哪一个导前,则取决于磁尺的移动方向。根据两个磁头输出信号的超前和滞后,可确定其移动方向。

使用单个磁头的输出信号很小,为了提高输出信号的幅值,同时降低对录制的磁化信号正弦波形和节距误差的要求,在实际使用时,常将几个到几十个磁头以一定的方式联系起来,组成多间隙磁头,如图 4-25 所示。多间隙磁头中的每一个磁头都以相同的间距 $\lambda_l/2$ 配置,相邻两磁头的输出绕组反向串接,因此,输出信号为各磁头输出信号的叠加。多间隙磁头具有高精度、高分辨率、输出电压大等优点。输出电压与磁头数 n 成正比,例如当 $n=30$,$\omega/2=5$ kHz 时,输出的电压峰值达到数百毫伏,而 $\omega/2=25$ kHz 时,电压峰值高达 1 V 左右。

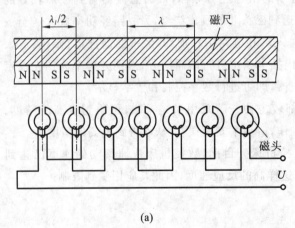

(a)

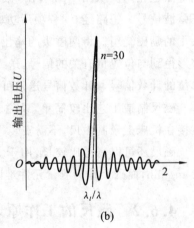

(b)

图 4-25 多间隙磁头

4.7 激光在数控机床位置检测上的应用

在高精度的数控磨床、数控镗床、数控加工中心和坐标测量仪上,要求有高精度的机床位置检测装置以及定位系统,此时经常使用双频仪作为机床的测量装置。在精密机床上,高精度的双频激光干涉系统是保证精密位置测量精度的关键。双频激光干涉仪是利用光的干涉原理和多普勒效应进行位置检测的。

4.7.1 多普勒效应

双频激光测量原理是建立在多普勒效应基础之上的,多普勒效应是一种很重要的波动现象。当光源以一定速度远离观察者时,观察者接收到的光源的频率与光源静止时的频率存在差值,称为多普勒频差。对于光波来说,不论光源与观察者的相对速度如何,测得的光速都是一样的,即测得的光频率与波长虽有所改变,但两者的乘积(即光速保持)不变。

4.7.2 激光干涉法测距

光的干涉原理表明:两列具有固定相位差,且具有相同频率、相同振动方向或振动方向之间夹角很小的光互相交叠,将会产生干涉。

激光干涉仪中光的干涉现象如图 2-26 所示。由激光器发出的激光经分光镜分成反射光束 S_1 和透射光束 S_2,S_1 由固定反射镜 M_1 反射,S_2 由可动反射镜 M_2 反射,反射回来的光在分光镜处汇合成相干光束。激光干涉仪利用这一原理使激光束产生明暗相间的干涉条纹,由光电转化元件接收并转换为电信号,经处理后由计数器计数,从而实现对位移量的检测。

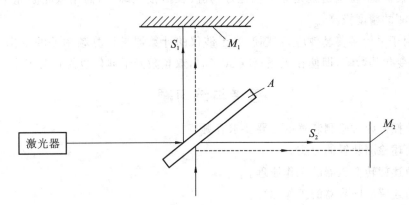

图 4-26　激光干涉仪中光的干涉现象

4.7.3 双频激光干涉仪基本原理

如图 4-27 所示,双频激光干涉仪由激光管、稳频器、光学干涉部分、光电接收元件、计数器电路等组成。

将激光管放置于轴向磁场中,发出的激光为方向相反的右旋圆偏振光和左偏振光,得到两种频率 f_1、f_2 的双频激光。经分光镜 M_1,一部分反射光经检偏器射入光电元件 D_1,取得频率为 $f_{基} = f_1 - f_2$ 的光电流;另一部分通过分光镜 M_1 的折射到达分光镜 M_2 的 a 处。频率为 f_2 的光束完全反射,经滤光器变为线偏振光 f_2,投射到固定棱角镜 M_3 后并反射到分光镜 M_2 的 b 处。频率为 f_1 的光束折射,经滤光器变为线偏振光 f_1,投射到可动棱镜 M_4 后也反射到分光镜 M_2 的 b 处,两者产生相干光束。若 M_4 移动,则反射光的频率发生变化而产生多普勒效应,其频差为多普勒频差 Δf。

将可动棱镜 M_4 固定在机床工作台上,根据相应公式可算出机床工作台的位移量。由

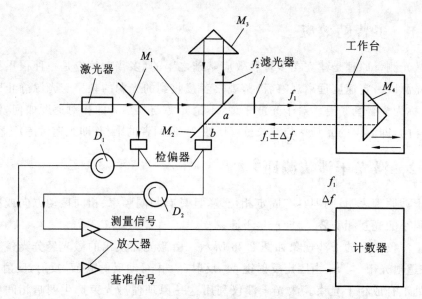

图 4-27 双频激光干涉仪的组成

于激光的波长极短,特别是激光的单色性好,其波长值很准确,因而用双频激光干涉仪进行机床位置检测的精度极高。

同时,由于采用多普勒效应,双频激光干涉仪的计数器是计算频率差的变化,不受激光强度和磁场变化的影响,即使在光强衰减 90％时,双频激光干涉仪也能正常工作。

思考与练习题

4-1 数控机床对检测装置的主要要求有哪些?

4-2 简述检测装置的分类。

4-3 简述旋转变压器的工作原理。

4-4 简述感应同步器的工作原理。

4-5 简述光电脉冲编码器的工作原理。

4-6 简述磁栅的工作原理。

4-7 简述双频激光干涉仪的工作原理。

4-8 简述数控机床位置检测装置的发展动态。

第 5 章
数控机床的伺服系统

◀ 5.1 概　　述 ▶

5.1.1 伺服系统的概念

伺服系统由伺服驱动装置、伺服电动机、位置检测装置等组成。伺服驱动装置的主要功能是功率放大和速度调节,将弱信号转换为强信号,并保证系统的动态特性;伺服电动机用来将电能转换为机械能,拖动机械部件移动或转动。

伺服系统是以机械位置和角度作为控制量的自动控制系统,又称随动系统、拖动系统或伺服机构。数控机床的伺服系统是指以数控机床移动部件(如工作台)的位置和速度作为控制量的自动控制系统。在 CNC 机床中,CNC 装置是发布命令的“大脑”,而伺服系统则为数控机床的“四肢”,是一种执行机构,它能够准确地执行来自 CNC 装置的运动指令;伺服系统接受计算机插补软件产生的进给脉冲或进给位移量,将其转化为数控机床工作台的位移。

伺服系统是数控系统的重要组成部分,它既是数控机床 CNC 系统与刀具、主轴间的信息传递环节,也是能量放大与传递的环节,它的性能在很大程度上决定了数控机床的性能。例如,数控机床的最高移动速度、跟踪精度、定位精度等重要指标均取决于伺服系统的动态和静态性能。因此,研究与开发高性能的伺服系统一直是现代数控机床的关键技术之一。

5.1.2 伺服系统的组成和工作原理

数控机床伺服系统的一般结构如图 5-1 所示。这是一个双闭环系统,外环是位置环,内环是速度环(有些将速度环称为中环,将里面的电流环称为内环,即三环)。速度环是由速度控制单元、速度检测装置、速度反馈电路等组成。其中,用作速度反馈的检测装置为测速发电机、脉冲编码器等。速度控制单元是一个独立的单元部件,它由速度调节器、电流调节器及功率驱动放大器等各部分组成。位置环由数控装置中的位置控制模块、速度控制单元、位置检测装置及位置反馈电路等各部分组成。位置控制主要是对机床运动坐标轴进行控制;轴控制是要求最高的位置控制,不仅对单个轴的运动速度和位置精度的控制有严格要求,而且在多轴联动时,还要求各移动轴有很好的动态配合,才能保证加工效率、加工精度和表面粗糙度。

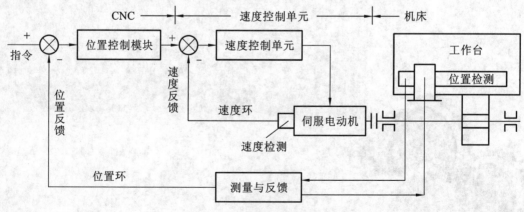

图 5-1　伺服系统结构原理图

图 5-1 中的速度环中的速度检测装置(测速发电机)和速度反馈电路组成反馈回路可实现速度恒值控制。测速发电机和伺服电动机同步旋转,若因外负载增大而使伺服电动机的转速下降,则测速电机的转速也随着下降,经速度反馈电路,把转速变化的信号转变为电信号,传送到速度控制单元,与输入信号进行比较,比较后的差值信号经放大后,产生较大的驱动电压,从而使伺服电动机转速上升,恢复到开始的调定转速,使伺服电动机排除负载变动的干扰,维持转速恒定不变。

该原理图中,由速度反馈电路送出的转速信号是在速度控制单元中进行比较,而由位置反馈电路送出的位置信号是在位置控制模块中进行比较的。

5.1.3 对伺服系统的基本要求

1. 精度高

伺服系统的精度是指输出量能复现输入量的精密程度。数控加工对定位精度和轮廓加工精度要求都比较高。

2. 稳定性好

稳定是指系统在给定输入或外界干扰作用下,能在短暂的调节过程后,达到新的平衡状态或者恢复到原来的平衡状态。稳定性要求伺服系统有较强的抗干扰能力,保证进给速度均匀、平稳。稳定性直接影响数控加工的精度和表面粗糙度。

3. 快速响应

快速响应是伺服系统动态品质的重要指标,它反映了系统的跟踪精度。为了保证轮廓加工的形状精度和低的表面粗糙度,要求伺服系统跟踪指令信号的响应要快。

4. 调速范围宽

在数控机床中,由于加工用刀具,被加工材质及零件加工要求的不同,为保证在任何情况下都能得到最佳切削条件,要求伺服系统具有足够宽的调速范围。调速范围 R_n 是指生产机械要求电动机能提供的最高转速 n_{max} 和最低转速 n_{min} 之比,即

$$R_n = \frac{n_{max}}{n_{min}} \tag{5-1}$$

5. 低速大转矩

机床加工的特点是,在低速时进行重切削,因此,要求伺服系统在低速时要有大的转矩输出。

6. 可逆运行

可逆运行要求能灵活地正反向运行。在加工过程中,机床工作台处于随机状态,根据加工轨迹的要求,随时都可能实现正向或反向运动,同时要求在方向变化时不应有反向间隙和运动的损失。

5.1.4 伺服系统的分类

1. 按控制方式分类

伺服系统按控制方式可分为开环伺服系统(见图 1-3)、半闭环伺服系统(见图 1-5)和闭

环伺服系统(见图 1-4)三种。

在闭环和半闭环伺服系统中,根据输入比较的信号形式以及反馈检测方式,又可分为相位比较伺服系统、幅值比较伺服系统和数字、脉冲比较伺服系统。

2. 按伺服执行元件分类

按伺服执行元件分类,数控机床伺服系统可分为步进电动机伺服系统、直流伺服系统和交流伺服系统等。

1) 步进电动机伺服系统

步进式伺服系统是典型的开环位置伺服系统,其执行元件是步进电动机。它受驱动控制电路的控制,将进给脉冲信号直接变换为具有一定方向、大小和速度的机械转角位移,并且通过齿轮和丝杠螺母副带动工作台移动。由于该系统没有反馈检测环节,它的精度较差,速度也受到步进电动机性能的限制。但它的结构和控制最简单,容易调整,故在速度和精度要求不太高的场合,仍具有一定的使用价值。

2) 直流伺服系统

直流伺服系统常用的伺服电动机有小惯量直流伺服电动机和永磁直流伺服电动机。小惯量伺服电动机最大限度地减少了电动机的转动惯量,所以能获得最好的快速性。在早期的数控机床上应用较多,现在也有应用。

永磁直流伺服电动机能在较大过载转矩下长时间工作,且其电动机的转子惯量较大,能直接与丝杠相连而不需中间传动装置。自 20 世纪 70 年代至 80 年代中期开始,这种直流伺服系统在数控机床上占绝对统治地位。永磁直流伺服电动机的缺点是有电刷,限制了转速的提高,一般额定转速为 $1000 \sim 1500$ r/min,而且结构复杂,价格较贵。

3) 交流伺服系统

交流伺服系统使用交流异步电动机(一般用于主轴伺服电动机)和永磁同步伺服电动机(一般用于进给伺服电动机)。由于直流伺服电动机存在着一些固有的缺点,使其应用环境受到限制。交流伺服电动机没有这些缺点,且转子惯量较直流电动机小,使得动态响应好。另外,在同样体积下,交流电动机的输出功率可比直流电动机提高 $10\% \sim 70\%$;还有,交流电动机的容量比直流电动机大,可以达到更高的电压和转速。因此,从 20 世纪 80 年代后期开始,交流伺服系统被大量使用,目前有些国家已全部使用交流伺服系统。

3. 按进给驱动和主轴驱动分类

1) 进给伺服系统

进给伺服系统是指一般概念的伺服系统,它包括速度控制环和位置控制环。进给伺服系统完成各坐标轴的进给运动,具有定位和轮廓跟踪功能,是数控机床中要求最高的伺服系统。

2) 主轴伺服系统

严格来说,一般的主轴控制只是一个速度控制系统。其主要实现主轴的旋转运动,提供切削过程中的转矩和功率,且保证任意转速的调节,完成在转速范围内的无级变速。具有"C"轴控制的主轴与进给伺服系统一样,为一般概念的位置伺服控制系统。

此外,刀库的位置控制是为了在刀库的不同位置选择刀具,与进给坐标轴的位置控制相比,性能要低得多,故称为简易位置伺服系统。

4. 按使用的驱动元件分类

按使用的驱动元件分类,伺服系统可分为电液伺服系统和电气伺服系统。

5．按反馈量的方式分类

1）脉冲、数字比较伺服系统

它是闭环伺服系统中的一种控制方式,将数控装置发出的数字(或脉冲)指令信号与检测装置测得的以数字(或脉冲)形式表示的反馈信号直接进行比较,获得位置误差,实现闭环控制。这种系统结构简单、容易实现、整机控制稳定,在一般数控伺服系统中应用较广。

2）相位比较伺服系统

在相位比较伺服系统中,给定量与反馈量都变成某个载波的相位,通过检相器比较两者相位,获得实际位置与给定位置的偏差,实现闭环控制。相位伺服系统对于感应式检测元件(如旋转变压器、感应同步器)较适用。

3）幅值比较伺服系统

幅值比较伺服系统是以位置检测信号的幅值大小来反映位移量。系统工作时,要将此幅值信号转换成数字信号,然后与给定数字信号进行比较,从而获得位置偏差信号并构成闭环系统。

在现代数控中,相位比较系统和幅值比较伺服系统从结构上和安装维护上都比脉冲、数字比较系统复杂、要求高。一般情况下,脉冲、数字比较伺服系统应用广泛,而相位比较伺服系统又比幅值比较伺服系统应用的多。

◀ 5.2 伺服电动机及其控制 ▶

5.2.1 直流伺服电动机及其控制

1．直流伺服电动机的结构特点及分类

直流伺服电动机具有良好的调速特性,为一般交流电动机所不及。因此,在对电动机的调速性能和启动性能要求高的机械设备上,以往大都采用直流伺服电动机驱动,而不顾及结构复杂和价格昂贵等缺点。

直流伺服电动机(见图 5-2)的结构一般包括以下三个部分。

（1）定子:磁场磁极为一永磁体。

（2）转子:电枢绕组。

（3）换向:换向器与电刷。

直流伺服电动机的工作原理是建立在电磁力定律基础上的,电磁力的大小正比于电动机中的气隙磁场,直流伺服电动机的励磁绕组所建立的磁场是电动机的主磁场。就原理而言,一个普通的直流电动机即是一个直流伺服电动机。当一台直流电动机,加以恒定励磁,若电枢不加电压,电动机是不会旋转的;当外

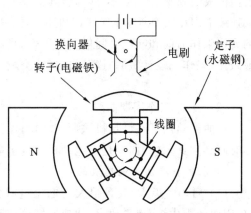

图 5-2 直流伺服电动机

加某一电枢电压时,电动机将以某一转速旋转,改变加于电枢两端电压,即可改变电动机转速。从这个意义上讲,一台直流电动机就是一台直流伺服电动机。

显而易见,可以有两种控制直流伺服电动机的方法,如上面所述对电动机加以恒定励磁。还有一种用改变电枢端电压的方法来控制直流伺服电动机称为电枢电压控制。当电枢加以恒定的电压,改变励磁电压时,称为磁场控制。虽然,励磁控制具有控制功率小的优点。但是,电枢控制的性能还是优于磁场控制。因此,广为使用的还是电枢电压控制。

直流伺服电动机可分为以下四种:

(1) 永磁直流伺服电动机,用于一般的直流伺服系统;

(2) 无槽电枢直流伺服电动机,用于需要快速动作、功率较大的伺服系统;

(3) 空心杯电枢直流伺服电动机,用于需要快速动作的伺服系统;

(4) 印制绕组直流伺服电动机,用于低速运行和启动、反转频繁的系统。

2. 直流伺服电动机的工作原理及特点

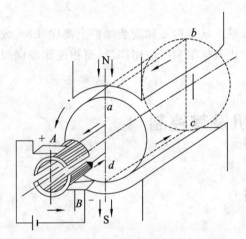

图 5-3 永磁直流伺服电动机的工作原理

如图 5-3 所示,永磁直流伺服电动机的工作原理与一般(励磁式)直流电动机基本相同,但磁场的建立由永久磁铁实现。当电流通过电枢绕组(线圈)时,电流与磁场相互作用,产生感应电势、电磁力和电磁转矩,使电枢旋转。当电枢绕组通过直流电时,在定子磁场作用下产生电动机的电磁转矩,电刷与换向片保证电动机所产生的电磁转矩方向恒定,从而使转子沿固定方向均匀地带动负载连续旋转。只要电枢绕组断电,电动机立即停转,不会出现"自转"现象。

1) 永磁直流伺服电动机的特性曲线

(1) 转矩-速度特性曲线。

转矩-速度特性曲线又叫作工作曲线,如图 5-4(a) 所示。伺服电动机的工作区域被温度极限线、速度极限线、换向极限线、转矩极限线以及瞬时换向极限线分成三个区域:Ⅰ区为连续工作区,在该区域内可对转矩和转速做任意组合,都可长期连续工作;Ⅱ区为断续工作区,此时电动机只能根据负载-工作周期曲线(见图 5-4(b))所决定的允许工作时间和断电时间做间歇工作;Ⅲ区为瞬时加速和减速区域,电动机只能用做加速或减速,工作一段极短的时间。选择该类电动机时,要考虑负载转矩、摩擦转矩,特别是惯性转矩。

(2) 负载-工作周期曲线。

该曲线给出了在满足机械所需转矩,而又确保电动机不过热的情况下,允许电动机的工作时间。因此,这些曲线是由电动机温度极限所决定的。

2) 永磁直流伺服电动机的特点

(1) 启动力矩大,具有很大的电流过载倍数。启动时,加速电流允许为额定电流的 10 倍,因而使得力矩/惯量比大,快速性好,以满足数控机床快的加减速要求。

(2) 具有大惯量结构,使电动机在长期过载工作时具有大的热容量,其过载能力高。

(3) 具有大的力矩/惯量比,快速性好。由于电动机自身惯量大,外部负载惯量相对较

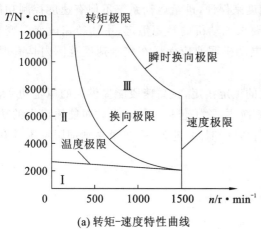
(a) 转矩-速度特性曲线

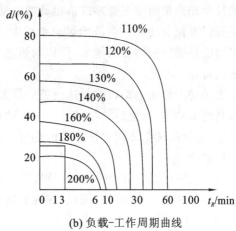
(b) 负载-工作周期曲线

图 5-4　永磁直流伺服电动机特性曲线

小,提高了机械抗干扰能力,因此伺服系统的调速与负载几乎无关,极大地方便了机床的安装调试工作。

(4) 调速范围大,低速运行平稳,力矩波动小,电动机转子的槽数增多,并采用斜槽,使低速运行平稳(如在 0.1 r/min 的速度运行)。

(5) 低速高转矩和大惯量结构可以与机床进给丝杠直接连接,省去了齿轮等传动机构,提高了机床进给传动精度。

(6) 绝缘等级高,从而保证电动机在反复过载的情况下仍有较长的寿命。

(7) 在电动机轴上装有精密的测速发电机、旋转变压器或脉冲编码器,从而可以得到精密的速度和位置检测信号,以反馈到速度控制单元和位置控制单元。当伺服电动机用于垂直轴驱动时,电动机内部可安装电磁制动器,以克服滚珠丝杆垂直安装时的非自锁现象。

(8) 电动机允许温度可达 150~180℃,由于转子温度高,它可通过轴传到机械上去,这会影响机床的精度。

(9) 由于转子惯性较大,因此电源装置的容量以及机械传动件等的刚度都需相应增加。

(10) 电刷、维护不便。

3) 主轴直流伺服电动机的工作原理和特性

在基本转速以下属于恒转矩(T)调速范围,用改变电枢电压来调速;在基本转速以上属于恒功率(P)调速范围,采用控制激磁的调速方法调速。一般来说,恒转矩速度范围与恒功率速度范围之比为1:2。

另外,直流主轴伺服电动机一般都有过载能力,且大都以能过载 150%(即连续额定电流的 1.5 倍)为指标。至于过载时间,则根据生产厂的不同有较大差别,从1 min 到 30 min 不等(见图 5-5)。

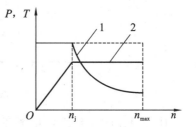

图 5-5　直流主轴伺服电动机特性曲线
1—转矩特性曲线;2—功率特性曲线

3. 直流伺服电动机的调速控制

数控机床的驱动系统由主运动和进给运动组成。进给驱动和主轴驱动有很大差别。进给运动驱动电动机的功率与主运动电动机的功率相比较小,但是数控机床上加工零件的尺寸和形位精度主要靠进给运动的准确度来保证,进给运动系统不但有速度控制功能,还要有位置控制功能。在进给运动系统中,要求电动机的转矩恒定,不随转速改变而变化,而其功能是随转速增加而增加,所以对进给电动机调速应保证在整个速度范围内具有恒转矩输出特性。

主运动的驱动电动机在低速段能提供大的恒定扭矩,在高速段能提供大的恒定功率,即具有高速恒功率、低速恒转矩特性。主运动系统中,除了包括主传动电动机能输出大的功率和转矩、主轴的两个转向中任一方向都可进行传动和加减速外,还要求主轴伺服系统具有下面的控制功能。

(1)主轴与进给驱动的同步控制。

该功能使数控机床具有螺纹(或螺旋槽)加工能力。

(2)准停控制。

在加工中心上为了自动换刀,要求主轴能进行高精度的准确位置停止。

(3)角度分度控制。

角度分度有两种情况:一是固定的等分角位置控制,二是连续的任意角度控制。任意角度控制属于带位置环的伺服系统控制,如在车床上加工端面螺旋槽,在圆周面加工螺旋槽等均需连续的任意角度控制。这时,主轴坐标具有了进给坐标的功能,可为"C"轴控制功能。要使主轴具有位置控制功能,必须选用带有"C"轴控制的主轴控制系统,也可以用大功率的进给伺服系统代替主轴伺服系统。

(4)恒线速度控制。

为了保证端面加工的表面质量,要求主轴具有恒线速度切削功能。

1)直流伺服电动机的调速控制原理

调速方法是维持电动机的激磁磁场恒定,改变加在电动机电枢绕组的电压,对电动机的转速进行调节。永磁直流伺服电动机的磁场是恒定的,故只能采取这种调速方法。

(1)晶闸管直流调速系统。

如图5-6所示,晶闸管调速系统的组成有以下几个部分。

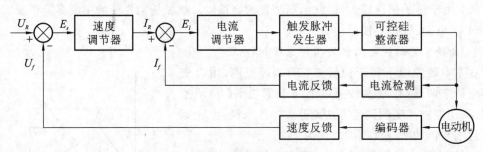

图 5-6　晶闸管调速系统的组成

① 控制回路:速度环、电流环、触发脉冲发生器等。

② 主回路:可控硅整流放大器等。

③ 速度环:速度调节作用,获得好的静态、动态特性。

④ 电流环:电流调节作用,加快响应、启动、低频稳定等。

⑤ 触发脉冲发生器:产生移相脉冲,使可控硅触发角前移或后移。

⑥ 可控硅整流放大器:整流、放大、驱动,使电动机转动。

（2）晶闸管调速系统的原理。

如图 5-7 所示，只要改变可控硅触发角（即改变导通角），就能改变可控硅的整流输出电压，从而改变直流伺服电动机的转速。触发脉冲提前到来，增大整流输出电压；触发脉冲延后到来，减小整流输出电压。

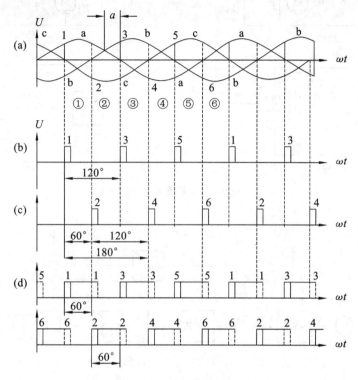

图 5-7　晶闸管调速系统

晶闸管可控整流电路为数控机床中的直流主轴电动机或进给直流伺服电动机提供电压和电流。数控机床中的电动机都要求能够正、反转，即要求晶闸管可逆驱动。实现直流可逆驱动的晶闸管电路（见图 5-8）采用两组变流桥的可逆电路，其中一组工作在电动机正转，另一组工作在电动机反转，俗称四象限运行。

在一组变流桥向另一组变流桥切换过程中，逻辑电路要保证：

① 只允许向一组晶闸管提供触发脉冲；

② 只有当工作的那一组晶闸管断流后才能撤销其触发脉冲，以防止晶闸管处于逆变状态时，未断流就撤销其触发脉冲，以致出现逆变颠覆现象，造成故障；

③ 只有当原先工作的那一组晶闸管完全关断后，才能向另一组晶闸管提供触发脉冲，以防止出现过大的电流；

④ 任何一组晶闸管导通时，要防止晶闸管输出电压与电动机电动势方向一致，导致电压相加，使瞬时电流过大。

2）直流伺服电动机的调速过程

为了满足数控机床高性能的调速要求，直流伺服电动机控制系统通常采用转速和电流双闭环系统，如图 5-9 所示。

控制系统的速度控制工作主要有以下几点。

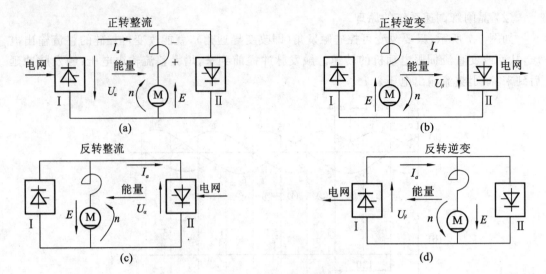

图 5-8　晶闸管可逆驱动

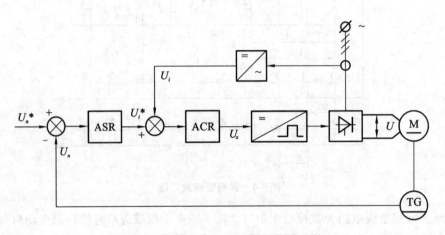

图 5-9　直流伺服电动机控制双闭环系统

（1）调速。

当给定的指令信号增大时，则有较大的偏差信号加到调节器的输入端，产生前移的触发脉冲，可控硅整流器输出直流电压提高，电动机转速上升。此时，测速反馈信号也增大，与大的速度给定相匹配达到新的平衡，电动机以较高的转速运行。

（2）抗干扰。

假如系统受到外界干扰，如负载增加，电动机转速下降，速度反馈电压降低，则速度调节器的输入偏差信号增大，其输出信号也增大，经电流调节器使触发脉冲前移，晶闸管整流器输出电压升高，使电动机转速恢复到干扰前的数值。

（3）抗电网波动。

电流调节器通过电流反馈信号还起快速地维持和调节电流的作用，如电网电压突然短时下降，整流输出电压也随之降低，在电动机转速由于惯性还未变化之前，首先引起主回路电流的减小，立即使电流调节器的输出增加，触发脉冲前移，使整流器输出电压恢复到原来值，从而抑制主回路电流的变化。

（4）启动、制动、加减速。

电流调节器还能保证电动机启动、制动时的大转矩、加减速的良好动态性能。转速调节器和电流调节器在双闭环调速系统中的作用可归纳如下。

① 转速调节器 ASR 的作用:使转速跟随给定电压 U 变化,保证转速稳态无静差;对负载变化起抗干扰作用;其输出限幅值决定了电枢主回路的最大允许电流值 I。

② 电流调节器 ACR 的作用:对电网电压波动起及时抗干扰作用;启动时,保证获得允许的最大电枢电流 I_{max};在转速调节过程中,使电枢电流跟随其给定电压值变化;当电动机过载甚至堵转时,即有很大的负载干扰时,可以限制电枢电流的最大值,从而快速起到过流安全保护作用,且故障消失后系统能自动恢复正常工作。

3）晶体管直流脉宽调制（PWM）驱动调速

随着高开关频率、全控型第二代半导体器件的发展,脉宽调制（PWM）的直流调速系统在直流传动中得到越来越普遍的应用。

晶体管直流脉宽调制 PWM(pulse width modulated)也称为直流斩波器。它利用电力半导体器件的开关作用,将直流电源电压转换成较高频率（一般为数千赫以上）的方波电压加在直流电动机的电枢上,并通过控制晶体管在一个周期内的"接通"与"关断"时间来改变方波脉冲宽度,也就是改变加在电枢上的平均电压,从而调节直流电动机的转速。

晶体管直流脉宽调速系统与晶闸管直流调速系统相比有以下优点:

（1）主电路需要使用的功率器件少,线路简单;

（2）开关频率高,电流容易连续,谐波少,电动机损耗和发热都较小;

（3）低速性能好,稳速精度高,因而调速范围宽;

（4）系统频带宽,快速响应性能好,动态抗干扰能力强;

（5）直流电源采用三相不可控整流时,电网功率因数高。

晶体管直流脉宽调速系统电路及 PWM 波形图如图 5-10 所示。

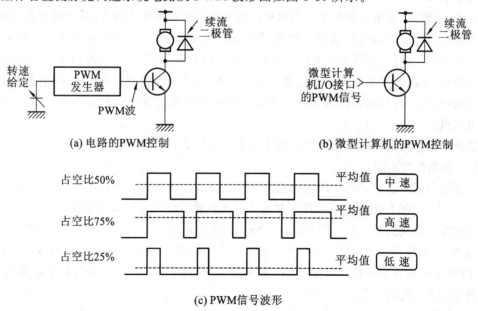

(a) 电路的PWM控制　　　　(b) 微型计算机的PWM控制

(c) PWM信号波形

图 5-10　晶闸管直流脉宽调速系统

5.2.2 交流伺服电动机及控制

1. 概述

直流伺服电动机具有优良的调速性能,但却存在一些固有的缺点,如它的电刷和换向器容易磨损,需要经常维护;由于换向器换向时会产生火花,使电动机的最高转速受到限制,也使其应用环境受到限制;而且直流电动机结构复杂,制造困难,所使用的铜铁材料消耗大,故制造成本高。而交流伺服电动机没有上述缺点,并且转子惯量比直流电动机小,使得动态响应性能好。一般来说,在同样体积下,交流伺服电动机的输出功率可比直流伺服电动机提高 10%~70%。另外,交流伺服电动机的容量可比直流伺服电动机造得大,可以达到更高的电压和转速。20 世纪 80 年代以来,交流调速技术及应用发展很快,打破了"直流传动调速,交流传动不调速"的传统分工格局。交流伺服电动机广泛应用于数控机床,并取代了直流伺服电动机。

2. 交流伺服系统的组成、分类、特点

交流伺服系统由伺服电动机和伺服驱动器两部分组成。电动机主体是永磁同步式或笼型交流电动机,伺服驱动器通常采用电流型脉宽调制(PWM)三相逆变器和具有电流环为内环、速度环为外环的多环闭环控制系统,其外特性与直流伺服系统相似,以足够宽的调速范围(1:1000~1:10000)和四象限工作能力来保证它在伺服控制中的应用。

交流异步(感应)伺服电动机结构简单,制造容量大,主要用在主轴驱动系统中;交流同步伺服电动机可方便地获得与频率成正比的可变速度,可以得到非常足的机械刚性和很宽的调速范围,在电源电压和频率固定不变时,它的转速是稳定不变的,主要用在进给驱动系统中。

目前常根据交流伺服系统使用的电动机进行分类,可分为异步交流感应伺服电动机、同步交流伺服电动机。绝大多数用于机床数控进给控制的是采用同步型交流伺服电动机。这种伺服电动机通常有永磁的转子,故又称为永磁交流伺服电动机。交流同步伺服电动机分为励磁式、永磁式、磁阻式和磁滞式等四种。前两种输出功率范围较宽,后两种输出功率小。各种交流伺服同步电动机的结构均类似,都由定子和转子两个主要部分组成。四种电动机的转子差别较大,励磁式同步伺服电动机转子结构较复杂,其他三种同步伺服电动机转子结构十分简单,磁阻式和磁滞式同步伺服电动机效率低,功率因数差。永磁式交流同步伺服电动机结构简单、运行可靠、效率高,所以在数控机床进给驱动系统中多数采用永磁交流同步伺服电动机。

步进电动机和交流伺服电动机性能比较有如下特点。

(1) 控制精度不同。

两相混合式步进电动机步距角一般为 3.6°、1.8°,五相混合式步进电动机步距角一般为 0.72°、0.36°。交流伺服电动机的控制精度由电动机轴后端的旋转编码器保证。以松下全数字交流伺服电动机为例,对于带标准 2500 线编码器的电动机而言,由于驱动器内部采用了 4 倍频技术,其脉冲当量为 $360°/10000 = 0.036°$;对于带 17 位编码器的电动机而言,驱动器每接收 131072 个脉冲电动机转一圈,即其脉冲当量为 $360°/131072 = 9.89''$,是步距角为 1.8° 的步进电动机的脉冲当量的 1/655。

(2) 低频特性不同。

步进电动机在低速时易出现低频振动现象。振动频率与负载情况和驱动器性能有关。

一般认为,振动频率为电动机空载起跳频率的一半。这种由步进电动机的工作原理所决定的低频振动现象对机器的正常运转非常不利。当步进电动机低速工作时,一般应采用阻尼技术来克服低频振动现象,比如在电动机上阻尼器或驱动器上采用细分技术等。

交流伺服电动机运转非常平稳,即使在低速时也不会出现振动现象。交流伺服系统具有共振抑制功能,可涵盖机械的刚性不足,并且系统内部具有频率解析机能(FFT),可检测出机械的共振点,便于系统调整。

(3) 矩频特性不同。

步进电动机的输出力矩随转速升高而下降,且在较高转速时会急剧下降,所以其最高工作转速一般在 $300\sim600$ r/min。交流伺服电动机为恒力矩输出,即在其额定转速(一般为 2000 r/min 或 3000 r/min)以内,都能输出额定转矩,在额定转速以上为恒功率输出。

(4) 过载能力不同。

步进电动机一般不具有过载能力。交流伺服电动机具有较强的过载能力。以松下交流伺服系统为例。它具有速度过载和转矩过载能力。其最大转矩为额定转矩的 3 倍,可用于克服惯性负载在启动瞬间的惯性力矩。步进电动机因为没有这种过载能力,为了在选型时克服这种惯性力矩,往往需要选取较大转矩的电动机,而机器在正常工作瞬间又不需要那么大的转矩,便出现了力矩浪费的现象。

(5) 运行性能不同。

步进电动机的控制为开环控制,启动频率过高或负载过大易出现丢步或堵转的现象,停止时转速过高易出现过冲的现象,所以为保证其控制精度,应处理好升、降速问题。交流伺服驱动系统为闭环控制,驱动器可直接对电动机编码器反馈信号进行采样,内部构成位置环和速度环,一般不会出现步进电动机丢步或过冲现象,控制性能更改为可靠。

(6) 速度响应性能不同。

步进电动机从静止加速到工作转速(一般为每分钟几百转)需要 $200\sim400$ ms。交流伺服系统的加速性能较好,以松下 MSMA400W 交流伺服电动机为列,从静止加速到额定转速 3000 r/min 仅需几毫秒,可用于要求快速启停的控制场合。

3. 永磁交流伺服电动机的结构原理

永磁交流伺服系统是综合了伺服电动机、角速度和位移传感器的最新成就,采用新型功率开关器件,专用集成电路和新的控制算法的交流伺服驱动器与之匹配,组成一种新型高性能的机电一体化伺服系统。永磁交流伺服系统采用机电一体化设计,将特殊设计的永磁同步电动机同轴安装转子位置传感器,应用特殊的控制方法,将同步电动机改造成为具备与直流伺服电动机相同的伺服性能。

1) 永磁式同步电动机的结构

如图 5-11 所示,其转子是用高导磁率永久磁钢件做成的磁极,中间穿有电动机;轴两端用轴承支撑并将其固定于机床上定子是用砂钢片叠成的导磁体,导磁体的内表面有齿槽,嵌入用导线绕成的三相绕组线圈;另外,在轴的后端部装有编码器。

2) 永磁式同步电动机的工作原理

如图 5-12 所示,以一个二极永磁转子为列,电枢绕组为 Y 接法三相绕组,当通以三相电流时,定子的合成磁场为一旋转磁场,图 5-12 中用一对旋转磁极表示,该旋转磁极以同步转速 N_L 旋转。由于磁极同性相斥异性相吸,定子旋转磁极与转子的永磁磁极互相吸引,带动转子一起旋转,因此转子也将以同步转速 N_L 与旋转磁场一起旋转。转子转速 $n = N_L = 60 f/p$,即转子转速由电源频率 f 和磁极对数 p 所决定。

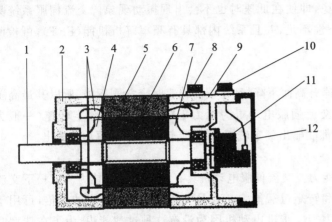

图 5-11　永磁式同步电动机的结构

1—电动机轴;2—前端盖;3—三相绕组线圈;4—压板;

5—钉子;6—磁钢;7—后压板;8—动力线插头;9—后端盖;

10—反馈插头;11—脉冲编码器;12—电动机后盖

图5-12　永磁式同步电动机工作原理

当转子加上负载转矩之后,转子磁极轴线将落后定子磁场轴线一个 θ 角,负载增加时,θ 角也随之增大;负载减小时,θ 角也减小。只要不超过一定限度,转子始终跟着定子的旋转磁场以恒定的同步转速 N_L 旋转;当超过一定限度后,转子不再按同步转速,甚至可能不转,这就是同步电动机的失步现象,此负载的极限称为最大同步转矩。

同步电动机在整个速度控制范围内,力矩基本维持恒定,堵转(零转速)时力矩最大。力矩可以短时过载,过载倍速可达 3～4 倍的额定力矩,其机械特性(力矩-转速关系)如图 5-13(a)所示。

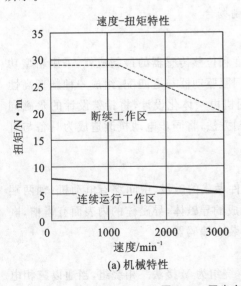

(a) 机械特性

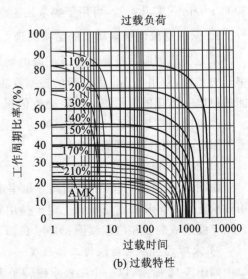

(b) 过载特性

图 5-13　同步电动机的机械特性和过载特性

由图 5-13(a)可见,纵轴是力矩(N·m),横轴是转速(r/min),其特性分为两个工作区:实线底下是连续工作区,即连续运行或连续加工的工作区域;虚线与实线间的区域是断续工作区,用于动态过渡过程,是加/减速,反向或执行停止动作的工作区域。由于此区可以过载使用,从图 5-13(a)中可见,过载倍数达额定力矩的 3 倍多,所以过渡过程可以加速执行,使得伺服的跟随精度可以提高,生产效率也可以提高。

4. 永磁同步交流伺服系统的调速

交流电动机调速种类很多,应用最多的是变频调速。变频调速的主要环节是能为交流电动机提供变频电源的变频器。

变频器的功用是将频率固定(电网频率为 50 Hz)的交流电,变换成频率连续可调(0～400 Hz)的交流电。变频器的分类如下:

$$
交频器
\begin{cases}
交\text{-}直\text{-}交变频器(间接式)
\begin{cases}
电压型 \\
电流型
\end{cases} \\
交\text{-}交变频器(直接式)
\end{cases}
$$

交-直-交变频器是先将频率固定的交流电整流成直流电,再把直流电变成频率可变的交流电。交-交变频器不经过中间环节,把频率固定的交流电直接变换成频率连续可调的交流电。因只需一次电能转换,故效率高、工作可靠,但是频率的变化范围有限。

永磁交流伺服系统按照其工作原理,及驱动电流波形和控制方式的不同,又可分为两种伺服系统:①矩形波电流驱动的永磁交流伺服系统;②正弦波电流驱动的永磁交流伺服系统。

伺服系统中使用的矩形波电流驱动的永磁交流伺服电动机称为无刷直流伺服电动机,而正弦波电流驱动的永磁交流伺服电动机称为无刷交流伺服电动机。

矩形波驱动和正弦波驱动两种工作模式的交流伺服系统,在电动机磁场波形、驱动电流波形、转子位置传感器以及驱动器中电流环结构和速度反馈信息的获得等方面都有明显区别,转矩产生的原理也有所不同。

1) 矩形波驱动的交流伺服驱动

矩形波驱动的交流伺服驱动器原理如图 5-14 所示,转子位置传感器一般为霍尔集成电路转子位置传感器,它采用开关型霍尔集成电路,这种传感器价格低廉、结构简单、结实牢固,信号处理也比较方便。由转子位置传感器信号处理得到转子每转 360°的周期内区分出 6 个状态的位置信号,用这个信号和对两相绕组电流采样信号综合形成一个与电动机电磁转矩瞬态值成正比的合成电流信号。实际上,不必三相电流都检测,只检测其中任意两相,就可得到第三相电流信号。和直流伺服驱动器相似,只需要一个电流调节器,进行指令电流信号和第三相电流信号。和直流伺服驱动器相似,只需要一个电流调节器,进行指令电流信号和合成电流信号的比较,放大和校正,进入 PWM;然后,PWM 信号进入信号分配电路,由转子位置传感器信号控制,将 PWM 信号分配给 6 个基级驱动电路,使三相绕组在适当时间进入导通工作,并且它们的相电流被控制,其幅值与指令信号成正比。

2) 正弦波驱动的交流伺服驱动

SPWM 变频控制器即正弦波 PWM 变频器,它是 PWM 型变频器调制方法的一种。过去的变频器采用的功率开关元件是晶闸管,利用相位控制原理进行控制。用此法生成的变频器电压含有大量的谐波分量,而且功率因数差,转矩脉动大,动态响应慢,线路复杂,无法

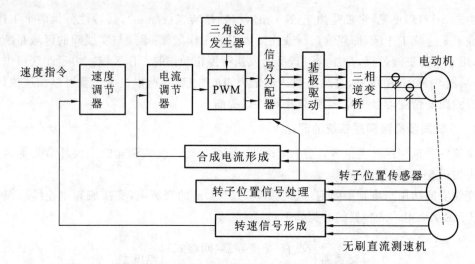

图 5-14　矩形波驱动的交流伺服驱动器原理

满足高频率调速系统的要求。

正弦波驱动方式的交流伺服驱动器原理图如图 5-15 所示,电流环的作用主要是控制电动机的三相绕组电流 i_u、i_v、i_w,且满足下列要求:

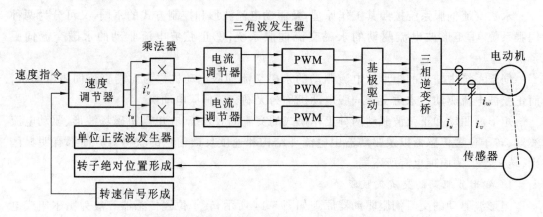

图 5-15　正弦波驱动方式的交流伺服驱动器原理

(1) 严格的三相对称正弦函数变化关系;

(2) 它们的相位分别与该相的反电动势相位同相(或反相);

(3) 相电流幅值与速度调节器输出的断流指令信号成正比。

正弦波交流伺服系统中用到的转子位置传感器要求是高分辨率的,一般采用绝对式光电编码器、增量式光电编码器、磁编码器、旋转变压器/数字转换器等。

SPWM 调制的基本特点是等距、等幅,而不等宽。它的规律是中间脉冲宽而两边脉冲窄,其各个脉冲面积和与正弦波下面积成比例,所以脉宽基本上按正弦分布。它是一种最基本,也是应用最广泛的调制方法。电压型变频器工作原理及波形图如图 5-16 所示。

3)永磁交流伺服系统中的传感器

直流伺服系统电流环控制与电动机转子位置无关,而永磁交流伺服系统的电流环控制却与电动机的转子位置有关。交流伺服电动机运转需有电动机转子位置传感器,它提供转子瞬时角位移信号。这个传感器信号进入交流伺服驱动器的电流环部分,实现对电动机各

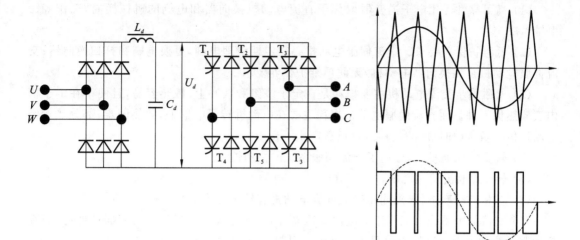

图 5-16 电压型变频器工作原理及波形

相绕组的电流"换向"或对电流波形的控制。矩形波电流驱动器中的速度环和位置控制的位置环也都需要由速度传感器和位置传感器来提供相应的反馈信号。这三种传感器一般都安装在电动机轴上（同轴安装或经过一定速比的机械传动），由于伺服驱动器控制方案不同，所以可选用不同工作原理和结构的传感器，它们有的作为一种信号反馈用，有的可兼作几种信号反馈用。

表 5-1 中列出了各种传感器在永磁交流伺服系统电流环，速度环和位置环三环控制中的作用。由表 5-1 可见，永磁交流伺服系统与直流伺服系统的不同之处在于，电流环控制中需要有电动机转子绝对位置检测的传感器。永磁交流伺服系统三环控制中的传感器可以有多种选择，具体如何选择需根据性能要求、成本价格、货源等综合考虑。

表 5-1 矩形波电流驱动优缺点

传感器种类	电流环		速度环	位置环
	矩形波驱动	正弦波驱动		
霍尔集成电路传感器	♯			♯
增量式光电编码器		○	△	
增量式磁编码器		○	△	＊
绝对式光电编码器		＊	△	＊
复合式光电编码器	＊	○	△	＊
无刷直流测速发电动机			＊	
旋转变压器/数字转换器（RDC）		＊	＊	＊
Tachsyn	＊	＊	＊	

注：♯表示常用；＊表示适用；△表示可用；○表示少用。

4）永磁同步交流伺服电动机的优点

永磁同步交流伺服电动机与直流伺服电动机相比，其突出优点如下。

（1）高可靠性。用电子逆变器取代了直流电动机换向器和电刷的机械换向，工作寿命由轴承决定。

（2）低维护保养要求。直流伺服电动机必须定期清理电刷，更换电刷和打扫换向器；交流伺服电动机是无换向器电动机，无此项维护保养要求。

（3）永磁同步交流电动机主要损耗是在定子绕组和铁心上，散热容易，且便于在定子槽内安放热保元件。而直流伺服电动机损耗主要在电动机转子电枢上，散热困难，部分热量经电动机传给负载（如机床的丝杠），对负载产生不良影响。

（4）转子转动惯量小，提高了交流伺服系统的快速性。

（5）转子结构允许电动机高速工作。

（6）在相同功率下，永磁同步交流伺服电动机有较小的重量和体积。

（7）交流伺服系统可工作于无电源变压器方式，该方式采用耐高压功率器件即可，而直流伺服系统的电动机受气换向器片间电压的限制，不宜工作于较高电压。

交流伺服系统保留了一般直流伺服系统的优点而克服了某些局限性，特别适用于一般直流伺服系统不能胜任的工作环境，如宇宙飞船、人造卫星等，也可用于存在腐蚀性、易燃易爆气体、放射性物质的场所，在水下机器人、喷漆机器人和移动式机器人中也可作为理想的执行元件。

5）永磁交流伺服系统的驱动模式比较

永磁交流伺服系统的两种驱动模式中，从发展趋势上看，正弦波驱动将成为主流。正弦波驱动是一种高性能的控制方式，电流是连续的，理论上可获得与电动机转角无关的均匀输出转矩，良好设计的伺服系统可做到3％以下的低速转矩纹波，因此有优良的低速平稳性，同时也大幅度地改善了中高速大转矩时的特性，铁心中附加损耗较小。从控制角度说，它还可小范围内调整相电流和相电动势相位，一定程度上实现弱磁控制，拓宽高速范围，但是，为了满足正弦波驱动要求，定子绕组需要采用分数槽设计，这会增加工艺复杂性，必须使用高分辨率（10 bit 以上）绝对型的转子位置传感器（例如无刷旋转变压器/数字转换器，绝对型光电编码器等）；另外，驱动器中的电流环结构更加复杂，都使得正弦波电流驱动的交流伺服系统成本高。

矩形波电流驱动与正弦波电流流驱动相比有如下优缺点，如表5-2所示。

表5-2　矩形波电流驱动优缺点

优点	1.电动机的转子位置传感器结构简单，成本较低； 2.电动机的位置信号仅需做逻辑处理，电流环结构较简单，伺服驱动器总体成本较低； 3.伺服电动机有较高的材料利用率，在相等有效材料情况下，矩形波工作方式的电动机输出转矩约增加15％
缺点	1.电动机的转矩波动稍大； 2.电动机高速运行时，矩形电流波发生畸变会引起转矩的下降； 3.定子磁场非连续旋转，造成铁心附加损耗的增加

但是，良好的设计和控制的矩形波电流驱动交流伺服电动机的转矩波动可以达到有

刷直流伺服电动机水平。转矩纹波可以用高增益速度闭环控制来抑制,获得良好的低速性能,使伺服系统的调速比可达 1:10000,且它还有良好的性能价格比。对于有直流伺服系统调整经验的人来说,比较容易接受这种矩形波电流驱动的伺服系统,所以这种驱动方式的伺服电动机和伺服驱动器仍是工业机器人、高性能数控机床、各种自动机械的一种理想驱动元件。

5. 异步型交流电动机伺服系统

异步型交流电动机伺服系统采用异步电动机。作为伺服用途的电动机,它的笼型转子结构简单、坚固,电动机价格便宜,过载能力强,这是异步电动机的优点。但是异步电动机与相同输出转矩的永磁同步伺服电动机相比,其效率低、体积大,转子也有较明显的损耗和发热,且需要供给无功励磁电流,从而要求较大体积的逆变器。转子的发热引起电动机转子参数的变化,从而引起特性的改变,从电动机转轴传递的热量也要影响到被驱动的机构。

交流电动机的矢量变换控制,是一种新的控制理论方法。矢量变换控制理论最先是在 1971 年由德国 F. Blaschke、W. Floter 等人提出的,20 世纪 70 年代后期矢量变换控制晶体管逆变器调速系统投入实际应用。矢量控制理论从原理上解决了交流电动机在伺服系统中的控制方法问题,它的作用是使得交流电动机具有同样的控制灵活性和动态特性。电子技术的发展使得控制理论的新成果可以具体地实现。交流电动机的矢量控制既适用于感应异步电动机(主运动),也适用于同步电动机(进给运动)。

1)交流感应异步电动机的矢量控制

在伺服系统中,直流伺服电动机能获得优良的动态与静态性能,其根本原因是被控量只有电动机磁场和电枢电流,且这两个量是独立的、互不影响的。此外,电磁转矩与磁通和电枢电流分别成正比关系,因此,其控制简单,性能为线性。如果能够模拟直流电动机,求出交流电动机与之对应的磁场和电枢电流,分别按直流电动机的控制方法对其进行控制。

矢量变换的基本思想:伺服驱动电动机的控制,实质是转矩的控制。在交流感应电动机中,将三相交流输入电流变为等效的直流电动机中彼此独立的激磁电流环电枢电流,然后和直流电动机一样,通过对这两个量的反馈控制,实现对电动机的转矩控制;最后,通过相反的变换,将等效的直流量还原为三相交流量,控制实际的三相感应电动机,由于分别对激磁量化等效的电枢电流量进行独立控制,故而得到了与直流同样的调节特性。

等效变换的准则是,使变换前后有同样的旋转磁势,即必须产生同样的旋转磁场。根据矢量变换原理,可以组成矢量控制的 PWM 变频调速系统。

2)交流永磁同步电动机的矢量控制

直流电动机中,无论转子在什么位置,转子电流所产生的电枢磁动势总是和定子磁极产生的磁场成 90° 电角度,因而它的转矩与电枢电流成简单的正比关系。交流永磁同步电动机的定子有三相绕组,转子为永久磁铁构成的磁极,同轴连接着转子位置编码器检测转子磁极相对于定子各绕组的相对位置,且该位置与转子角度的正弦函数关系在一起。位置编码器和电子电路结合,使得三相绕组中流过的电流环转子位置转角成正弦函数关系,彼此相差 120° 电角度。三相电流合成的旋转磁动势在空间的方向总是和转子磁场成 90° 电角度(超前),产生最大转矩。如果能建立永久磁铁磁场,在调速过程中,用控制电流来实现转矩的控制电枢磁动势及转矩的关系,这就是矢量控制的目的。

图 5-17 所示是由电压型逆变器组成的永磁同步交流伺服电动机的变频调速系统,它由

双极性 SPWM 主电路和矢量变换控制电路组成。矢量变换控制电路包括主通道、反馈通道和三角波正弦脉宽调制电路等部分。

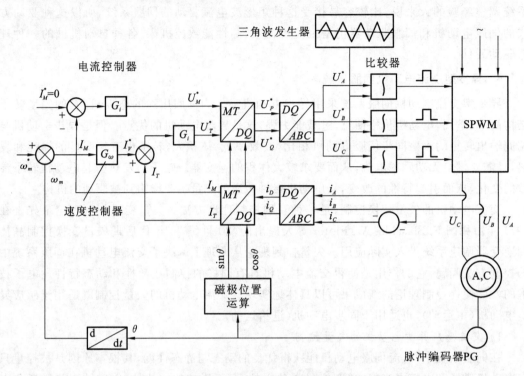

图 5-17　交流永磁同步伺服电动机的变频调速系统

矢量变换控制电路的反馈通道,有速度反馈和电流反馈两部分。经脉冲编码器 PG 检测和变换后得出电动机转子磁极的绝对位置环电气角位移 θ,再经变换后得出电动机的实际角频率 ω_m,由位置控制器送来速度指令 ω_m^* 与 G_ω、i_A、i_B、i_C、I_T、I_M。

I_T^*、I_M^*、U_T^*、U_M^*、U_A^*、U_B^*、U_C^* 速度反馈信号 ω_m 比较所得的速度误差信号,经速度控制器 G_w 运算后,得到电动机的力矩电流分量的幅值指令 I_M^*。

采用霍尔效应电流传感器检测出电动机的三相交流电路的实际值 i_A、i_B 和 i_C,经三相固定绕组到两相固定绕组电流矢量的变换,再经两相固定绕组到两相旋转绕组(即电流矢量到标量)的变换后,得到电动机的力矩电流分量和励磁电流分量的实际值 I_T 和 I_M。

由于励磁电流分量 I_M 在三相永磁同步交流伺服电动机的转矩控制中所起的作用并不重要,因此可令励磁电流分量的指令值 $I_M^* \equiv 0$。这样,不仅可以使伺服电动机在最大恒定转矩下运行,获得快速高精度的力矩控制,而且省去了求算指令 I_M^* 的检测和运算,使得控制线路简单,实现更方便,并且能使电动机具有良好的静态和动态特性。用电流反馈的方法求算出实际的励磁电流分量 I_M 作为反馈信号,与 $I_M^* \equiv 0$ 比较后的输出值经电流控制器 G_i 运算处理后获得励磁电压分量 U_M^*,这是实现 $I_M^* \equiv 0$ 控制的一种有效方法。

求得 I_T^* 并令 $I_M^* \equiv 0$ 以后,经矢量变换控制电路的主通道,使之与电流反馈通道所确定的实际值 I_T、I_M 比较后,得出力矩指令电压,励磁指令电压幅值 U_T^*、U_M^* 再经变换后得到三相正弦控制电压 U_A^*、U_B^*、U_C^*,经三角波正弦脉宽调制器产生三列正弦调宽脉冲系列,控制三相逆变器,获得所要求的调频,调压的三相正弦电压以驱动电动机运行。

5.2.3 步进电动机及控制

步进电动机是一种将电脉冲信号转换成机械角位移的一种电磁装置。其转子的转角与输入的电脉冲数成正比,速度与脉冲频率成正比,而运动方向是由步进电动机通电的顺序所决定的。

步进电动机是一种特殊的电动机,一般电动机通电后连续旋转,而步进电动机则跟随输入脉冲按节拍一步一步地转动。对步进电动机施加一个电脉冲信号时,步进电动机就旋转一个固定的角度,称为一步。每一步所转过的角度叫作步距角。步进电动机的角位移量和输入脉冲的个数严格地成正比例,在时间上与输入脉冲同步,因此,只需控制输入脉冲的数量、频率及电动机绕组通电相序,便可获得所需的转角、转速及旋转方向。在无脉冲输入时,在绕组电源激励下,气隙磁场能使转子保持原有位置而处于定位状态。

1. 步进电动机的分类

步进电动机的结构形式很多,因此其分类方式也很多,常见的分类方式是按力矩的大小、力矩产生的原理、电动机的励磁组数分类等。

(1)按步进电动机输出转矩的大小,步进电动机可分为快速步进电动机和功率步进电动机。快速步进电动机连续工作频率高,而输出转矩较小,可用于控制小型精密机床的工作台(例如线切割机),可以和液压伺服阀、液压马达一起组成电液脉冲马达,驱动数控机床工作台。功率步进电动机的输出转矩比较大,可直接驱动数控机床的工作台。

(2)按励磁组数,步进电动机可分为三相、四相、五相、六相甚至八相步进电动机。

(3)按转矩产生的工作原理,步进电动机可分为电磁式、反应式以及混合式步进电动机。数控机床上常用三相至六相反应式步进电动机。这种步进电动机的转子无绕组,当定子绕组通电激磁后,转子产生力矩使步进电动机实现步进。下面以反应式步进电动机为例介绍步进电动机的工作原理。

2. 步进电动机的结构、工作原理及特点

1)步进电动机的结构

目前,我国使用的步进电动机多为反应式步进电动机。这种电动机有轴向分相和径向分相两种。图 5-18 所示是一台典型的单定子、径向分相、反应式步进电动机的结构原理图。这种电动机分为定子和转子两部分,其中,定子又分为定子铁心和定子绕组。定子铁心由硅钢片叠压而成。定子绕组是绕置在定子铁心 6 个均匀分布齿上的线圈,在直径方向上相对的两个齿上的线圈串联在一起,构成一相控制绕组。图 5-18 所示的步进电动机可构成三相控制绕组,故也称为三相步进电动机。当任一相绕组通电时,便形成一组定子磁极,其方向如图 5-15 所示的 NS 极。在定子的每个磁极上,即定子铁心的每个齿上又开

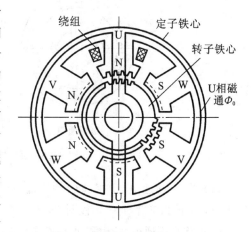

图 5-18 单定子径向分相反应式伺服步进电动机结构原理

了 5 个小齿,齿槽等宽,齿间夹角为 9°;转子上没有绕组,只有均匀分布的 40 个小齿,齿槽也是等宽的,齿间夹角也是 9°,与磁极上的小齿一致。此外,三相定子磁极上的小齿在空间位置上依次错开 1/3 齿距,如图 5-19 所示。当 U 相磁极上的小齿与转子上的小齿对齐时,V 相磁极上的齿刚好超前(或滞后)转子齿 1/3 齿距角,W 相磁极齿超前(或滞后)转子齿 2/3 齿距角。

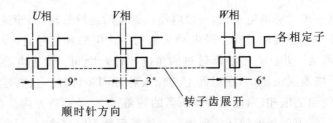

图 5-19 步进电动机的齿距

2) 步进电动机工作原理

步进电动机的工作原理是:当某相定子激磁后,它吸引转子,使转子的齿与该相定子磁极上的齿对齐,因此,其工作原理实际上是电磁铁的作用原理。

下面以图 5-20 所示的三相反应式步进电动机为例,说明步进电动机的工作原理。定子上有 A、B、C 三对绕组磁极,分别称为 A 相、B 相、C 相,如果在定子的三对绕组中通直流电流,就会产生磁场。当 A、B、C 三对磁极的绕组依次轮流通电,则 A、B、C 三对磁极依次产生磁场吸引转子转动。

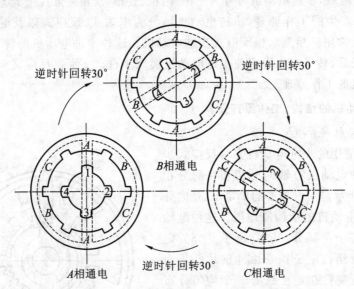

图 5-20 反应式步进电动机工作原理

(1) 当 A 相通电、B 相和 C 相不通电时,电动机铁芯的 AA 方向产生磁通,在磁拉力的作用下,转子 1、3 齿与 A 磁极对齐,2、4 齿与 B、C 两磁极相对错开 30°。

(2) 当 B 相通电、C 相和 A 相断电时,电动机铁芯的 BB 方向产生磁通,在磁拉力的作用下,转子沿逆时针方向旋转 30°,2、4 齿与 B 磁极对齐,1、3 齿与 C、A 两磁极相对错开 30°。

(3) 当 C 相通电、A 相和 B 相断电时,电动机铁芯的 CC 方向产生磁通,在磁拉力的作用下,转子沿逆时针方向又旋转 30°,1、3 齿与 C 磁极对齐,2、4 齿与 A、B 两磁极相对错开 30°。

若按 A→B→C······通电相序连续通电,则步进电动机就连续地沿逆时针方向旋动,每换接一次通电相序,步进电动机沿逆时针方向转过 30°,即步距角为 30°。如果步进电动机定子磁极通电相序按 A→C→B······进行,则转子沿顺时针方向旋转。上述通电方式称为三相单三拍通电方式。所谓单是指每次只有一相绕组通电的意思。从一相通电换接到另一相通电称为一拍,每一拍转子转动一个步距角,故三拍是指通电换接三次后完成一个通电周期。

还有一种通电方式称为三相六拍通电方式,即按照 A→AB→B→BC→C→CA······相序通电,工作原理如图 5-21 所示。如果 A 相通电,1、3 齿与 A 相磁极对齐。当 A、B 两相同时通电,因 A 极吸引 1、3 齿,B 极吸引 2、4 齿,转子逆时旋转 15°;随后 A 相断电,只有 B 相通电,转子又逆时旋转 15°,2、4 齿与 B 相磁极对齐。如果继续按 BC→C→CA→A······的相序通电,步进电动机就沿逆时针方向,以 15°的步距角一步一步移动。这种通电方式采用单、双相轮流通电,在通电换接时,总有一相通电,所以工作比较平稳。

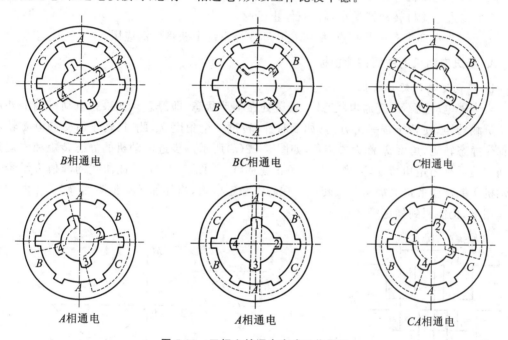

图 5-21　三相六拍通电方式工作原理

实际使用的步进电动机,一般都要求有较小的步距角,数控机床中常见的反应式步进电动机的步距角为 0.5°~3°。步距角越小,它所达到的位置精度越高。

如上所述,步进电动机的步距角大小不仅与通电方式有关,而且还与转子的齿数有关。其计算公式为

$$\alpha = \frac{360°}{mzk} \tag{5-2}$$

式中,m 为定子励磁绕组相数;z 为转子齿数;k 为通电方式。相邻两次通电相数一样时,$k=1$;相邻两次通电相数不同时,$k=2$。

步进电动机转速计算公式为

$$n = \frac{\alpha}{360°} \times 60f = \frac{\alpha f}{6} \tag{5-3}$$

式中,n 为转速,r/min;f 为控制脉冲频率,即每秒输入步进电动机的脉冲数;α 为用度数表示的步距角。由式(5-3)可知,当转子的步距角一定时,步进电动机的转速与输入脉冲频率成正比。

3) 步进电动机的特点

(1) 步进电动机的输出转角与输入的脉冲个数严格成正比,故控制输入步进电动机的脉冲个数就能控制位移量。

(2) 步进电动机的转速与输入的脉冲频率成正比,只要控制脉冲频率就能调节步进电动机的转速。

(3) 当停止送入脉冲时,只要维持绕组内电流不变,电动机轴可以保持在某固定位置上,不需要机械制动装置。

(4) 改变通电相序即可改变电动机转向。

(5) 步进电动机存在齿间相邻误差,但是不会产生累积误差。

(6) 步进电动机转动惯量小,启动、停止迅速。

由于步进电动机有这些特点,所以在开环数控系统中获得广泛应用。

3. 步进电动机的主要性能指标

1) 单向通电的矩角特性

当步进电动机不改变通电状态时,转子处在不动状态,即静态。如果在电动机轴上外加一个负载转矩,使转子按一定方向(如顺时针)转过一个角度 θ_e,此时,转子所受的电磁转矩 T 称为静态转矩,角度 θ_e 称为失调角,如图 5-22(a)所示。步进电动机的静态转矩和失调角之间的关系称为矩角特性,大致上是一条正弦曲线,如图 5-22(b)。此曲线的峰值表示步进电动机所能承受的最大静态负载转矩。在静态稳定区内,当外加转矩消除后,转子在电磁转矩作用下,仍能回到稳定平衡点。

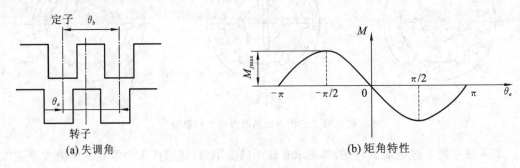

图 5-22 步进电动机的失调角和矩角特性

2) 启动转矩

图 5-23 所示为三相步进电动机的矩角特性曲线,则 A 相和 B 相的矩角特性交点的纵坐标值 M_q 称为启动转矩。它表示步进电动机单相励磁时所能带动的极限负载转矩。

当电动机所带负载 $M_L < M_q$ 时,A 相通电,工作点在 m 点,在此点有 $M_{Am} = M_L$。当励磁电流从 A 相切换到 B 相,而转子在 m 点位置时,B 相励磁绕组产生的电磁转矩是 $M_{Bm} > M_L$,转子旋转,前进到 n 点时,$M_{Bn} = M_L$,转子到达新的平衡位置。显然,负载转矩不可能大于 A、B 两交点的转矩 M_q,否则转子无法转动,产生失步现象。不同相数的步进电动机的启动转矩不同,启动转矩如表 5-3 所示。

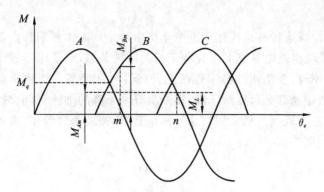

图 5-23 步进电动机的最大负载能力

表 5-3 步进电动机启动转矩

步进电动机	相数	3		4		5		6	
	拍数	3	6	4	8	5	10	6	12
$M_q/M_{j\max}$		0.5	0.866	0.707	0.707	0.809	0.951	0.866	0.866

3）空载启动频率 f_q

步进电动机在空载情况下,不失步启动所能允许的最高频率称为空载启动频率。在有负载情况下,不失步启动所能允许的最高频率将大幅度降低。例如 70BF3 型步进电动机的空载启动频率是 1400 Hz,负载达到最大静转矩 $M_{j\max}$ 的 0.5 倍时降为 50 Hz。为了缩短启动时间,可使加到电动机上的电脉冲频率按一定速率逐渐增加。

4）连续运行的最高工作频率 $f_{\max}$

步进电动机连续运行时,它所能接受的(即保证不去步运行)极限频率 $f_{\max}$,称为最高工作频率。它是决定定子绕组最高变化频率的参数,决定了步进电动机的最高转速。

5）运行矩频特性与动态转矩

在步进电动机正常转动时,若输入脉冲的频率逐渐增加,则电动机所能带动的负载转矩将逐渐下降,如图 5-24 所示,图中的曲线称为步进电动机的矩频特性曲线。可见,矩频特性曲线是描述步进电动机连续稳定运行时输出转矩与运行频率之间的关系。在不同频率下,步进电动机产生的转矩称为动态转矩。

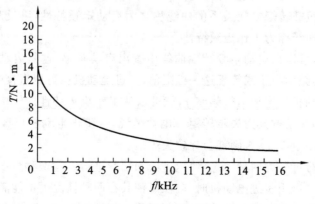

图 5-24 运行矩频特性

6) 加减速特性

步进电动机的加减速特性是描述步进电动机由静止到工作频率和由工作频率到静止的加减速过程中,定子绕组通电状态的变化频率与时间的关系,当要求步进电动机启动到大于突跳频率的工作频率时,变化速度必须逐渐上升;同样,从最高工作频率或高于突跳频率的工作频率停止时,变化速度必须逐渐下降,逐渐上升和下降的加速时间、减速时间不能过小,否则会出现失步或超步现象。通常用加速时间常数 T_a 和减速常数 T_d 来描述步进电动机的升速和降速特性,如图 5-25 所示。

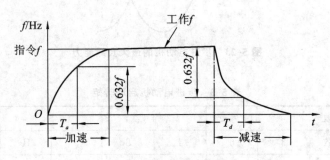

图 5-25 加减速特性曲线

除以上介绍的几种特性外,矩频特性、惯频特性和动态特性等也都是步进电动机很重要的特性,其中,动态特性描述了步进电动机各相定子绕组通断电时的动态过程,决定了步进电动机的动态精度;惯频特性描述了步进电动机带动纯惯性负载时启动频率和负载转动惯量之间的关系;矩频特性描述了步进电动机控制频率与电磁力矩之间的关系。

4. 步进电动机的选用

合理选用步进电动机是相当重要的,通常希望步进电动机的输出转矩大,启动频率和运行频率高,步距误差小,性能价格比高。但增大转矩与快速运行存在一定矛盾,高性能与低成本存在矛盾,因此实际选用时,应综合考虑。

首先,应考虑系统的精度和速度的要求。为了提高精度,希望脉冲当量小,但是脉冲当量越小,系统的运行速度越低,故应兼顾精度与速度的要求来选定系统的脉冲当量。在脉冲当量确定以后,又可以此为依据来选择步进电动机的步距角和传动机构的传动比。

不仅电动机有两条重要的特性曲线,即发映启动频率与负载转矩之间关系的曲线和反映转矩与连续运行频率之间关系的曲线。这两条曲线是选用步进电动机的重要依据。一般将反映启动频率与负载转矩之间关系的曲线称之为启动矩频特性,将反映转矩与连续运行频率之间的关系的曲线称为工作矩频特性。

已知负载转矩,可以在启动矩频特性曲线中查出启动频率,这是启动频率的极限值,实际使用时,只要启动频率小于或等于这一极限值,步进电动机就可以直接带负载启动。

若已知步进电动机的连续运行频率 f,就可以从工作矩频特性曲线中查出转矩 M_{dm},这也是转矩的极限值,又是称其为失步转矩。也就是说,若步进电动机以频率 f 运行,它所拖动的负载转矩必须小于 M_{dm},否则就会导致失步。

数控机床的运行可分为两种情况:快速进给和切削进给。这两种情况下,对转矩和进给速度有不同的要求。选用步进电动机时,应注意使其在两种情况下都能满足要求。

假若要求进给驱动装置有如下性能:切削进给时的转矩为 T_e,最大切削进给速度为 v_e;

在快速进给时的转矩为 T_k,最大快进速度为 v_k,则可按下面的步骤来检查步进电动机能否满足要求。

首先,依据式(5-4),将进给速度值转变成电动机的工作频率。

$$f = \frac{1000v}{60\delta} \tag{5-4}$$

式中,v 为进给速度,m/min;δ 为脉冲当量,mm;f 为步进电动机工作频率,Hz。

在式(5-4)中,若将最大切削进给速度 v_e 代入,可求得在切削进给时的最大工作频率 f_e。若将最大快速进给速度 v_k 代入,就可求得在快速进给时的最大工作频率 f_k。

然后,根据 f_e 和 f_k 在工作矩频特性曲线上找到与其对应的失步转矩值 T_{dme} 和 T_{dmk},若有 $T_e < T_{dme} < T_{dmk}$,就表明电动机是能满足要求的,否则就是不能满足要求的。

表 5-4 和表 5-5 分别给出了一些常用的反应式步进电动机和混合式步进电动机的型号和简单的性能指标,若想了解这些电动机的启动矩频特性曲线和工作矩频特性曲线,可参阅有关技术手册。

表 5-4　反应式步进电动机性能参数

项目 型号	相数	步距角 /(°)	电压 /V	相电流 /A	最大静转矩 /N·m	空载启动频率 /Hz	运行频率 /Hz
75BF001	3	1.5/3	24	3	0.392	1750	12000
75BF003	3	1.5/3	30	4	0.882	1250	12000
90BF001	4	0.9/1.8	80	7	3.92	2000	8000
90BF006	5	0.18/0.36	24	3	2.156	2400	8000
110BF003	3	0.75/1.5	80	6	7.84	1500	7000
110BF004	3	0.75/1.5	30	4	4.9	500	7000
130BF001	5	0.38/0.76	80	10	9.3	3000	16000
150BF002	5	0.38/0.76	80	13	13.7	2800	8000
150BF003	5	0.38/0.76	80	13	15.64	2600	8000

表 5-5　混合式步进电动机性能参数

项目 型号	相数	步距角 /(°)	电压 /V	相电流 /A	最大静转矩 /N·m	空载启动频率 /Hz	运行频率 /Hz
90BYG550A	5	0.36/0.72	50	3	1.5	2000	50000
90BYG5200A	5	0.09/0.18	50	4	2.5	6000	50000
110BYG460B	4	0.75/1.5	80	5	8	6000	50000
130BYG550A	9	0.1/0.2	100	6	4	4000	50000
130BYG9100A	9	0.1/0.2	100	10	20	4000	50000

根据步进电动机的相数、拍数选取启动转矩,如表 5-6 所示。表 5-6 中,T_{max} 为步进电动机的最大静转矩。

表 5-6 步进电动机相数、拍数、最大负载转矩表

运行方式	相数	3		4		5		6	
	拍数	3	6	4	8	5	10	6	12
T_q/T_{max}		0.5	0.866	0.707	0.707	0.809	0.951	0.866	0.866

例 3-1 某数控机床工作台的纵向轴是导程 $P_R = 1.25$ mm 的普通丝杠副,步进电动机通过一对降速齿轮副与丝杠连接。设:

(1) 丝杠轴向的负载 $F_a = 5000$ N;

(2) 最大进给速度 $F_{max} = 0.8$ m/min;

(3) 脉冲当量 $\delta = 0.002$ mm/step;

(4) 传动的总效率是 $\eta = 0.255$。

请选用合适的步进电动机。

解 设选用的步进电动机的步矩角 $\alpha = 0.75°$/step。

(1) 确定步进电动机的启动力矩 T_q。

当电动机在启动力矩 T_q 作用下转一个步矩角 α 时,所做的功为

$$W_d = 2\pi T_q(\alpha/360°)$$

工作台克服负载 F_a,位移 δ 所做的功为

$$W_a = F_a\delta$$

根据能量守恒

$$W_d\eta = W_a$$

得

$$T_q = \frac{360°\delta F_a}{2\pi\alpha\eta} = \frac{360° \times 0.002 \times 5000}{2 \times 3.14 \times 0.75° \times 0.255}\ \text{N} \cdot \text{mm} = 2997.3\ \text{N} \cdot \text{mm}$$

(2) 确定步进电动机最大静转矩 T_{max}。

为满足最小步矩要求,电动机选用三相六拍工作方式,根据表 5-6 得

$$T_q/T_{max} = 0.866$$

则

$$T_{max} = 2997.3/0.866\ \text{N} \cdot \text{cm} = 346\ \text{N} \cdot \text{cm}$$

(3) 确定步进电动机运行频率。

$$f_{max} = \frac{1000 v_{max}}{60\delta} = \frac{1000 \times 0.8}{60 \times 0.002}\ \text{Hz} = 6666\ \text{Hz}$$

根据以上参数,查表 5-4 可知,应选用电动机型号为 110BF004,它的 $T_{max} = 4.9$ N · cm,$\alpha = 0.75°/1.5°$,运行频率为 7000 Hz。

5. 步进电动机的驱动控制

1) 步进电动机的工作方式

由前述可知,步进电动机的工作方式和一般电动机不同,是采用脉冲控制方式工作的,

即只有按一定规律对各项绕组轮流通电,步进电动机才能实现转动。数控机床中采用的步进电动机有三项、四相、五相和六相等,工作方式有单 m 拍、双 m 拍、三 m 拍及 $2\times m$ 拍等(m 是电动机的相数)。所谓单 m 拍,是指每拍只有一相通电,循环拍数为 m;双 m 拍是指每拍同时用两相通电,循环拍数为 m;三 m 拍是每拍有三相通电,循环拍数为 m 拍;$2\times m$ 拍是各拍既有单相通电,也有两相或三相通电,通常为 1~2 相通电或 2~3 相通电,循环拍数为 $2\times m$。一般情况下,电动机的相数越多,工作方式也越多。

由步距角计算式可知,循环拍数越多,步距角越小,定位精度越高。另外,通电循环拍数和每拍通电相数对步进电动机的矩频特性、稳定性等都有很大的影响。步进电动机的相数也对步进电动机的运行性能有很大影响。为提高步进电动机输出转矩、工作频率和稳定性,可选用多相步进电动机,并采用 $2\times m$ 拍工作方式,但双 m 拍和 $2\times m$ 拍工作方式的功耗都比单 m 拍的大。

2)步进电动机的驱动控制电路

步进电动机由于采用脉冲方式工作,且各相按一定规律分配脉冲,因此,在步进电动机控制系统中,需要脉冲分配逻辑和脉冲产生逻辑;而脉冲的多少需要根据控制对象的运行轨迹计算得到,因此还需要初步运算器。另外,数控机床所用的功率步进电动机要求控制驱动系统必须有足够的驱动功率,所以还要有功率驱动部分,其控制电路如图 5-26 所示。为了保证步进电动机不失步地启停,要求控制系统具有升降速控制环节。除了上述各环节之外,还有和键盘、显示器等输入/输出设备的接口电路、通信接口电路及其他附属环节。在闭环控制系统中,还有检测元件的接口电路。在早期的数控系统中,上述各环节都是由硬件完成的,但目前的机床数控系统,由于都采用了小型和微型计算机控制,上述很多控制环节(如升降速控制,脉冲分配、脉冲产生、插补运算等)都可以由计算机完成,使步进电动机控制系统的硬件大为简化。

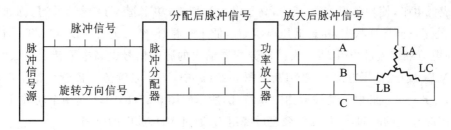

图 5-26　开环步进电动机驱动控制原理图

3)步进电动机的驱动电路

在数控机床中,微型计算机根据加工程序中进给速度及坐标值输出脉冲,并依次将脉冲分配给步进电动机的各相绕组。由于微机发出的脉冲功率很小,电压为 3V,电流为 mA 级,不能直接驱动步进电动机,而必须经驱动电路将信号电流放大到若干安培才能驱动步进电动机,因此,驱动电路实际上是一个功率放大器。

驱动电路的质量直接影响步进电动机的性能。对驱动电路的主要要求是,信号失真要小,脉冲电源要有较好的前沿、后沿和足够的幅值,效率要高。此外,要求其工作可靠,且安装调试和维修方便。早期的功率驱动器采用单电源驱动电路,后来出现了高低压双电源驱动电路和恒流斩波驱动电路、调频调压和细分电路等。

（1）高低压双电源驱动电路

图 5-27 是高低压双电源驱动原理图。图中 L_A 是步进电动机 A 相绕组，它接在两个大功率管 VT_1 和 VT_2 之间，VT_1 为高压管，VT_2 为低压管。当脉冲分配器输出低电平时，VT_1、VT_2 均截止，L_A 中无电流通过。

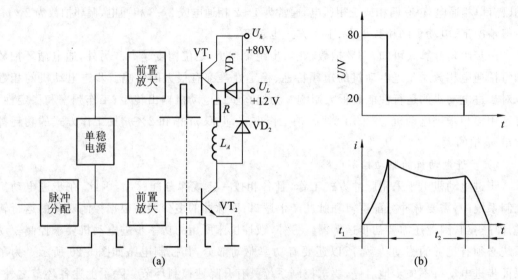

图 5-27　高低压双电源驱动原理图

当脉冲分配器输出高电平时，使单稳电路翻转成高电平，经前置放大，使功率管 VT_1 处于导通状态，同时功率管 VT_2 也处于导通状态，所以高压电源 U_h 经 VT_1 和 VT_2 加至 L_A 上。此时，二极管 VD_1 因承受反向电压而截止，切断低压电源 U_L。由于高压电源电压很高，线圈中的电流上升迅速，上升前沿变陡。当电流值接近步进电动机的额定值时，单稳态电路翻转变成低电平，使功率管 VT_1 截止，高压电源被切断，功率管 VT_2 继续导通。此时，二极管 VD_1 处于正向导通状态，接通低压电源 U_L，低压电源 U_L 经二极管 VD_1 和 VT_2 加到绕组 L_A 上，使电流继续流过绕组 L_A。当脉冲分配器输出的脉冲信号由高电平转变为低电平后，功放管 VT_2 截止，低压电源 U_L 被切断。图 5-27(a) 中，VD_2 是续流二极管。作用在步进电机绕组 L_A 上的电压和电流的波形如图 5-27(b) 所示。图 5-27(b) 中，t_1 是两个功放管 VT_1 和 VT_2 管同时导通的时间，t_2 是两管截止后绕组 L_A 通过 VD_2 放电的时间。

与单电源驱动电路比较，高低压双电源驱动电路的电流波形得到显著改善，使步进电动机的力矩和运行频率等主要性能得到明显提高。

（2）恒流斩波驱动电路

大功率场效应晶体管（VMOSFET）是一种高压、高速大电流器件，它的驱动功率很小，适宜作为步进电动机的驱动元件，图 5-28(a) 是采用大功率场效应管的恒流斩波驱动电路。

VT_1 和 VT_2 是大功率场效应功效管，电动机绕组 L 串接在 VT_1 和 VT_2 之间。VT_3 为 VT_1 的驱动管。LM339 是电压比较器，其同相端接参考电压 U_R，由电位器 R_P 调节，反相端接在取样电阻 R_1 上。比较器的输出连接与非门 G_3 的一个输入端。G_1、G_2 是两级反相驱动器。G_1、G_2、G_3 均是 CMOS 集成电路。

无信号时，VT_2 因栅极电位为零而截止。此时，G_3 的输出为 1，VT_3 饱和导通，VT_1 的栅极也是零电位,因此 VT_1 也截止,绕组 L 中无电流通过。

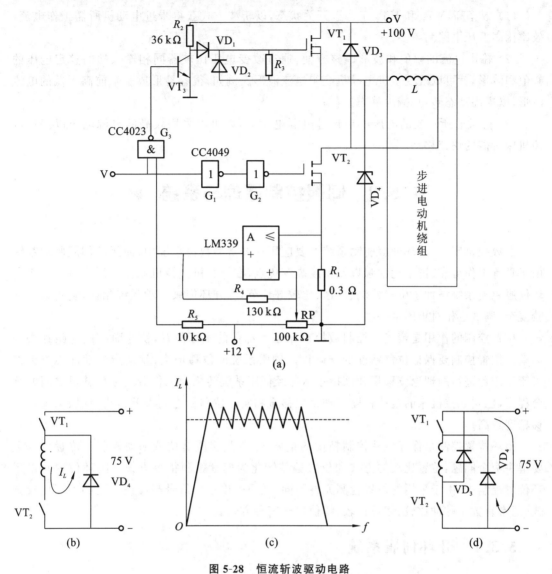

图 5-28　恒流斩波驱动电路

有脉冲输入时,脉冲的高电平经反相器 G_1、G_2 驱动 VT_2,使 VT_2 饱和导通。由于在开始阶段比较器输出高电平,故与非门 G_3 打开且输出低电平,VT_3 截止,VT_1 的栅极是高电平,故 VT_1 饱和导通,高压加到电动机绕组 L 上,电流迅速增长。当电流上升到额定值时,取样电阻 R_1 上的电压 $U_1 > U_R$,电压比较器输出低电平,将与非门 G_3 关闭。此时,G_3 输出高电平,使 VT_3 导通,VT_1 截止。由于绕组中的电流不会突变,将通过 VT_2、VD_4 泄放(见图 5-28(b)),电流下降。当电流下降到一定值时,比较器又输出高电平,G_3 打开且输出低电平,VT_3 截止,VT_1 导通,电流又上升,升高到额定值时,比较器再次翻转,如此循环。所以,在输入脉冲为高电平时高压电源不断地接通、断开,绕组 L 中电流在额定值上下波动,如图 5-28(c)所示。

当输入脉冲为低电平时,VT_1 和 VT_2 均断开,绕组 L 中的电流经 VD_3、电源、VD_4 构成续流回路,向电源送回能量,并形成很陡的电流脉冲后沿,如图 5-28(d)所示。

这种电路的优点如下：

(1) 效率高，VT_1 和 VT_2 工作于开关状态，以斩波方式获得步进电动机所需工作电流，效率比高低压电路高得多；

(2) 输出电流的幅值和波形调整方便，通过改变电压比较器同相输入端的整定电压的幅值和波形，就可以改变步进电动机绕组电流波形。例如，很容易形成一个前高后低的电流波形，以提高动态转矩，减少静态损耗；

(3) 开关管所承受的电压不会超过电源电压，所以可以采用较高的电源电压以获得数控机床所需的快速移动。

◀ 5.3 伺服控制原理与系统 ▶

在数控机床上，开环伺服驱动系统主要应用在经济型数控系统中；而闭环伺服驱动系统由于具有工作可靠、抗干扰性强以及精度高等优点，在计算机数控机床上广泛应用。由于闭环伺服驱动系统增加了位置检测、反馈、比较等环节，与开环伺服驱动系统相比，它的结构比较复杂，调试也相对更困难一些。

位置控制的作用是精确地控制数控机床运动部件的坐标位置，快速而准确地跟踪指令运动。位置控制要保证位移精度的准确性。伺服系统的位移精度，就是指令脉冲要求数控机床工作台进给的理论位移量和该指令脉冲经伺服系统转化为工作台实际位移量之间的符合程度，也叫数控机床的定位精度。理论位移量和实际位移量之间误差越小，伺服系统的位移精度越高。

闭环位置控制是保证位移控制精度的重要环节，其实质是位置随动控制。位置控制主要解决两个问题：位置比较的方式和位置偏差转化为速度控制指令方式。闭环位置和半闭环位置控制中，由于采用的位置检测元件不同，从而引出指令信号与反馈信号的不同比较方式，通常有数字脉冲比较、相位比较、幅值比较三种方式。

5.3.1 开环伺服系统

开环伺服系统中没有检测反馈装置。数控系统将加工程序处理后，输出指令信号给伺服驱动系统，驱动数控机床运动，但不检测运动的实际位置，即没有位置反馈信号，其执行元件主要是步进电动机。插补器进行插补运算后，发出指令脉冲，经驱动电路放大后，驱动步进电动机转动一个角度，通过齿轮传动和滚珠丝杠副传动使工作台移动一定距离。

1. 开环步进伺服系统的工作原理

开环步进伺服驱动系统主要由步进电动机驱动控制线路和步进电动机两部分组成，如图 5-29 所示。驱动控制线路接收来自数控机床控制系统的进给脉冲信号（指令信号），并把此信号转换为控制步进电动机各相定子绕组依次通电、断电的信号，使步进电动机运转。步进电动机的转子与机床丝杠连在一起，转子带动丝杠转动，丝杠再带动工作台移动。

下面从步进式伺服系统如何实现对机床工作台移动的移动量、速度和移动方向进行控制三个方面，对其工作原理进行介绍。

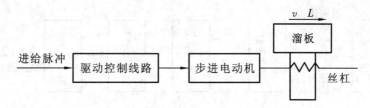

图 5-29 开环步进式伺服系统原理图

1）工作台位移量的控制

数控机床控制系统发出的 N 个进给脉冲,经驱动线路之后,变成控制步进电动机定子绕组通电、断电的电平信号变化次数 N,使步进电动机定子绕组的通电状态变化 N 次。由步进电动机工作原理可知,定子绕组通电状态的变化次数 N 决定了步进电动机的角位移 φ,$\varphi = N\alpha$（α 即步距角）。该角位移经丝杠、螺母之后转变为工作台的位移量 L,$L = \varphi t / 360°$（t 为螺距）。工作台位移量控制流程为:即进给脉冲的数量 N→定子绕组通电状态变化次数 N→步进电动机的转角 φ→工作台位移量 L。

2）工作台进给速度的控制

机床控制系统发出的进给脉冲的频率 f,经驱动控制线路之后,表现为控制步进电动机定子绕组通电、断电的电平信号变化频率,也就是定子绕组通电状态变化频率。而定子绕组通电状态的变化频率 f 决定了步进电动机转子的转速 ω。该转子转速 ω 经丝杠螺母转换之后,体现为工作台的进给速度 v。即工作台进给速度控制流程为:进给脉冲的频率 f→定子绕组通电状态的变化频率 f→步进电动机的转速 ω→工作台的进给速度 v。

3）工作台运动方向的控制

当控制系统发出的进给脉冲是正向时,经驱动控制线路,使步进电动机的定子各绕组按一定的顺序依次通电、断电;当进给脉冲是负向时,驱动控制线路则使定子各绕组按与进给脉冲是正向时相反的顺序通电、断电。由步进电动机的工作原理可知,通过改变步进电动机定子绕组的通电顺序,可以实现对步进电动机正转或反转的控制,从而实现对工作台的进给方向的控制。

综上所述,在开环步进式伺服系统中,输入的进给脉冲的数量、频率、方向,经驱动控制线路和步进电动机,转换为工作台的位移量、进给速度和进给方向,从而实现对位移的控制。

2. 开环步进伺服系统的驱动控制线路

根据步进式伺服系统的工作原理,步进电动机驱动控制线路的功能是,将具有一定频率 f、一定数量 N 和方向的进给脉冲转换成控制步进电动机各相定子绕组通断电的电平信号。电平信号的变化频率、变化次数和通断电顺序与进给指令脉冲的频率、数量和方向对应。为了能够实现该功能,一个较完整的步进电动机的驱动控制线路应包括脉冲混合电路、加减脉冲分配电路、加减速电路、环形分配器和功率放大器（见图 5-30）,并应能接收和处理各种类型的进给指令并应能接受和处理各种类型的进给指令控制信号,如自动进给信号、手动信号和补偿信号等。脉冲混合电路、加减脉冲分配电路、加减速电路和环形分配器可用硬件线路来实现,也可用软件来实现。

1）脉冲混合电路

无论是来自于数控系统的插补信号,还是各种类型的误差补偿信号、手动进给信号及手

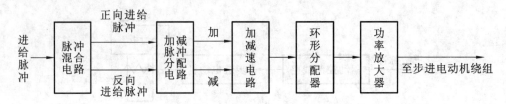

图 5-30　驱动控制线路框图

动回原点信号等,它们的目的无非是使工作台正向进给或负向进给,必须首先将这些信号混合为使工作台正向进给的"正向进给"信号或使工作台负向进给的"负向进给"信号。这一功能由脉冲混合电路实现。

2) 加减脉冲分配电路

当机床在正向进给脉冲的控制下正在沿正方向进给时,由于各种补偿脉冲的存在,所以可能还会出现极个别的负向进给脉冲;当机床在负向进给脉冲的控制下正在沿负方向进给时,还可能会出现极个别的正向进给脉冲。其示意图如图 5-31 所示。

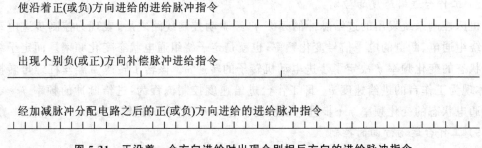

使沿着正(或负)方向进给的进给脉冲指令

出现个别负(或正)方向补偿脉冲进给指令

经加减脉冲分配电路之后的正(或负)方向进给的进给脉冲指令

图 5-31　正沿着一个方向进给时出现个别相反方向的进给脉冲指令

在实际的机床进给控制中,这些与正在进给方向相反的个别脉冲指令的出现,意味着执行元件(即步进电动机)正在沿着一个方向旋转时,再向相反的方向旋转极个别步距角。根据步进电动机的工作原理可知,要做到这一点,必须首先使步进电动机从正在旋转的方向静止下来,然后才能向相反的方向旋转,待旋转极个别步距角后,再恢复至原来的方向继续旋转进给。这从机械加工工艺性方面来看是不允许的,即便是允许,控制线路也相当复杂。一般采用的方法是,从正在进给方向的进给脉冲指令中抵消相同数量的相反方向补偿脉冲,如图 5-31 所示。这正是加减脉冲分配电路的功能和作用。

3) 加减速电路(又称自动升降速电路)

根据步进电动机加减速特性,进入步进电动机定子绕组的电平信号的频率变化要平滑,而且应有一定的时间常数,但由加减脉冲分配电路来的进给脉冲频率的变化是有跃变的。因此,为了保证步进电动机能够正常、可靠地工作,此跃变频率必须首先进行缓冲,使之变成符合步进电动机加减速特性的脉冲频率,然后再送入步进电动机的定子绕组,加减速电路就是为此而设置的。图 5-32 所示为一种加减速电路的原理框图。

该加减速电路由同步器、可逆计数器、数模转换线路和 RC 变频振荡器四部分组成。同步器的作用是使得进给脉冲 P_a(其频率为 f_a)和由 RC 变频振荡器来的脉冲 P_b(其频率是 f_b)不会在同一时刻出现,以防止 P_a 和 P_b 同时进入可逆计数器,使可逆计数器在同一时刻既做加法又做减法,产生技术错误,RC 变频振荡器的作用是将经数模转换器输出的电压信

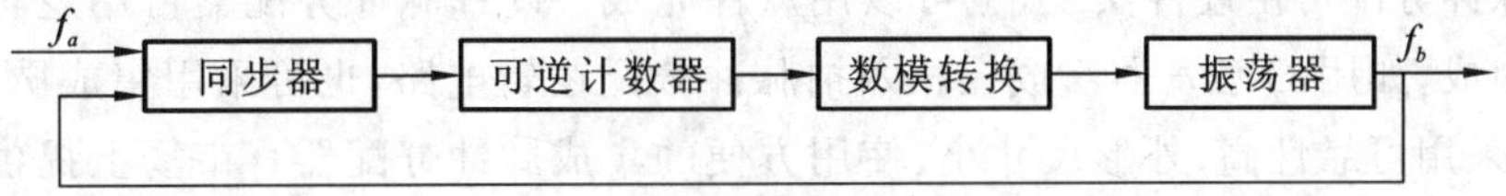

同步器 → 可逆计数器 → 数模转换 → 振荡器

图 5-32　加减速电路原理框图

号转换成脉冲信号,脉冲的频率与电压值的大小成正比。可逆计数器是既可做加法计数又可做减法计数的计数器,但不允许在同一时刻既做加法又做减法。数模转换线路的作用是将数字转换为模拟器。

系统工作前,先将可逆计数器清"0",振荡器输出脉冲的频率 $f_b = 0$。

进给开始时,进给脉冲的频率 f_a 由 0 跃变到 f_1,而 $f_b = 0$,可逆计数器的存数 i 以 f_1 变化、增长。但由于开始时,计数器内容为 0,RC 变频振荡器输出脉冲的频率 f_b 也就由 0 以对应于计数器存数增长的速度逐渐增大,f_b 增长以后,又反馈回去使可逆计数器做减法计数,抑制计数器存数的增长,计数器存数 i 增长速度减小之后,振荡器输出脉冲的频率 f_b 增加的速度也随之减少,经时间 t_1 后,$f_a = f_b(f_1 = f_2)$,达到平衡,这就是升速过程。

在 $f_a = f_b$ 后,计数器存数 i 增长速度为 0,即存数不变,因而振荡器的频率也稳定下来,此过程是匀速过程。

若经过一段时间 t_2 后,进给脉冲由 f_1 突变为 0,计数器的存数便以 $f_b = f_1$ 的频率下降,相应地,振荡器输出的脉冲频率 f_b 随之下降,直到计数器为 0,$f_b = 0$,步进电动机停止运转,这个过程是降速过程。

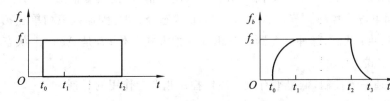

图 5-33　加减速电路输入/输出特性曲线

在整个升速、匀速和降速过程中,进给脉冲 P_a 使可逆计数器做加法计数,RC 变频振荡器的输出脉冲 P_b 使可逆计数器做减法计数,而最后计数器的内容为 0,故进给脉冲 P_a 的个数和 RC 变频振荡器的输出脉冲 P_b 的个数相等。由于 RC 变频振荡器输出的脉冲 P_b 是进入步进电动机的工作脉冲,因此,经过该加减速电路保证不会产生丢步。图 5-33 所示是加减速电路输入输出特性曲线。

4) 开环步进伺服系统的脉冲分配器

(1) 硬件脉冲分配器。

图 5-26 中,脉冲信号源是一个脉冲发生器,脉冲的频率可以连续调整,送出的脉冲个数和脉冲频率由控制信号进行控制。在 CNC 系统中,由数控装置根据程序控制脉冲个数和脉冲频率。脉冲分配器是将脉冲信号按一定顺序分配,然后送到驱动电路中并进行功率放大,驱动步进电动机工作。

在开环步进伺服系统步进电动机各励磁绕组按一定节拍,依次轮流通电工作,为此,需将控制脉冲按规定通电方式分配到定子各励磁绕组中。完成脉冲分配的功能元件称为脉冲分配器。脉冲分配可由硬件实现,也可以用软件完成。硬件脉冲分配器可用逻辑元件及其逻辑电路构成,如用 D 触发器组成三相六拍脉冲分配逻辑电路,也可采用集成脉冲分配器。目前,大多采用可靠性高、外形尺寸小、使用方便的集成脉冲分配器。市场上提供的国产脉冲分配器有三相、四相、五相和六相,它们的型号分别是 YB 013、YB 014、YB 015 及 YB 016。YB 系列脉冲分配器均为 18 个管脚的直插式扁平封装的芯片。

图 5-34(a)是 YB 013 芯片的引线图,各管脚功能如下。

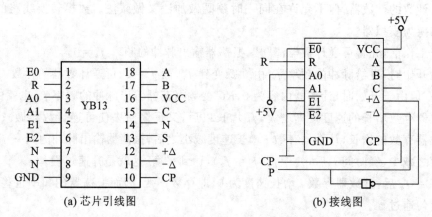

(a) 芯片引线图   (b) 接线图

图 5-34   YB 013 三相六拍接线图

E0:选通输出控制,低电平有效。控制脉冲分配器是否输出顺序脉冲。

$\overline{R}$:清零,低电平有效。输出脉冲前,对脉冲分配器清零,使其正常工作。

A0、A1:通电方式控制。若是 A0=0、A1=0 状态,脉冲分配器以三相单三拍方式工作;若是 A0=0、A1=1 状态,脉冲分配器以三相双三拍方式工作;若是 A0=1 状态,脉冲分配器以三相六拍方式工作。

$\overline{E1}$、$\overline{E2}$:选通输入控制,低电平有效。决定控制指令起作用的时刻。

CP:时钟输入。

△:正、反转控制端。决定步进电动机旋转方向。

S:出错报警输出。某控制信号出错或脉冲分配器出错时,该端口发出报警信号。

图 5-34(b)是 YB 013 三相六拍接线图。图中 R 是清零信号,低电平清零,恢复高电平时,脉冲分配器工作。时钟 CP 的上升沿使脉冲分配器改变输出状态,因此 CP 的频率决定了步进电动机的转速。P 端控制步进电动机的转向:P=1 时,为正转;P=0 时,为反转。

(2) 软件脉冲分配器。

为了提高脉冲分配器的灵活性,也可用软件来实现环形脉冲分配器。图 5-35 所示为 89C51 单片机与步进电动机驱动电路的接口框图。P1 口的三个引脚经过光电隔离后,将节拍脉冲信号加到驱动电路的输入端,从而控制三相绕组的通电顺序。一般采用查表法编写脉冲分配程序,即按步进电动机通电顺序,求出脉冲输出状态字的状态表,并将其存入 EPROM 中,然后根据步进电动机的运转方向,按表地址正向或反向地取出该地址中的状态字进行输出,即可控制步进电动机正向或反向地旋转起来。

5) 功率放大器

从环形分配器来的进给控制信号的电流只有几毫安,而步进电动机的定子绕组需要几

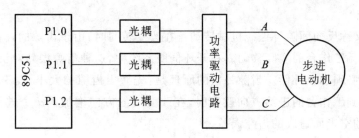

图 5-35 单片机控制的三相
步进电动机驱动电路框图

安培的电流,因此,需要对从环形分配器来的信号进行功率放大。功率放大器一般由两部分组成,即前置放大器和大功率放大器。前者是为了放大环形分配器送来的进给控制信号并推动大功率驱动部分而设置的。它一般由几级反相器、射极跟随器或带脉冲变压器的放大器组成。在以快速可控硅或可关断可控硅作为大功率驱动元件的场合,前置放大器还包括控制这些元件的触发电路。大功率驱动部分进一步将前置放大器送来的电平信号放大,得到步进电动机各相绕组所需要的电流。它既要控制步进电动机各相绕组的通断电,又要起到功率放大的作用,因而是步进电动机驱动电路中很重要的一部分。这一般采用大功率晶体管、快速可控硅或可关断可控硅来实现。

3. 提高步进式伺服驱动系统精度的措施

步进式伺服驱动系统是一个开环系统,在此系统中,步进电动机的质量、机械传动部分的结构和质量以及控制电路的完善与否,均影响到系统的工作精度。要提高系统的工作精度,应从这几个方面考虑:如改善步进电动机的性能,减少步距角;采用精密传动副,减少传动链中传动间隙等,但这些因素往往由于结构和工艺的关系而受到一定的限制。为此,需要从控制方法上采用一些措施,弥补其不足。

1)细分线路

所谓细分电路,是把步进电动机的一步再分得细一些。如十细分线路,将原来输入一个进给脉冲步进电动机走一步变为输入 10 个脉冲才走一步。换句话说,采用十细分线路后,在进给速度不变情况下,可使脉冲单量缩小到原来的 1/10。

若无细分,定子绕组的电流是由零跃升到额定值的,相应的角位移如图 5-36(a)所示。采用细分后,定子绕组的电流要经过若干小步的变化,才能达到额定值,相应的角位移如图 5-36(b)所示。

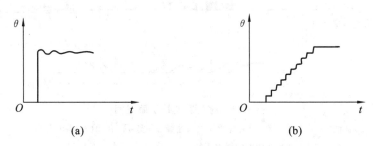

图 5-36 加减速电路输入/输出特性曲线

2）齿隙补偿

齿隙补偿又称反向间隙补偿。机械转动链在改变转向时,由于齿隙的存在,会造成步进电动机空走,而无工作台的实际移动。在开环伺服系统中,这种齿隙误差对机床加工精度具有很大的影响,必须加以补偿。齿隙补偿的原理是:先撤出齿隙的大小,设为 Nd;在加工过程中,每当检测到工作台的进给方向改变时,在改变后的方向增加 Nd 个进给脉冲,以克服因步进电动机的空走而造成的齿隙误差。

3）螺距误差补偿

在步进式开环伺服驱动系统中,丝杠的螺距累积误差直接影响着工作台的工作精度,若想提高开环伺服驱动系统的精度,就必须予以补偿。补偿原理如图 5-37 所示。通过对丝杆的螺距进行实测,得到丝杆全过程的误差分布曲线。当误差为正时,表明实际的移动距离大于理论的移动距离,应该采用扣除进给脉冲指令的方式进行误差补偿,使步进电动机少走一步;当误差为负时,表明实际移动距离小于理论的移动距离,应该采用增加进给脉冲指令的方式进行误差补偿,使进步电动机多走一步。具体的做法是:

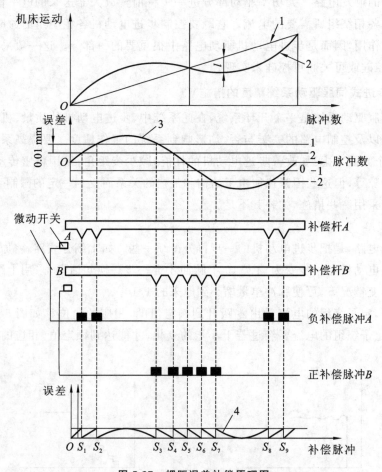

图 5-37　螺距误差补偿原理图

曲线 1—理想的移动(没有螺距误差);曲线 2—实际的移动(有螺距误差);

曲线 3—补偿前的误差曲线;曲线 4—补偿后的误差曲线

（1）安置两个补偿杆，分别负责正误差和负误差的补偿；

（2）在两个补偿杆上，根据丝杆全程的误差分布情况及所上述螺距误差的补偿原理，设置补偿开关或挡板；

（3）当机床工作台移动时，每当安装在机床上的微动开关与挡板接触一次，就发出一个误差补偿信号，对螺距误差进行补偿，以消除螺距的积累误差。

5.3.2 相位比较伺服系统

相位比较伺服系统是在数控机床中使用较多的一种半闭环或闭环伺服系统，相对于开环伺服系统，具有精度高、工作可靠、抗干扰性强等优点。但由于它增加了位置检测、反馈、比较等元件，与开环步进式伺服系统相比，它的结构比较复杂，调试也比较困难。

1. 相位比较伺服系统的组成及工作原理

1）相位比较伺服系统的基本组成

图 5-38 所示是相位比较伺服系统方框图，它主要由六部分组成，即基准信号发生器、脉冲调相器、检测装置及信号处理电路、鉴相器、驱动电路和执行元件。

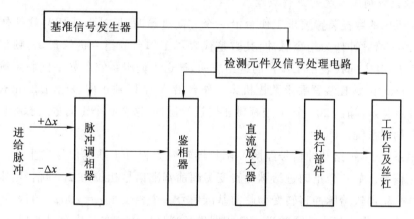

图 5-38 鉴相式伺服系统原理框图

基准信号发生器输出的是一列具有一定频率的脉冲信号，其作用是为伺服系统提供一个相位比较基准。

脉冲调相器又称为脉冲-相位变换器，它的作用是将数控装置的进给脉冲信号转换为相位变化信号，该相位变化信号可用正弦信号表示，也可用方波信号表示。若数控装置没有进给脉冲输出，脉冲调相器的输出与基准信号发生器的基准信号同相位，即两者没有相位差。若数控装置有进给脉冲输出，数控装置每输出一个正向或反向进给脉冲，脉冲调相器的输出将超前或滞后基准信号一个相应的相位角 φ_1。若该数控装置输出了 n 个正向进给脉冲，则脉冲调相器的输出将超前基准信号一个相位角 $\varphi = n\varphi_1$。

检测装置及信号处理电路的作用是将工作台的位移量检测出来，并表达成与基准信号之间的相位差。例如，当检测装置是旋转变压器时，若以基准信号作为定子绕组的励磁信号，以鉴相方式工作的旋转变压器的输出正是与基准信号成一相位差的正弦信号，设该相位差为 θ，θ 的大小代表了工作台的位移量。

鉴相器的输入信号有两路：一路是来自脉冲调相器的指令进给信号；另一路是来自检测装置及信号处理电路的反馈信号，它代表了工作台的实际位移量。这两路信号都是用它们与基准信号之间的相位差来表示，且同频率、同周期。当工作台实际移动的距离小于进给脉冲要求的距离时，这两个信号之间便存在一个相位差，这个相位差的大小就代表了工作台实际移动距离与进给脉冲要求的距离之差，鉴相器就是鉴别这个误差的电路，它的输出是与此相位差成正比的电压信号。

鉴相器的输出一般比较微弱，不能直接驱动执行元件，需进行电压、功率放大，然后再去驱动执行元件。此外，当执行元件为宽调速直流电动机时，需要用可控硅电路驱动，故鉴相器的输出首先进行电压、功率放大，然后再送入可控硅驱动电路，由可控硅驱动电路驱动宽调速直流电动机。驱动电路的任务就是将鉴相器的输出进行电压、功率放大。如果有必要，再进行信号转换，转换成驱动执行元件所需的形式。驱动电路的输出与鉴相器的输出成比例。

执行元件的作用是实现电信号和机械位移的转换，它将驱动电路输出的代表工作台指令进给量的电信号转换为工作台的实际进给，直接带动工作台移动。它通常安装在丝杠上。

2）相位比较伺服系统的工作原理

当数控机床的数控装置要求工作台沿一个方向进给时，插补器或插补软件便产生一列进给脉冲，该进给脉冲作为指令脉冲，其数量代表了工作台的指令进给量，其频率代表了工作台进给速度，其方向代表了工作台的进给方向，被送入伺服系统。如果伺服系统的脉冲当量为 0.001 mm/p，数控装置要求数控机床工作台沿 X 坐标轴正向进给 0.2 mm，那么数控装置经插补运算，将输出 200 个 X 坐标轴正向进给脉冲，这 200 个正向进给脉冲作为指令信号就被送入伺服系统。

在伺服系统中，进给脉冲信号经脉冲调相器转变为相对于基准信号发生器的基准信号的相位变化信号。如一个正向进给脉冲转变为超前基准信号相位角 φ_1 的信号，则来自数控装置的 200 个正向进给脉冲将转变为超前基准信号一个相位角 $\varphi = 200\varphi_1$ 的信号，该信号代表了进给脉冲，它作为指令信号被送入鉴相器进行相位比较。在工作台进给以前，因工作台没有位移，故检测装置及信号处理电路的输出与基准信号同相位，即两者的相位差 $\theta = 0$，该相位信号作为反馈信号也被送入鉴相器。

在鉴相器中，由于指令信号和反馈信号都是相对于基准信号的相位变化信号，因此它们之间的相位差就等于指令信号相对于基准信号的相位差 φ 减去反馈信号相对于基准信号的相位差 θ，即 $\varphi - \theta$，称为跟随误差。此时，因指令信号相对于基准信号超前了 $200\varphi_1$，而反馈信号与基准信号同相位，因而指令信号超前反馈信号 $200\varphi_1$，即 $\varphi - \theta = 200\varphi_1$。鉴相器将该相位差检测出来，并作为跟随误差信号送入驱动电路，由驱动电路依照其大小驱动执行元件拖动工作台移动，使工作台正向进给。

工作台正向进给之后，检测装置检测出此进给位移，并经信号处理电路转变为超前基准信号一个相位角的信号。该信号再次进入鉴相器与指令信号进行比较，若 $\theta \neq \varphi$，说明工作台实际移动的距离不等于指令信号要求它移动的距离，鉴相器将 φ 和 θ 的差值检测出来，送入驱动电路，驱动执行元件继续拖动工作台进给；若 $\theta = \varphi$，则说明工作台移动的距离等于指令信号要求它移动的距离，鉴相器的输出 $\varphi - \theta = 0$，驱动电路停止驱动执行元件拖动工作台进给。如果数控装置又发出了新的进给脉冲,伺服系统按上述循环过程继续工作。从伺服系统的工作过程可以看出,它实际上是一个自动调节系统。

若数控机床同时沿几个坐标轴方向进给,则每个坐标轴方向配备一套这样的相位比较伺服系统。

从相位比较伺服系统的框图(见图 5-39)可以看出,选用不同的检测装置,其工作原理和输出信号的形式不同。如旋转变压器的输出信号是正弦信号,而光栅的输出信号经处理后一般为方波信号。旋转变压器需要一组基准励磁电压信号,而光栅则不需要任何励磁信号,只是在信息处理时,需要一个基准脉冲信号。此外,考虑到系统的整体结构和简化鉴相器结构,当检测装置的输出是方波信号时,脉冲调相器的输出也设计成方波形式,两方波信号在鉴相器中比较;若检测装置的输出是正弦信号,则要将该正弦信号转换成方波信号或将脉冲调相器输出的方波信号整形成正弦信号,以保证相同形式的信号在鉴相器中进行比较。所以,选用的检测装置不同,相位比较伺服系统的构成也不同。另外,不同的执行元件也将使系统的构成有所不同。

图 5-39 是一个使用旋转变压器作为检测元件的半闭环相位比较伺服系统原理框图,它由脉冲-相位变换器、鉴相器、位置调节器、速度控制单元、检测元件(旋转变压器)及执行元件(伺服电动机)等组成,旋转变压器工作在相位方式。

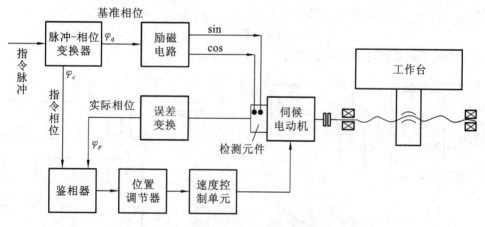

图 5-39 由旋转变压器组成的半闭环鉴相式伺服系统框图

2. 脉冲调相器

脉冲调相器的作用是将输入的指令脉冲数变换成相位位移信号,再供给鉴相器。脉冲调相器的原理框图如图 5-40 所示。基准信号发生器发出的时钟频率 f_0 分为两路,一路经分频器 1 进行 N 分频后产生基准信号 $f(\varphi_0)$,供给旋转变压器的励磁电路,再经 90° 移相产生两个同频率、同幅值但相位相差 90° 的励磁信号,给旋转变压器的两个定子绕组励磁。

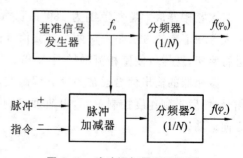

图 5-40 脉冲调相器原理框图

f_0 的另一路信号在脉冲加减器中受指令脉冲的调制,每当一个正向指令脉冲输入时,便向

f_0脉冲列中插入一个脉冲(在时间上不重合),每当一个负向指令脉冲输入时,便从f_0脉冲列中减去一个脉冲,然后经分频器 2 进行 N 分频产生指令信号 $f(\varphi_c)$,供给鉴相器作为指令相位。分频器的分频系数 N 取决于检测系统的分辨率。

3. 鉴相器

鉴相器又称相位比较器,它的作用是鉴别指令信号与反馈信号的相位,判别两者之间的相位差,把相位的偏差转换成一个带极性的误差电压信号,作为位置指令供给位置调节器。鉴相器的结构形式很多,在普通相位系统中,需鉴的信号为正弦波时,常用模拟电路组成的鉴相器;在数字脉冲鉴相系统中,需鉴相的信号呈方波形式,常用触发器鉴相器、半加器鉴相器和数字鉴相器等。

图 5-41 为不对称触发的双稳态触发器电路的鉴相器。鉴相器的输入信号有两路,一路是来自脉冲-相位变换器的指令信号 P_A;另一路是来自测量元件的反馈信号 P_B。用 P_A 与 P_B 两个方波的后沿分别控制触发器的两个触发端,当两者正好相差 $180°$ 时,从电平转换器输出的是对称方波,且正负幅值对零电位也对称,经低通滤波器输出的直流平均电压为零。若反馈信号超前于指令信号,则输出方波为正值窄、负值宽,其电压平均值为一负电压 $-\Delta U$;反之,当反馈信号滞后于指令信号,则输出方波为正值宽、负值窄,其电压平均值为一正电压 $+\Delta U$。从输出特性可以看出,相位差 $\Delta\varphi$ 与误差电压 ΔU 呈线性关系。该鉴相器的灵敏度为

$$K_d = E_r / 180° \qquad (5-5)$$

式中,E_r 为电平转换器输出方波的幅值。

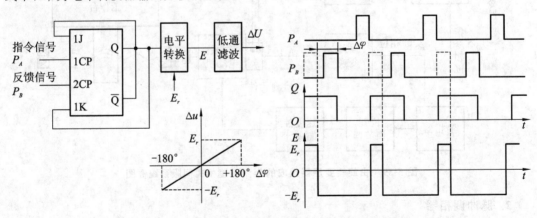

图 5-41 不对称触发的双稳态触发器电路的鉴相器

该鉴相器最大鉴相范围为 $180°$,超过这个范围就会产生失步,因此需要扩大鉴相范围。扩大鉴相范围的方法是先对两个方波信号进行 N 倍分频,使其相位差也减小 N 倍,然后再进行鉴相,这样可使鉴相范围扩大 N 倍。

鉴相器的输出信号通常为脉宽调制波,需经低通滤波器滤去高次谐波,得到平滑的电压信号,然后送到速度控制单元,由速度控制单元驱动伺服电动机,带动工作台向消除误差的方向运动。

5.3.3　幅值比较伺服系统

1. 幅值比较伺服系统的组成及工作原理

幅值比较伺服系统是以位置检测信号的幅值大小来反映机械位移的数值,并以此作为位置反馈信号与指令信号进行比较的控制系统。图 5-42 是幅值比较伺服系统的原理框图。该系统由位置检测元件、鉴幅器、数/模转换器、电压-频率变换器、励磁电路、比较器、伺服放大器等部分组成。

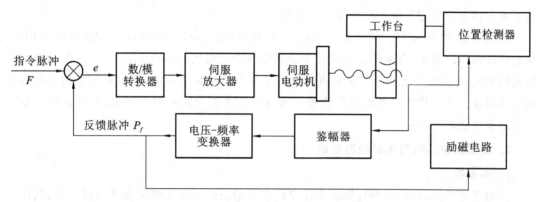

图 5-42　幅值比较伺服系统的原理框图

它与相位比较伺服系统的主要区别有两点:一是它的位置测量元件是以鉴幅式工作状态进行工作的,因此可用于幅值比较伺服系统的测量元件有旋转变压器和感应同步器;二是比较器所比较的是数字脉冲量,而与之对应的相位比较伺服系统的鉴相器所比较的是相位信号,故在幅值比较伺服系统中,不需要基准信号,两数字脉冲量可直接在比较器中进行脉冲数量的比较。

图 5-42 中,位置检测装置采用了直线感应同步器,其工作状态为幅值工作方式。在其滑尺上的正弦绕组、余弦绕组分别输入频率相同、相位相同、幅值不同的正弦电压,其在定尺上产生的感应电势为 $U_0=KU_\mathrm{m}\sin\omega t\sin(\varphi-\theta)$, φ 为此时测量元件励磁信号的电气角, θ 为空间相位角, U_0 的幅值 $U_{0\mathrm{m}}$ ($U_{0\mathrm{m}}=U_\mathrm{m}\sin(\varphi-\theta)$) 代表工作台实际移动的距离。

在幅值比较系统中,由鉴幅器检测出表示 φ 和 θ 相对关系的定尺输出幅值,经过电压-频率变换后得到相应的数字反馈脉冲 P_f,在比较器中与指令脉冲 F 比较,比较后的偏差 e 是一个数字量,经数/模转换变成模拟量以驱动工作台的运动。下面举例说明幅值比较的闭环控制过程。

首先,假设整个系统处于平衡状态,即工作台静止不动,指令脉冲 $F=0$,有 $\varphi=\theta$,经鉴幅器检测定尺感应电压幅值为零,由电压-频率变换电路所得的反馈脉冲 P_f 也为零,因此,比较环节对 F 和 P_f,比较的结果所输出的位置偏差 $e=F-P_f=0$,后续的伺服电动机调速装置的速度给定为零,工作台继续处于静止位置。

然后,若设插补器送入正的指令脉冲, $F>0$。在工作台尚未移动前, φ 和 θ 均没有变化仍保持相等,所以反馈脉冲 P_f 也为零,因此,经比较环节可知偏差 $e=F-P_f>0$。该值经数/模转换就可以变成后续调速系统的速度给定信号(模拟量),控制伺服电动机使工作台向

正方向移动。从此,空间相位角 θ 不断增大,使 $\theta-\varphi>0$,定尺感应电势幅值 $|U_{0m}|>0$,经鉴幅器和电压-频率变换器转换成相应的反馈脉冲 P_f。按照负反馈的原则,随着 P_f 的出现,偏差 e 逐渐减小,直至 $e=F-P_f=0$,系统在新的指令位置达到平衡。

但必须指出的是:由于工作台的移动,空间相位角 θ 发生变化,若 φ 角不跟随发生相应变化,虽然工作台在向指令位置靠近,但 $\theta-\varphi$ 的差值反而进一步扩大了,这不符合系统设计要求。为此,应把反馈脉冲 P_f 同时也输入定尺励磁电路中,以修改电气角 φ 的设定输入,使 φ 角跟随 θ 变化。一旦指令脉冲 F 重新为零,反馈脉冲 P_f 方面应使比较环节的可逆计数器减到零,令偏差 $e=F-P_f$ 趋近于 0;另一方面也应使 φ 角增大,使 $\theta-\varphi$ 趋近于 0,以便在新的平衡位置上定尺感应电势幅值 $|U_{0m}|$ 趋近于 0。

若指令脉冲 F 为负时,整个系统的检测、比较判别以及控制过程与 F 为正时基本相同。从上述过程可以看出,在幅值比较系统中励磁信号中的电气角 φ 由系统设定,并跟随工作台的进给发生被动的变化。这个 φ 值可以作为工作台实际位置的测量值,并通过数显装置将其显示出来。当工作台在进给后到达指令所规定的平衡位置并稳定下来,数显装置所显示的是指令位置的实测值。

2. 幅值比较伺服系统的控制电路

1) 鉴幅器

由幅值比较原理可知,感应同步器定尺绕组的输出是一个正弦交变的电压信号,其幅值 U_{0m} 与 $(\theta-\varphi)$ 的正弦值成正比。其实,只有当 $(\theta-\varphi)$ 在 $-90°\sim90°$ 范围内,该幅值的绝对值 $|U_{0m}|$ 才与 $|\sin(\theta-\varphi)|$ 成正比,而幅值的符号由 $(\theta-\varphi)$ 的符号决定,它表示指令位置与实际位置之间超前或滞后的关系,θ 与 φ 的差值越大,表明位置的偏差越大。

鉴幅器的作用就是要把感应同步器定尺绕组输出的正弦交变电压信号转化成相应的直流电压信号。

图 5-43 所示为一个实用数控伺服系统中实现鉴幅功能的鉴幅器原理图。图中 E_0 是由感应同步器定尺绕组输出的交变电动势,其中包含了丰富的高次谐波和干扰信号。低通滤波器 I 的作用是滤除谐波的影响和获得与励磁信号同频的基波信号。例如,若励磁频率为 800 Hz,则可采用 1000 Hz 的低通滤波器。运算放大器 A_1 为比例放大器,A_2 则为 $1:1$ 倒相器。K_1、K_2 是两个模拟开关,分别由一对互为反相的开关信号 $\overline{SL}$ 和 SL 实现通断控制,其开关频率与输入信号相同。由这一组器件(A_1、A_2、K_1、K_2)组成了对输入的交变信号的全波整流电路,即在 $0\sim\pi$ 的前半周期中,SL$=1$,K_1 接通,A_1 的输出端与鉴幅输出部分相连;在 $\pi\sim$ 2π 的后半周期中,$\overline{SL}=1$,K_2 接通,输出部分与 A_2 相连。这样,经整流所得的电压 U_E 将是一个单向脉动的直流信号。低通滤波器的 II 的上限频率设计成低于基波频率,在此可设为 600 Hz,则所输出的 U_F 是一个平滑的直流信号。

图 5-44 所示为当输入的转子感应电动势 E_0 分别在工作台做正向或反向进给时,开关信号 SL、脉动的直流信号 U_E 和平滑直流输出 U_F 的波形图。由图 5-44 中可知,鉴幅器输出电压信号 U_F 的极性表示工作台进给的方向,U_F 绝对数值的大小反映了 θ 与 φ 的差值。

2) 电压-频率变换器

电压-频率变换器是将鉴幅器的输出电压信号 U_F 变成相应的脉冲序列,脉冲的方向用符号寄存器的输出表示。电压-频率变换器的输出一方面作为工作台的实际位移被送到鉴

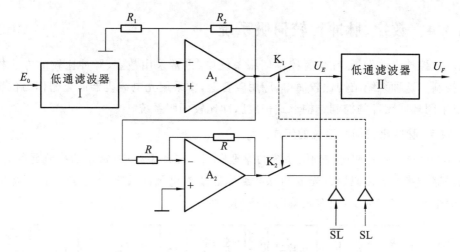

图 5-43 鉴幅器的原理框图

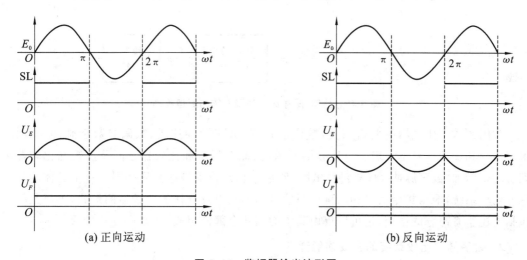

(a) 正向运动　　　　　　　　　　　(b) 反向运动

图 5-44 鉴幅器输出波形图

幅系统的比较器,另一方面作为激磁信号的电气角 φ 被送到励磁电路。

3) 励磁电路

励磁电路的任务是根据电压-频率变换器输出脉冲的多少和方向,生成测量元件的激磁信号 U_s 和 U_c,即:$U_s = U_m \sin\varphi \sin\omega t$,$U_c = U_m \cos\varphi \cos\omega t$。其中,$\varphi$ 的大小由脉冲的多少和方向决定;U_s 和 U_c 的频率和周期可根据要求用基准信号的频率和计数器的位数调整、控制。

4) 比较器

鉴幅系统比较器的作用是对指令脉冲和反馈脉冲信号进行比较。一般来说,来自数控装置的指令脉冲信号可以是以下两种形式:第一种是用一条线路传递进给的方向,一条线路传递进给脉冲;第二种是用一条线路传递正向进给脉冲,另一条线路传递反向进给脉冲。此处来自测量元件信号处理电路的反馈脉冲信号是采用第一种形式表示的。进入比较器的脉冲信号形式不同,比较器的构造也不相同。

5) 数/模转换器

数/模转换器也称脉宽调制器,它的任务是把比较器的数字量转变为电压信号。

5.3.4 数字、脉冲比较伺服系统

随着数控技术的发展,在位置控制伺服系统中,也常采用数字、脉冲比较的方法构成位置闭环控制。这种系统结构比较简单,应用较普遍,常采用光电编码器或光栅作为位置检测装置,以半闭环或闭环的控制结构形式构成脉冲比较伺服系统。

1. 数字、脉冲比较伺服系统的组成

图 5-45 为数字、脉冲比较伺服系统的原理框图。在此系统中,常用的检测元件是光栅、脉冲编码器和绝对式编码器。光栅和脉冲编码器能提供脉冲数字量,而绝对编码器能提供数字代码信号。在实际中,绝对式编码器应用较少。

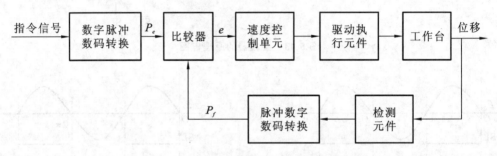

图 5-45 数字、脉冲比较伺服系统的原理框图

常用的数字比较器主要有三类:数码比较器、数字脉冲比较、数码与数字脉冲比较器。由于指令和反馈信号不一定适合比较的要求,因此在指令和比较器之间及反馈和比较器之间有时要增加"数字脉冲-数码转换"电路,使指令和比较信号的性质相同。一个具体的数字脉冲比较系统,根据指令信号和测量反馈信号的形式以及选择的比较器的形式,可以是一个包括上述所有部分的系统,也可以仅由其中的某几个部件组成。

2. 数字脉冲比较系统的主要功能部件

1) 数字脉冲-数码转换器

(1) 数字脉冲转换为数码。

对于数字脉冲转化为数码来说,最简单的实现方法可用一个可逆计数器,它将输入的脉冲进行计数,以数码值输出。根据对数码形式的要求不同,可逆计数器可以是二进制的、二—十进制的或其他类型的计数器,图 5-46 是由两个二—十进制可逆计数器组成的数字脉冲-数码转换器。

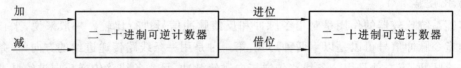

图 5-46 数字脉冲转换为数码框图

(2) 数码转换为数字脉冲。

对于数码转化为数字脉冲来说,常用的有两种方法。第一种方法是采用减法计数器组成的线路(见图 5-47),先将要转换的数码置入减法计数器,当时钟脉冲 CP 到来之后,一方

面使减法计数器做减法计数,另一方面进入与门。若减法计数器的内容不为"0",该 CP 脉冲通过与门输出,若减法计数器的内容变为"0",则与门被关闭,CP 脉冲不能通过。计数器从开始计数到减为"0"这段时间内,刚好有与置入计数器中数码等值的数字脉冲从与门输出,从而实现数码-数字脉冲的转换。第二种方法是用一个脉冲乘法器,数字脉冲乘法器实质上就是将输入的二进制数码转化为等值的脉冲个数输出,其示意图如图 5-48 所示。

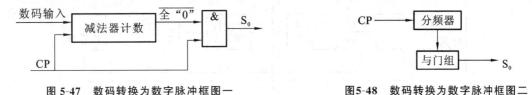

图 5-47　数码转换为数字脉冲框图一　　　　　　图 5-48　数码转换为数字脉冲框图二

2）比较器

在数字脉冲比较系统中,使用的比较器有多种结构,根据其功能可分为两类:一是数码比较器;二是数字脉冲比较器。在数码比较器中,比较的是两个数码信号,而输出可以是定性的,即只指出参加比较的数谁大谁小;也可以是定量的,指出参加比较的数谁大,大多少。在数字脉冲比较器中,常用方法是带有可逆回路的可逆计数器。比较器的输出反映了指令信号和反馈信号的差值以及差值的方向。将这一输出信号放大后,控制执行元件。执行元件可以是伺服电动机、液压伺服马达等。

3. 数字、脉冲比较伺服系统工作原理

现以一个采用脉冲编码器作测量元件的系统为例,说明数字、脉冲比较伺服系统的工作原理。脉冲编码器的工作轴与伺服电动机的轴同轴连接,随着电动机的转动,编码器产生脉冲序列输出,其脉冲的频率随转速的快慢而升降。现设工作台处于静止状态,反馈脉冲 P_f 为零,若指令脉冲 $P_e = 0$,经比较器比较,输出偏差 $e = P_e - P_f = 0$,则伺服电动机的速度给定为零。随着指令脉冲的输出,$P_e \neq 0$,在工作台尚未移动之前 P_f 仍为零,比较器比较的结果为:输出偏差 $e = P_e - P_f \neq 0$。若指令脉冲为正向脉冲,则 $e > 0$,由速度控制单元驱动伺服电动机带动工作台正向进给。随着伺服电动机运转,反馈脉冲 P_f 送入比较器,与指令脉冲 P_e 进行比较,如 $e \neq 0$ 则继续运动,反馈脉冲数也增大,直到 $e = P_e - P_f = 0$,工作台停在指令规定的位置上。当继续给指令脉冲时,重复以上工作过程。当指令脉冲为反向脉冲时,$e = P_e - P_f < 0$,工作过程类似。

5.3.5　全数字控制伺服系统的概述

1. 全数字伺服系统的构成与原理

在数控机床的伺服系统中,需要对位置环、速度环和电流环的控制信息进行处理。根据这些信息是用软件处理还是用硬件处理,可以将伺服系统分为全数字式和混合式。

混合式伺服系统的位置环用软件控制,速度环和电流环用硬件控制。在混合式伺服系统中,位置环控制在数控系统中进行,由 CNC 插补得出位置指令值,并由位置采样输入实际值,用软件求出位置偏差,经软件位置调节后得到速度指令值,经 D/A 转换后作为速度控制单元(伺服驱动装置)的速度给定值(通常为模拟电压 $-10\text{ V} \sim +10\text{ V}$),并在驱动装置中经速度和电流调节后,经功率驱动控制伺服电动机转速及转向。

全数字伺服系统中,由位置、速度和电流构成的三环全部数字化信息都反馈到计算机,由软件处理。系统的位置、速度和电流的校正环节采用 PID 控制,它的 PID 控制参数 K_P、K_I、K_D 可以设定,并自由改变。如图 5-49 所示。

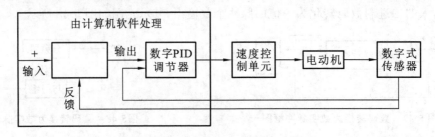

图 5-49　全数字伺服系统原理框图

CNC 与伺服驱动之间通过通信联系,传递如下信息:位置指令和实际位置,速度指令和实际速度,扭矩指令和实际扭矩,伺服系统及伺服电动机参数,伺服状态和报警,控制方式命令等。

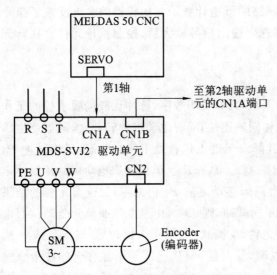

图 5-50　三菱全数字交流伺服系统

图 5-50 为三菱 MELDAS 50-CNC 数控系统、MDS-SVJ 伺服驱动单元和伺服电动机组成的全数字式伺服系统。

图 5-50 中,CNC 与驱动单元通过总线进行通信。CNC 将处理结果通过 SERVO 端口输出位置控制指令至第 1 轴驱动单元的 CN1A 端口,伺服电动机上的脉冲编码器将位置检测信号反馈至驱动单元的 CN2 端口,在驱动单元中完成位置控制。

由于采用总线通信,第 2 轴的位置信号由第 1 轴驱动单元上的 CN1B 端口输出至第 2 轴驱动单元上的 CN1A 端口来完成。

2. 全数字式伺服系统的特点

传统的伺服系统是根据反馈控制原理来设计的,很难达到无跟随误差控制,也难同时达到高速度和高精度的要求。全数字伺服系统利用计算机的硬件和软件技术,采用新的控制方法改善系统的性能,可同时满足高速度和高精度的要求。

(1)系统的位置、速度和电流的校正环节 PID 控制由软件实现。

(2)具有较高的动、静态特性。在检测灵敏度、时间温度漂移、噪声及外部干扰等方面都优于混合式伺服系统。

(3)引入前馈控制,实际上构成了具有反馈和前馈的复合控制的系统结构,图 5-51 为某全数字式伺服系统的前馈控制框图。这种系统可以补偿一部分由于某干扰量引起的静态位置误差、速度与加速度误差,从而提高系统的控制精度。

（4）由于全数字伺服系统采用总线通信方式,可极大地减少连接电缆,便于机床安装和维护,提高系统的可靠性。

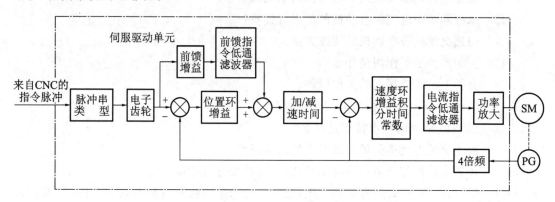

图 5-51　全数字式伺服系统的前馈控制框图

当前,数字式交流伺服系统在数控机床的伺服系统中得到了越来越广泛的应用。模拟式交流伺服系统只能接受模拟电压指令信号,功能上具有简单的指示灯光显示(如伺服正常、伺服报警等),缺乏丰富的自诊断、自测量及显示功能(如显示电流值、指令值及故障类别等),控制参数用可调电位器调节。与模拟式交流伺服系统相比,数字式交流伺服系统可做速度、力矩和位置控制,可接受模拟电压指令信号和脉冲指令,并自带位置环,具有较丰富的自诊断、报警功能。根据不同类型的数字式交流伺服系统,各种控制参数,以数字方式设定,主要有以下方法:①通过驱动装置上的显示器和设置按键进行设定;②通过驱动装置上的通信接口和上位机通信进行设定;③通过可分离式编程器和驱动装置上的接口进行设定。

由数字式交流伺服系统发展而来的软件交流伺服系统是将各种控制方式(加速度、力矩、位置等)和不同规格、不同功率伺服电动机的数据分别赋予软件代码全部存入机内,使用时由用户设定软件代码,相关的一系列数据即自动进入工作,改变工作方式或更换电动机规格只需重设代码;通过操作显示可方便地跟踪观察和调整伺服系统的各种状态(如指令电压值、电动机电流值、负荷率、当前位置、进给速度和故障类别等);无须外部信号,可自检、试运行,在数分钟甚至数秒钟内判断出整机的故障范围。

思考与练习题

5-1　闭环伺服系统包括哪些组成部件? 各起什么作用?

5-2　简述对伺服系统的基本要求有哪些。

5-3　简述伺服系统有哪些类型。

5-4　简述三相反应式步进电动机的工作原理。

5-5　简述三相反应式步进电动机的特点。

5-6　什么是步距角? 步进电动机的步距角由哪些因素决定?

5-7　数控机床采用哪种直流电动机? 为什么?

5-8　简述永磁直流伺服电动机的特点。

5-9　直流伺服电动机的结构一般包括哪几个部分?

5-10　简述直流伺服电动机的调速方法。

5-11　简述晶体管直流脉宽调制系统的优点。

5-12　简述永磁同步交流伺服电动机的结构及特点。

5-13　永磁同步交流伺服电动机的优点有哪些？

5-14　简述交流伺服电动机的调速方法。

5-15　变频器的主要作用是什么？

5-16　分析 PWM 变频器的工作原理。

5-17　简述 SPWM 变频控制器的工作原理。

5-18　SPWM 调制的基本特点是什么？

5-19　简述交流电动机矢量控制变换的基本思想。

5-20　步进电动机与交流伺服电动机相比，其性能有何特点？

5-21　欲设计一步进式开环伺服系统，已知系统选定的脉冲当量为 0.03 mm/p，数控机床工作台以丝杠螺母来传动，丝杠的螺距为 7.2 mm。试问：

（1）步进电动机的步距角选多大？

（2）若选定步进电动机的转子有 40 个小齿，决定环形分配器的输出应为几相几拍？

5-22　何谓启动力矩？当负载力矩大于启动力矩时，步进电动机还会转动吗？为什么？

5-23　开环步进式伺服系统的控制线路主要包括哪几部分？

5-24　在开环步进式伺服系统中，环形分配器的作用是什么？

5-25　提高开环步进式伺服系统精度的措施有哪些？

5-26　鉴相伺服系统由几部分组成？各有什么作用？

5-27　试分析鉴相伺服系统的工作原理。

5-28　在鉴相伺服系统中，为什么要设置基准信号发生器？它的作用是什么？

5-29　试分析鉴相器的工作原理。

5-30　鉴幅伺服系统由几部分组成？各有什么作用？

5-31　试分析鉴幅式伺服系统的工作原理。

5-32　试分析鉴幅器的工作原理。

5-33　数字、脉冲比较伺服系统由几部分组成？试述它的工作原理。

第 6 章
数控机床的典型机械结构

◀ 6.1 数控机床机械结构的组成和特点 ▶

数控机床作为典型的机电一体化产品,其机械结构与普通机床既有相似之处,又有许多不同之处。现代数控机床已经不是简单地在传统机床上配置数控系统即可,也不是在传统机床基础上,仅对机床布局进行改进而成。普通机床往往存在刚度不足、抗震性差、热变形大、滑动面摩擦阻力大及传动元件之间存在间隙等缺点,这些缺点无法满足数控机床对加工精度、表面质量、生产率及寿命等技术指标的要求。此外,为了缩短装夹与运送工件的时间,减少工件在多次装夹中所引起的定位误差,要求机床既能承受粗加工时的最大切削功率,又能保证精加工时的高精度,所以机床的结构必须具有很高的强度、刚度和良好的抗震性。为了排除操作者的技术熟练程度对产品质量的影响,数控装置不但要对刀具的位置或轨迹进行控制,而且还需要具备自动换刀和补偿等其他功能,而机床的结构必须具有很高的可靠性,以保证这些功能的正确执行。现代数控机床,无论是其支承部件、主传动系统、进给传动系统、刀具系统、辅助功能等部件结构,还是其整体布局、外部造型等均已发生很大的变化,已经形成了数控机床独特的机械结构。

6.1.1 数控机床机械结构的组成

由于数控机床主轴驱动、进给驱动和 CNC 技术的发展,数控机床的机械结构已从初期对通用机床局部结构的改进,逐步发展到形成数控机床的独特机械结构。

数控机床的机械结构主要由下列各部分组成:

(1) 机床的基础件又称为机床大件,通常是指床身、底座、立柱、横梁、滑座和工作台等;

(2) 主传动系统;

(3) 进给运动传动系统;

(4) 实现主轴回转、定位的装置;

(5) 实现某些部件动作和辅助功能的系统和装置,如液压、气动、润滑、冷却、排屑、防护等;

(6) 刀架或自动换刀装置(ATC);

(7) 工作台交换装置(APC);

(8) 特殊功能装置,如刀具破损监控装置、精度检查和监控装置;

(9) 各种反馈装置和元件。

6.1.2 数控机床机械结构的特点

数控机床为达到高精度、高效率、高自动化程度,其机械结构具有以下特点。

1. 高刚度

因为数控机床要在高速和重载下工作,所以机床的床身、主轴、立柱、工作台和刀架等主要部件,均需具有很高的刚度,工作中应无变形或振动。例如,床身应合理布置加强肋,能承受重载与重切削力;工作台与溜板应具有足够的刚度,能承受工件重量并使工作平稳;主轴在高速下运转,应能承受大的径向扭矩和轴向推力;立柱在床身上移动,应平稳且能承受大的切削力;刀架在切削加工中应十分平稳且无震动。

2. 高抗震性

数控机床的运动部件除了应具有高刚度、高灵敏度外,还应具有高抗震性,在高速重载下应无振动,以保证加工工件的高精度和高表面质量。

3. 高灵敏性

数控机床工作时,要求精度比通用机床高,因而运动部件应具有高灵敏度。导轨部件通常用滚动导轨、塑料导轨和静压导轨等,以减少摩擦力,在低速运动时无爬行现象。工作台的移动,由直流或交流伺服电动机驱动,经滚珠丝杠或静压丝杠传动。主轴既要在高刚度和高速下回转,又要有高灵敏度,因而多数采用滚动轴承或静压轴承。

4. 热变形小

机床的主轴、工作台、刀架等运动部件,在运动中常易产生热量,为保证部件的运动精度,要求各运动部件的发热量少,以防止产生热变形,因此,立柱一般采用双壁框式结构,在提高刚度的同时,使零件结构对称,防止因热变形而产生倾斜偏移。为使主轴在高速运动中产生的热量少,通常采用恒温冷却装置。为减少电动机运转发热的影响,在电动机上安装有散热装置或热管消热装置。

5. 高精度保持性

为了保证数控机床长期具有稳定的加工精度,要求数控机床具有高的精度保持性。除了各有关零件应正确选材外,还要求采取一些工艺措施,如淬火和磨削导轨、粘贴耐磨塑料导轨等,以提高运动部件的耐磨性。

6. 高可靠性

数控机床在自动或半自动条件下工作,尤其是在柔性制造系统中的数控机床,在 24 小时运转中无人看管,因此要求机床具有高的可靠性。除一些运动部件和电气、液压系统应保证不出故障外,特别是动作频繁的刀库、换刀机构、工件交换装置等部件,必须保证长期可靠地工作。

7. 工艺复合化和功能集成化

所谓工艺复合化,是指一次装夹、多工序加工。功能集成化主要是指数控机床的自动换刀机构和自动托盘交换装置的功能集成化。随着数控机床向柔性化和无人化发展,功能集成化的水平更高地体现在工件自动定位、机内对刀、刀具破损监控、机床与工件精度检测和补偿等功能上。

此外,要使数控机床能充分发挥效能,实现高精度、高效率、高自动化,除了机床本身应满足上述要求外,刀具也必须先进,应有高耐用度。

现代数控机床的发展趋势是高精度、高效率、高自动化程度以及智能化、网络化,因此,数控机床的主要部件,如主轴、工作台、导轨、刀库、机械手、传动系统等,应符合上述要求。

◀ 6.2 数控机床的主传动系统及主轴组件 ▶

与普通机床相比,数控机床的主轴具有驱动功率大,调速范围宽,运行平稳,机械传动链短,具有自动夹紧控制和准停控制功能等特点,能够使数控机床进行快速、高效、自动、合理的切削加工。现代数控机床的主运动广泛采用无级变速传动,用交流调速电动机或直流调速电动机驱动,能方便地实现无级变速,且传动链短,传动件少,提高了变速的可靠性,但其制造精度则要求很高。与数控机床主传动系统有关的机构包括主轴传动方式、支承、定向及夹紧机构等。数控机床的主轴部件一般包括主轴、主轴轴承和传动件等。对于加工中心来说,主轴部件还包括刀具自动夹紧装置、主轴准停装置和主轴装刀孔吹净装置。另外,针对不同的机床类型和加工工艺特点,数控机床对主传动功能还提出了如下特定要求。

1. 调速功能

为了适应不同工件材料及刀具等各种切削工艺要求,主轴必须具有一定的调速范围,以保证加工时选用合理的切削用量,从而获得最佳切削效率、加工精度和表面质量。调速范围的指标主要由各种加工工艺对主轴最低速度与最高速度的要求来确定。目前,一般标准型数控机床均在1:100以上。

2. 功率要求

要求主轴具有足够的驱动功率或输出转矩,能在整个速度范围内提供切削所需的功率和转矩,特别是满足机床强力切削的要求。

3. 精度要求

精度要求主要指主轴的回转精度。要求具有足够的刚度和抗震性,具有较好的热稳定性,保证主轴的轴向和径向尺寸随温度变化小。

4. 动态响应性能

要求升降速时间短,调速时运转平稳。有的机床需要实现正反转切削,则要求换向时可进行加速和减速控制。

6.2.1 主轴传动方式

数控机床的主传动要求有较大的调速范围,以保证加工时能选用合理的切削用量,从而获得最佳的生产率、加工精度和表面质量。数控机床的变速是按照控制指令自动进行的,因此主传动机构必须适应自动操作的要求。常见的主轴传动机构有以下三种。

1. 齿轮传动机构

这种传动方式在大、中型数控机床中较为常见。如图 6-1(a)所示,它通过几对齿轮的啮合,在完成传动的同时实现主轴的分挡有级变速或分段无级变速,确保在低速时能满足主轴输出扭矩特性的要求。滑移齿轮的移位大都采用液压拨叉或直接由液压缸带动齿轮来实现。

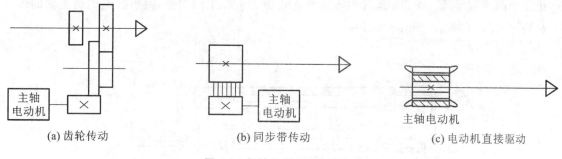

(a) 齿轮传动   (b) 同步带传动   (c) 电动机直接驱动

图 6-1 数控机床主轴传动方式

虽然这种传动方式很有效,但它增加了数控机床液压系统的复杂性,而且必须先将数控装置送来的电信号转换成电磁阀的机械动作,然后再将压力油分配到相应的液压缸,因此增加了变速的中间环节。此外,这种传动机构传动引起的振动和噪声也较大。

2. 同步带传动机构

同步带传动如图 6-1(b)所示,主要应用在小型数控机床上,可以避免齿轮传动时引起的振动和噪声,但它只能适用于低扭矩特性要求的主轴。

同步带传动是一种综合了带、链传动优点的新型传动,其结构和传动原理如图 6-2所示。带的工作面及带轮外圆均制成齿型,通过带轮与轮齿相嵌合做无滑动啮合传动。同步带内部采用了承载后无弹性伸长的材料作为强力层,以保持带的节距不变,使主、从带轮可以做无相对滑动的同步传动。与一般带传动及齿轮传动相比,同步带传动具有如下优点:

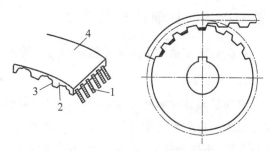

图 6-2 同步带结构与传动原理
1—强力层;2—带齿;3—包布层;4—带背

(1) 无滑动,传动比准确;

(2) 传动效率高,可达 98% 以上;

(3) 使用范围广,速度可达 50 m/s,传动比可达 10 左右,传递功率从几瓦到数千瓦;

(4) 传动平稳,噪声小;

(5) 维修保养方便,不需要润滑。

同步带传动的不足之处是:安装时,中心距要求严格,带与带轮的制造工艺较复杂,成本高。

3. 电动机直接驱动

电动机驱动传动中的电动机又叫电主轴,其电动机定子固定,转子和主轴采用一体化设计,如图 6-1(c)所示。这种方式大幅度地简化了主轴箱体和主轴的结构,有效地提高了主轴部件的刚度,但输出扭矩小,电动机的发热对主轴的精度影响较大。

近年来又出现了一种新式的内装电动机主轴,即主轴与电动机转子合为一体,其优点是主轴部件结构紧凑、惯性小、重量轻,可提高启动、停止的响应特性,有利于控制振动和噪声;其缺点是电动机运转产生的热量使主轴产生热变形,因此温度控制和冷却是使用内装电动机主轴的关键问题。图 6-3 是日本研制的立式加工中心主轴组件,其内装电动机主轴的最高转速可达 50000 r/min。

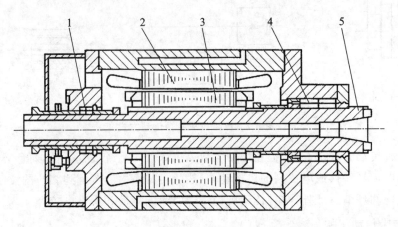

图 6-3 日本研制的立式加工中心主轴组件

1—后轴承;2—定子磁极;3—转子磁极;4—前轴承;5—主轴

6.2.2 主轴轴承的类型

数控机床主轴常采用滚动轴承和滑动轴承两类轴承。

1. 滚动轴承

滚动轴承具有摩擦系数小,能够预紧,润滑维护简单,并且在一定的转速范围和载荷变动范围内能稳定地工作等特点,因而数控机床上广泛采用滚动轴承。但它的噪声大,滚动体数目有限,刚度变化大,抗震性差,并且限制转速。一般数控机床的主轴轴承可以使用滚动轴承,特别是立式主轴和装在套筒内能做轴向移动的主轴。

由于陶瓷材料重量轻,热膨胀系数小,具有离心力小、动摩擦力矩小、预紧力稳定、弹性变形量小、刚度高寿命长的特点,为了适应数控机床主轴高速发展的要求,滚动轴承的滚珠可采用陶瓷滚珠。

2. 滑动轴承

数控机床上采用的滑动轴承通常是静压滑动轴承。静压滑动轴承的油膜压强由液压缸从外界供给,与主轴转速的高低无关(忽略旋转时的动压效应)。它的承载能力不随转速而变化,而且无磨损,启动和运转时的摩擦力矩相同,所以静压滑动轴承的回转精度高、刚度大。但静压滑动轴承需要一套液压装置,成本较高,污染大。

随着科学技术的发展,已经开发了加工中心上使用的磁力轴承。它具有各种传统轴承无法比拟的特殊性能。由于磁力轴承不与轴颈表面接触,不存在机械摩擦和磨损,不需润滑和密封,具有温升低、热变形小、转速高、寿命长等特点。

6.2.3 主轴轴承的配置形式

数控机床主轴轴承主要有以下几种配置形式。

（1）前支承采用双列短圆柱滚子轴承和 60°角接触双向推力角接触球轴承，后支承采用角接触球轴承，如图 6-4(a)所示。这种配置形式的主轴刚性是现代数控机床主轴结构中最好的一种。它使主轴的综合刚度得到大幅度提高，可以满足强力切削的要求，广泛应用于各类数控机床的主轴。

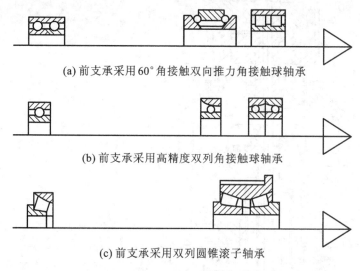

(a) 前支承采用 60°角接触双向推力角接触球轴承

(b) 前支承采用高精度双列角接触球轴承

(c) 前支承采用双列圆锥滚子轴承

图 6-4   数控机床主轴轴承的配置形式

（2）前支承采用三个高精度角接触球轴承组合方式，具有较高的高速性能，如图 6-4(b)所示。后支承可采用角接触球轴承支承，也可采用圆柱滚子轴承支承。从提高后支承刚性和适应主轴热膨胀的要求来说，后支承采用圆柱滚子轴承为好。这种结构配置的主轴最高转速可达 4000 r/min，但是这种配置形式的承载能力小，适用于高速、轻载和精密的数控机床主轴。

（3）前支承采用双列圆锥滚子轴承，后支承采用圆锥滚子轴承，如图 6-4(c)所示。这种配置的承载能力强，安装和调整方便，但主轴的转速不能太高，适用于中等精度、低速和重载的数控机床的主轴。

6.2.4 主轴组件

在主轴的结构上，必须处理好卡盘或刀具的安装、主轴的卸荷、主轴轴承的定位、间隙调整、主轴部件的润滑和密封等问题。对于某些立式数控加工中心来说，还必须处理好主轴部件的平衡问题。对于数控镗铣床主轴来说，主轴上还必须设计刀具装卸、主轴准停和主轴孔内的切屑清除装置。

图 6-5 为 JCS-018 加工中心的主轴组件，为了实现刀具在主轴上的自动装卸，其主轴必须设计有自动夹紧机构。

加工用的刀具通过刀柄 1 安装在主轴上，刀柄 1 以 7∶24 的锥度在主轴 3 前端的孔中定位，并通过拉钉 2 拉紧。夹紧刀柄时，液压缸上腔接通回油路，弹簧 11 推动活塞 6 上移，拉杆 4 在碟形弹簧 5 作用下向上移动；由于此时装在拉杆前端径向孔中的四个钢球 12 进入主轴孔中直径较小的 d_2 处，被迫径向收拢而卡进拉钉 2 的环形凹槽内，因而刀柄被拉杆拉紧。切削扭矩由端面键 13 传递。换刀前需将刀柄松开，压力油进入液压缸的上腔，活塞 6 推动拉杆 4 向下移动，碟形弹簧被压缩；当钢球 12 随拉杆一起下移进入主轴孔径较大的 d_1 处时，

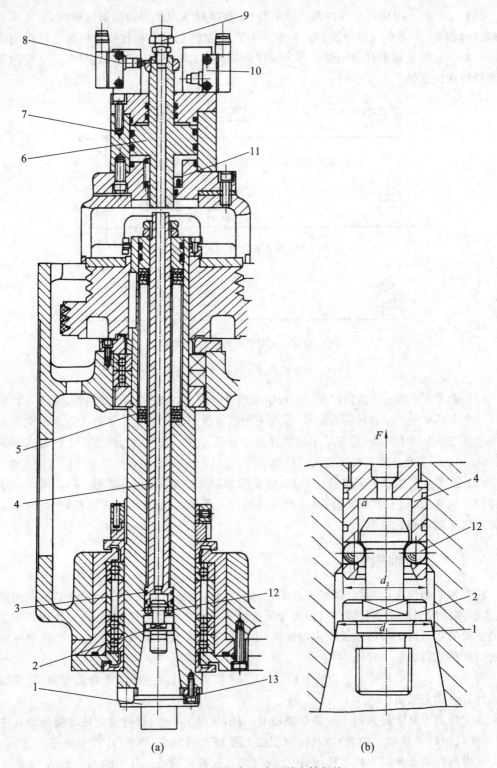

(a)　　　　　　　　　(b)

图 6-5　JCS-018 加工中心的主轴部件

1—刀柄；2—拉钉；3—主轴；4—拉杆；5—碟形弹簧；6—活塞；7—液压缸；
8、10—行程开关；9—压缩空气管接头；11—弹簧；12—钢球；13—端面键

它就不能再约束拉钉的头部,紧接着拉杆前端内孔的台肩端面 a 碰到拉钉,把刀柄松开。此时,行程开关 10 发出信号,换刀机械手随即将刀柄取下。与此同时,压缩空气由管接头 9 经活塞和拉杆的中心通孔吹入主轴装刀孔中,把切屑或脏物清除干净,以保证刀具的安装精度。机械手把新刀装上主轴后,液压缸 7 接通回油,碟形弹簧又拉紧刀柄。刀柄拉紧后,行程开关 8 发出信号。

6.2.5 主轴准停装置

主轴准停功能又称为主轴定位功能,即当主轴停止时,能控制其停于固定位置。它是自动换刀所必需的功能。在自动换刀的镗铣加工中心上,切削的转矩通常是通过刀杆的端面键传递的。这就要求主轴具有准确定位于圆周上特定角度的功能,如图 6-6 所示。当加工阶梯孔或精镗孔后退刀时,为防止刀具与小阶梯孔碰撞或拉伤已精加工的孔表面,必须先让刀再退刀,而让刀时刀具必须具有准停功能,如图 6-7 所示。主轴准停可分为机械准停控制和电气准停控制。

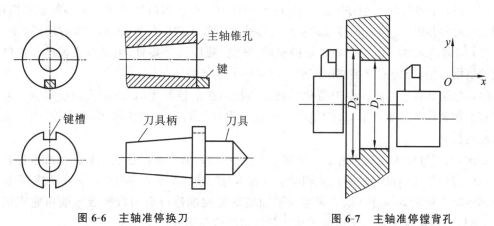

图 6-6　主轴准停换刀　　　　　　　　图 6-7　主轴准停镗背孔

1. 机械准停控制

图 6-8 为典型的 V 形槽轮定位盘准停结构。带有 V 形槽的定位盘与主轴端面保持一定的位置关系,以确定定位位置。当指令为准停控制 M19 时,首先使主轴减速至可以设定的低速转动,当检测到无触点开关有效信号后,立即使主轴电动机停转,此时主轴电动机与主轴传动件依靠惯性继续空转,同时定位液压缸定位销伸出,并压向定位盘。当定位盘 V 形槽与定位销正对时,由于液压缸的压力,定位销插入 V 形槽中,LS_2 准停到位信号有效,表明准停动作完成。这里,LS_1 为准停释放信号。采用这种准停方式,必须要有一定的逻辑互锁,即当 LS_2 有效时,才能进行换刀等动作。只有当 LS_1 有效时,才能启动主轴电动机正常运转。准停功能通常由数控系统的可编程序控制器完成。机械准停控制还有其他方式,如端面螺旋凸轮准停等,但它们的基本原理是一样的。

2. 电气准停控制

目前,国内外中、高档数控系统均采用电气准停控制。采用电气准停控制有如下优点。

(1) 简化机械结构。与机械准停控制相比,电气准停控制只需在旋转部件和固定部件上安装传感器即可,机械结构比较简单。

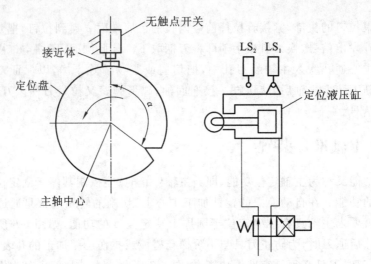

图 6-8　V形槽轮定位盘准停结构

（2）缩短准停时间。准停时间包括在换刀时间内，而换刀时间是加工中心的重要指标。采用电气准停控制，即使主轴高速转动时也能快速定位于准停位置，大幅度节省准停时间。

（3）可靠性增加。由于无须复杂的机械、开关、液压缸等装置，也没有机械准停控制所形成的机械冲击，因而准停控制的寿命与可靠性大幅度增加。

（4）性能价格比提高。由于简化了机械结构和强电控制逻辑，成本大幅度降低。但电气准停控制常作为选择功能，订购电气准停控制附件虽然需另加费用，但总体看，性能价格比大幅度提高。

目前，电气准停控制通常有磁传感器准停控制、编码器型准停控制和数控系统准停控制三种。磁传感器主轴准停控制由主轴驱动装置本身完成。当执行 M19 指令时，数控系统只需发出主轴准停启动命令 ORT 即可。主轴驱动完成准停后会向数控装置输出完成信号 ORE，然后数控系统再进行下面的工作。其基本结构如图 6-9 所示。

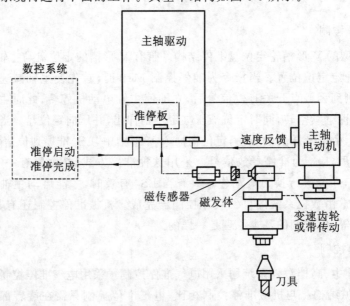

图 6-9　磁传感器准停控制

由于电气准停控制采用了传感器,故应避免产生磁场的元件(如电磁线圈、电磁阀等)与磁发体和磁传感器安装在一起。另外,磁发体(通常安装在主轴旋转部件上)与磁传感器(固定不动)的安装有严格的要求,应按说明书要求的精度安装。

采用磁传感器准停控制的步骤如下:当主轴转动或停止时,接收到数控装置发来的准停开关信号量 ORT,主轴立即加速或减速至某一准停速度(可在主轴驱动装置中设定);主轴达到准停速度且到达准停位置时(即磁发体与磁传感器对准),主轴立即减速至某一爬行速度(可在主轴驱动装置中设定);当磁传感器信号出现时,主轴驱动立即进入磁传感器作为反馈元件的位置闭环控制,目标位置为准停位置;准停完成后,主轴驱动装置输出准停完成信号 ORE 给数控装置,从而可进行自动换刀(ATC)或其他动作。磁发体与磁传感器在主轴上的位置如图 6-10 所示,准停控制的时序如图 6-11 所示。

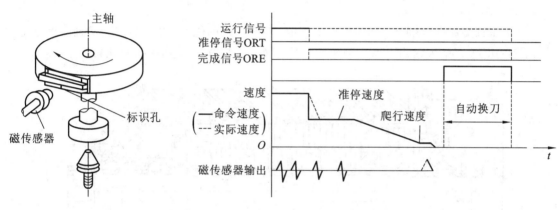

图 6-10　磁发体与磁传感器在主轴上的位置　　　图 6-11　磁传感器准停控制的时序图

6.2.6　电主轴单元

高速机床的高速主轴要在短时间内实现升速和降速,并在指定位置快速准确停车,这就要求主轴具有很高的角加速度。如果通过传动带、齿轮和离合器等中间传动件,则存在传动带打滑、振动和噪声大等缺点,并且转动惯量大。如将交流变频电动机直接装在机床主轴上,即采用内装式无壳电动机,其空心转子用压配合直接装在机床主轴上,带有冷却套的定子则安装在主轴单元的壳体中,就形成了内装式电动机主轴(简称电主轴),从而实现了电动机与机床主轴的一体化。

目前,高速主轴大都采用电主轴。电主轴的优点是主轴组件结构紧凑,质量小、旋转惯量小,可提高启动、停止的响应特性,并利于高速和控制振动、噪声。但电主轴也存在运转中产生的热量容易使主轴产生热变形的缺点,所以电主轴内一般都配有独立的冷却系统(如油雾冷却系统和主轴循环冷却系统等),以控制温升。

目前采用的电主轴单元有两种:一种是内装式交流变频电动机电主轴单元,另一种是内埋式永磁同步电动机电主轴单元。

1. 内装式交流变频电动机电主轴单元

电动机的转子与机床主轴间是靠过盈套筒的过盈配合实现转矩传递的,其过盈量是按所传递转矩的大小进行计算的。电主轴的过盈套筒直径在 $33\sim50$ mm 内有十几个规格,最高转速达 100000 r/min,功率达 70 kW。

1)电主轴的基本参数

电主轴的主要参数包括:主轴的最高转速和恒功率转速范围,主轴的额定功率和最大转矩,主轴前轴颈的直径和前后轴承间的跨距等。其中,主轴的最高转速与额定功率及前轴颈的直径是电主轴的基本参数。

通常情况下,同一尺寸规格的高速机床又分为高速型与高刚度型。前者主要用于航空航天工业加工铝合金、复合材料和铸铁等零件,后者用于模具制造及高强度钢、高温合金等难加工材料及钢件的高效加工。此外,还要选择较好的转矩——功率特性、调速范围足够宽的变频电动机及其控制模块。

2)电主轴的结构布局

(1)主轴前后轴承之间,结构如图 6-12 所示。这种布局的优点是电主轴单元的轴向尺寸较小、主轴刚度高、转矩大,适用于大中型加工中心,因而大多数加工中心采用此结构布局方式。

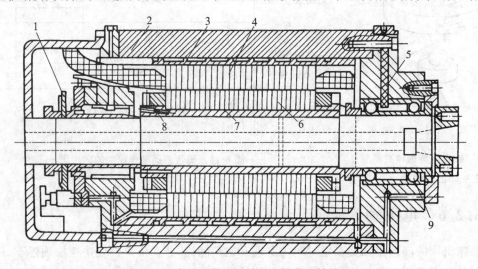

图 6-12 电动机置于两轴承间的电主轴单元

1—编码盘;2—电主轴壳体;3—冷却水套;4—电动机定子;5—油气喷嘴;
6—电动机转子;7—阶梯过盈套;8—平衡盘;9—角接触陶瓷球轴承

(2)电动机置于后轴承之后,结构如图 6-13 所示。此时,主轴箱与电动机做轴向同轴布局(也可用连轴节)。其优点是前端的径向尺寸可减小,电动机的散热条件较好;其缺点是整个电主轴单元的轴向尺寸较大,与主轴的同轴度不易调整。它常用于小型高速数控机床,尤其适合于加工模具型腔的高速精密机床。其前后轴承间的跨距及主轴前端的伸出量均应按静刚度和动刚度的要求来计算确定。

2. 内埋式永磁同步电动机电主轴单元

图 6-14 所示为内埋式永磁同步电动机电主轴单元的结构示意图。单元中的主轴组件由高速精密陶瓷轴承支承于电主轴的外壳中,外壳中还安装有电动机的定子铁心和三相定子绕组。为了有效地散热,在外壳体中还开设了冷却管路。主轴系统工作时,由冷却液泵输入冷却液带走主轴单元内的热量,以保证电主轴的正常工作。主轴为空心结构,其内部和顶

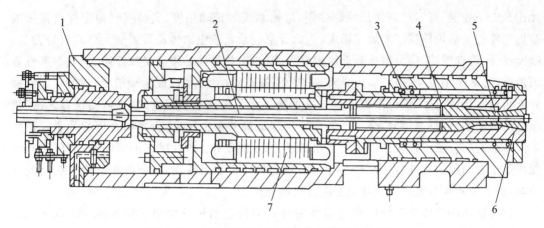

图 6-13　电动机置于后轴承间之后的电主轴单元

1—液压缸；2—拉杆；3—主轴轴承；4—碟形弹簧；5—夹头；6—主轴；7—内置电动机

端安装有刀具的拉紧和松开机构，以实现刀具的自动换刀。主轴外套内的电动机转子主轴端部还装有激光角位移传感器，以实现对主轴旋转位置的闭环控制，保证自动换刀时实现主轴的准停和螺纹加工时的 C 轴与 Z 轴的准确联动。

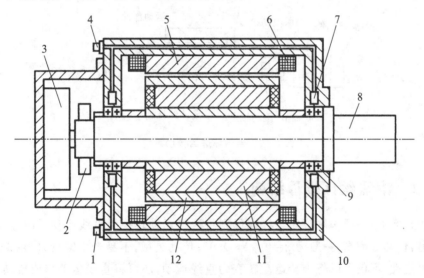

图 6-14　内埋式永磁同步电动机电主轴单元

1—冷却液出口；2—反馈装置；3—松刀气缸；4—冷却液进口；5—定子铁心；6—定子绕组；
7—冷却管路；8—主轴；9—轴承；10—电动机壳体；11—永久磁铁；12—转子铁心

◀ 6.3　进给传动系统及主要部件结构 ▶

6.3.1　数控机床对进给传动系统的要求

数控机床进给传动系统承担了数控机床各直线坐标轴、回转坐标轴的定位和切削进给。

无论是点位控制、直线控制还是轮廓控制，进给系统的传动精度、灵敏度和稳定性直接影响被加工件的最后轮廓精度和加工精度，为此要求进给系统中的传动装置和元件具有寿命长、刚度高、无传动间隙、高灵敏度和低摩擦阻力的特点，如导轨必须满足摩擦阻力小、耐磨性好的要求，通常采用滚动导轨、静压导轨等。为了提高转换效率，保证运动精度，当旋转运动被转换为直线运动时，广泛应用滚珠丝杠螺母副。为了提高位移精度，减少传动误差，数控机床进给传动系统中的各种机械部件必须首先保证高的加工精度，再采用合理的预紧来消除轴向传动间隙。虽然在数控机床的进给传动系统中采用了各种措施消除间隙，但仍然有可能留下微量间隙。此外，由于受力而产生弹性变形，也会出现间隙，所以在进给系统反向运动时，仍然由数控装置发出脉冲指令进行自动补偿。

　　数控机床进给传动系统的机电部件主要有伺服电动机及检测元件、联轴节、减速机构（齿轮副和带轮副）、滚珠丝杠螺母副（或齿轮齿条副）、丝杠支承轴承、运动部件（工作台、导轨、主轴箱、滑座、横梁和立柱）等。由于提高了滚珠丝杠、伺服电动机及其控制单元的性能，很多数控机床的进给系统中已去掉了减速机构，而直接用伺服电动机与滚珠丝杠连接，因而整个系统结构简单，减少了产生误差的环节。同时，由于转动惯量减小，使伺服特性有所改善。图 6-15 所示为典型的没有减速机构的半闭环进给传动系统。

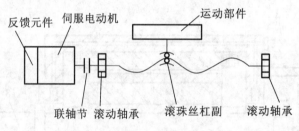

图 6-15　半闭环进给传动系统

6.3.2　滚珠丝杠螺母结构

　　在数控机床上，一般采用滚珠丝杠螺母副将回转运动转换为直线运动。滚珠丝杠螺母副的特点是：传动效率高，一般为 $\eta = 0.92 \sim 0.96$；传动灵敏，不易产生爬行；使用寿命长；具有传动的可逆性，不仅可以将旋转运动转变为直线运动，还可将直线运动变成旋转运动；施加预紧力后，可消除轴向间隙，反向时无空行程；制造工艺复杂，成本高；不能自锁，垂直安装时，为防止因突然停断电而造成工作部件下滑，需配备制动及平衡装置。

1. 滚珠丝杠副的结构和工作原理

　　滚珠丝杠螺母副的结构有内循环与外循环两种方式。图 6-16 为外循环式，它由丝杠 1、滚珠 2、回珠管 3 和螺母 4 组成。在丝杠 1 和螺母 4 上各加工有圆弧形螺旋槽，将它们套装起来便形成螺旋形滚道，在滚道内装满滚珠 2。当丝杠相对于螺母旋转时，丝杠的旋转面经滚珠推动螺母轴向移动，同时滚珠沿螺旋形滚道滚动，使丝杠和螺母之间的滑动摩擦转变为滚珠与丝杠、螺母之间的滚动摩擦。螺母螺旋槽的两端用回珠管 3 连接起来，使滚珠能够从一端重新回到另一端，构成一个闭合的循环回路。

　　图 6-17 为内循环式滚珠丝杠。在螺母的侧孔中装有圆柱凸轮式反向器，反向器上铣有

S形回珠槽,将相邻两螺纹滚道联结起来。滚珠从螺纹滚道进入反向器,借助反向器迫使滚珠越过丝杠牙顶进入相邻滚道,实现循环。

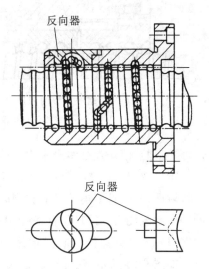

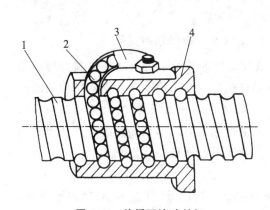

图 6-16 外循环滚珠丝杠

1—丝杠;2—滚珠;3—回珠管;4—螺母

图 6-17 内循环滚珠丝杠

2. 滚珠丝杠螺母副间隙的调整方法

为了保证滚珠丝杠副的反向传动精度和轴向刚度,必须消除轴向间隙。常采用双螺母施加预紧力的办法消除轴向间隙,但必须注意预紧力不能太大,预紧力过大会造成传动效率降低、摩擦力增大,磨损增大,使用寿命降低。

常用的双螺母消除间隙的方法有以下三种。

(1)垫片调整间隙法。如图 6-18 所示,调整垫片 4 的厚度使左右两螺母产生轴向位移,从而消除间隙和产生预紧力。这种方法简单、可靠,但调整费时,适用于一般精度的传动。

(2)齿差调整间隙法。如图 6-19 所示,两个螺母的凸缘为圆柱外齿轮,而且齿数差为1,两个内齿轮用螺钉、定位销紧固在螺母座上。调整时,先将内齿轮取出,根据间隙大小使两个螺母分别向相同方向转过一个齿或几个齿,然后再插入内齿轮,使螺母在轴向彼此移动近了相应的距离,从而消除两个螺母的轴向间隙。这种方法的结构复杂,尺寸较大,适应于高精度传动。

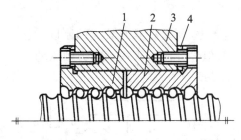

图 6-18 垫片调整间隙法

1、2—单螺母;3—螺母座;4—调整垫片

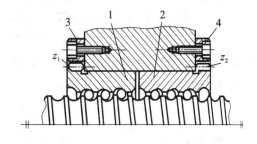

图 6-19 齿差调整间隙法

1、2—单螺母;3、4—内齿轮

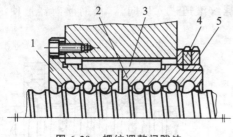

图 6-20　螺纹调整间隙法

1、2—单螺母；3—平键；4—调整螺母；5—锁紧螺母

（3）螺纹调整间隙法。如图 6-20 所示，右螺母 2 外圆上有普通螺纹，再用两圆螺母 4、5 固定。当转动圆螺母 4 时，即可调整轴向间隙，然后用螺母 5 锁紧。这种结构的特点是结构紧凑、工作可靠，滚道磨损后可随时调整，但预紧量不准确。

3. 滚珠丝杠螺母副的支承

数控机床的进给系统要获得较高的传动刚度，除了加强滚珠丝杠螺母副本身的刚度外，滚珠丝杠螺母副的正确安装及支承结构的刚度也是不可忽视的因素。例如，为减少受力后的变形，螺母座应有加强肋，增大螺母座与机床的接触面积，并且要连接可靠。同时，也可以采用高刚度的推力轴承来提高滚珠丝杠螺母副的轴向承载能力。滚珠丝杠螺母副在数控机床上安装支承方式有以下几种。

（1）一端安装推力轴承（固定-由式）。

如图 6-21 所示，这种安装方式只适用于行程小的短丝杠，其承载能力小，轴向刚度低。一般用于数控机床的调节环节或升降台式数控铣床的垂直进给传动结构。

（2）一端安装推力轴承，另一端安装深沟球轴承（固定-支承式）。

如图 6-22 所示，这种方式用于丝杠较长的情况。当热变形造成丝杠伸长时，其一端固定，另一端能作微量的轴向移动。一般用于数控机床的调节环节或升降台式数控铣床的垂直进给传动结构。

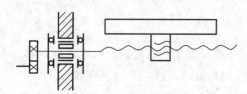

图 6-21　仅一端安装推力轴承图

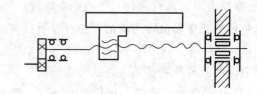

图 6-22　一端安装推力轴承，另一端安装角接触球轴承

（3）两端安装推力轴承（单推-单推式或双推-单推式）。

如图 6-23 所示，把推力轴承安装在滚珠丝杠的两端，并施加预紧力，可以提高轴向刚度，但这种安装方式对丝杠的热变形较为敏感。

（4）两端安装推力轴承和深沟球轴承。

如图 6-24 所示，它的两端均采用双重支承并施加预紧力，使丝杠具有较大的刚度。这种方式还可使丝杠的温度变形转化为推力轴承的预紧力，但设计时要求提高推力轴承的承载能力和支架的刚度。

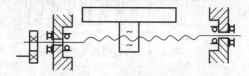

图 6-23　两端安装推力轴承

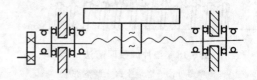

图 6-24　两端安装推力轴承和深沟球轴承

4. 滚珠丝杠螺母副的保护

滚珠丝杠螺母副还可用润滑剂来提高耐磨性能及传动效率,润滑剂可分为润滑油和润滑脂两大类。润滑油一般为机械油或 90~180 号透平油或 140 号主轴油;润滑脂可采用锂基润滑脂。润滑脂一般加在螺纹滚道和安装螺母的壳体空隙内,而润滑油则经过壳体上的油孔注入螺母的空隙内。

滚珠丝杠螺母副和其他滚动摩擦的传动元件一样,应避免灰尘或切屑污物进入滚道,因此必须有防护装置。如果滚珠丝杠副在机床上外露,应采用封闭的防护罩,如采用螺旋弹簧钢带套管、伸缩套管以及折叠式套管等。安装时,将防护罩的一端连接在滚珠螺母的端面,另一端固定在滚珠丝杠的支承座上。如果滚珠丝杠副在机床上处于隐蔽的位置,则可采用密封圈防护,密封圈安装在滚珠螺母的两端。接触式的弹性密封圈用耐油橡胶或尼龙制成,其内孔做成与丝杠螺纹滚道相吻合的形状。接触式密封圈的防尘效果好,但因有接触压力,使摩擦力矩略有增加。非接触式的密封圈又称迷宫式密封圈,是用硬质塑料制成,其内孔做成与丝杠螺纹滚道相配合的形状,并稍有间隙,这样可避免摩擦力矩,但防尘效果差。

5. 滚珠丝杠螺母副的自动平衡装置

因为滚珠丝杠螺母副无自锁作用,在一般情况下,垂直放置的滚珠丝杠螺母副会因为部件的自重作用而自动下降,所以必须有阻尼或锁紧机构。图 6-25 所示是数控铣床升降台的自动平衡装置结构,由摩擦离合器和单向超越离合器构成。其工作原理为:当锥齿轮 1 转动时,通过锥销带动单向超越离合器的星轮 2;升降台上升时,星轮 2 的转向是使滚子 3 和超越离合器的外壳 4 脱开的方向,外壳 4 不转动,摩擦片不起作用;当升降台下降时,星轮 2 的转向使滚子 3 楔在星轮 2 和超越离合器的外壳 4 之间,由于摩擦力的作用,外壳 4 随着锥齿轮 1 一起转动。经过花键与外壳连在一起的内摩擦片和固定的外摩擦片之间产生相对运动,由于内、外摩擦片之间由弹簧压紧,有一定摩擦阻力,所以起到了阻尼作用,上升与下降的力得以平衡。阻尼力的大小即摩擦离合器的松紧,可由螺母 5 调整,调整前应先松开螺母 5 的锁紧螺钉 6。

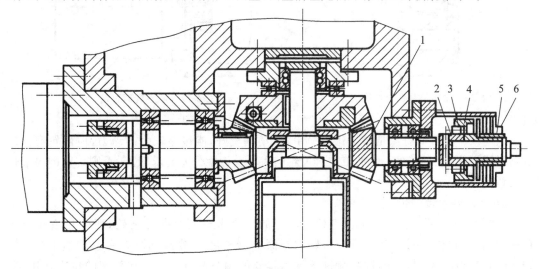

图 6-25　滚珠丝杠螺母副的自动平衡装置

1—锥齿轮;2—星轮;3—滚子;4—外壳;5—螺母;6—锁紧螺钉

6.3.3 齿轮传动间隙消除装置结构

数控机床进给系统中的减速齿轮,除了要求具有很高的运动精度和工作平稳性外,还需要尽可能消除传动齿轮副间的传动间隙,否则,齿侧间隙会造成进给运动反向时丢失指令脉冲,并产生反向死区,影响加工精度。因此,在齿轮传动中必须消除间隙。

1. 直齿圆柱齿轮传动间隙的消除

直齿圆柱齿轮传动间隙的消除方法主要有:轴向垫片调整法、偏心套调整法和双片薄齿轮错齿调整法等。

1)轴向垫片调整法

如图 6-26 所示,两个相互啮合的齿轮 1 和 2,将分度圆柱面制成带有小锥度的圆锥面,使齿轮齿厚沿轴向稍有变化。当齿轮 1 不动时,调整轴向垫片 3 的厚度,使齿轮 2 做轴向位移从而减小啮合间隙。

2)偏心套调整法

如图 6-27 所示,电动机通过偏心套 2 装在壳体上。转动偏心套 2 就能调整两圆柱齿轮的中心距,从而减少齿轮的侧隙。其结构非常简单,常用于电动机与丝杠之间的齿轮传动。但这种方法只能补偿齿厚误差与中心距误差引起的齿侧间隙,不能补偿偏心引起的齿侧间隙。

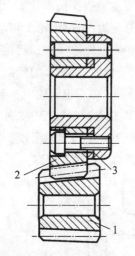

图 6-26　轴向垫片调整法图

1、2—齿轮;3—垫片

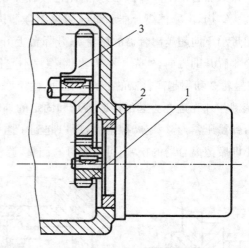

图 6-27　偏心套调整法

1、3—齿轮;2—偏心轴套

上述两种方法的特点是结构比较简单,传动刚度好,能传递较大的动力,但齿轮磨损后齿侧间隙不能自动补偿,因此加工时对齿轮的齿厚及齿距公差要求较严,否则传动的灵活性将受到影响。

3)双片薄片齿轮错齿调整法

如图 6-28 所示,相互啮合的一对齿轮中的一个做成两个薄片齿轮,两薄片齿轮套装在一起,彼此可做相对转动。两个齿轮的端面上,分别装有螺纹凸耳 5 和 6,弹簧 1 的一端钩在凸耳螺纹 5 上,另一端钩在穿过螺纹凸耳 6 的调节螺钉 4 上。在弹簧的拉力作用下,两薄片齿轮的轮齿相互错位,分别贴紧在与之啮合的齿轮(图中未表示出)左、右齿廓面上,消除了它们之间的齿侧间隙。弹簧 1 的拉力大小可由螺母 2 调整,3 为锁紧螺母。无论正向旋转或反向旋转都分别只有一个薄片齿轮承受扭矩,因此承载能力受到限制,设计时必须计算弹簧 1 的拉力,使它能克服最大扭矩。

这种方法能自动补偿间隙,但结构复杂,且传动刚性差,能传递的扭矩较小,对齿厚和齿距要求较低,可始终保持啮合无间隙,尤其适用于检测装置。

2. 斜齿圆柱齿轮传动间隙的消除

斜齿圆柱齿轮传动间隙的消除方法主要有:轴向垫片调整法、轴向压簧调整法等。

1) 轴向垫片调整法

如图 6-29 所示,宽齿轮 1 同时与两个

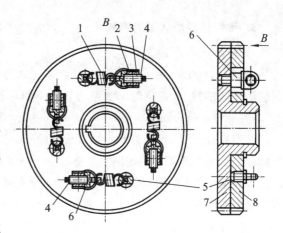

图 6-28　双片薄片齿轮错齿调整法

1—弹簧;2—调整螺母;3—锁紧螺母;
4—调节螺钉;5、6—螺纹凸耳;7、8—薄片齿轮

薄片齿轮 3 和 4 啮合,薄片齿轮 3 和 4 通过平键与轴联接,相互间不能转动。在两个薄片齿轮 3 和 4 中间,加一个垫片 2,垫片 2 使齿轮 3 和 4 的螺旋线错位,从而消除齿侧间隙。通过调整垫片 2 的厚度,可消除不同大小的齿轮间隙。

2) 轴向压簧调整法

如图 6-30 所示,两个薄片齿轮 1 和 2 用滑键套在轴 5 上,螺母 4 可调整弹簧 3 对齿轮 2 的轴向压力,使齿轮 1 和 2 的齿侧分别贴紧宽齿轮 6 的齿槽两侧面以消除间隙。弹簧力大小要调整适当,过大会使齿轮磨损加快,降低使用寿命;过小则达不到消除齿侧间隙的作用。这种结构具有轴向尺寸过大,结构不紧凑,但可以自动补偿的特点,多用于负载小,要求自动补偿间隙的场合。

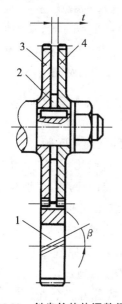

图 6-29　斜齿轮垫片调整间隙

1——宽齿轮;2—垫片;3、4—薄片斜齿轮

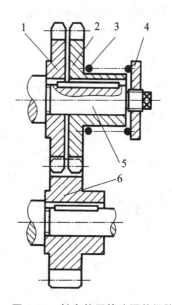

图 6-30　斜齿轮压簧法调整间隙

1、2—薄片斜齿轮;3—弹簧;4—螺母;5—轴;6—宽齿轮

3. 锥齿轮传动间隙的消除

1）轴向压簧法调整

如图 6-31 所示，锥齿轮 1 和 2 相啮合，在安装锥齿轮 1 的轴 5 上装有压簧 3，螺母 4 用来调整压簧 3 的弹力，锥齿轮 1 在弹力作用下稍有轴向移动，就能消除锥齿轮 1 和 2 的间隙。

2）周向压簧法调整

如图 6-32 所示，将大锥齿轮加工成齿轮外圈 1 和齿轮内圈 2 两部分，齿轮外圈 1 上开有三个圆弧槽 8，齿轮内圈 2 的端面上制造有三个凸爪 4，套装在圆弧槽内。弹簧 6 的两端分别顶在凸爪 4 和镶块 7 上，使内外齿圈 2 和外齿圈 2 的锥齿错位与小锥齿轮 3 啮合，达到消除锥齿轮传动间隙的作用。为了安装方便，螺钉 5 将内、外齿圈相对固定，安装完毕后立刻卸去。

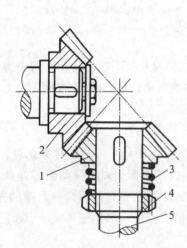

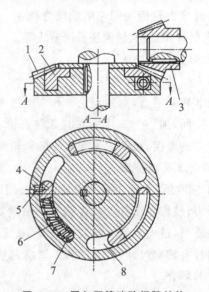

图 6-31　轴向压簧消除间隙结构

1、2—锥齿轮；3—弹簧；4—螺母；5—轴

图 6-32　周向压簧消除间隙结构

1—大锥齿轮外齿圈；2—大锥齿轮内齿圈；3—小锥齿轮；
4—凸爪；5—螺钉；6—弹簧；7—镶块；8—圆弧槽

4. 齿轮齿条传动间隙的消除

工作行程很大的大型数控机床，一般采用齿轮齿条传动来实现进给运动。齿轮齿条传动同样也存在消除间隙的问题。

当载荷较小、进给力不大时，齿轮齿条可采用双片薄片齿轮错齿调整，分别与齿条的齿槽左、右两侧贴紧来消除间隙。

当载荷较大、进给力较大时，通常采用双厚齿轮的传动结构，其原理如图 6-33 所示。进给运动由轴 2 输入，通过两对斜齿轮将运动传给轴 1 和轴 3，然后由两个直齿轮 4 和 5 去传动齿条，带动工作台移动。轴 2 上两个斜齿轮的螺旋线方向相反。在轴 2 上作用一个轴

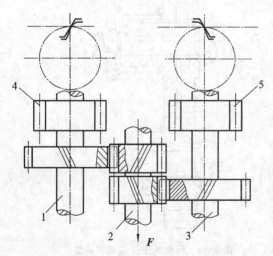

图 6-33　齿轮齿条传动间隙消除

1、2、3—轴；4、5—齿轮

向力 F,使斜齿轮产生微量的轴向移动。这时轴 1 和轴 3 以相反的方向转过一个角度,使齿轮 4 和 5 分别与齿条的两齿面贴紧,消除间隙。

◀ 6.4 机床导轨 ▶

导轨是数控机床的重要部件之一,它的作用是支承和导向。在导轨副中,运动的叫运动导轨,不动的叫支承导轨。运动的形式通常有直线运动和回转运动。机床的加工精度、承载能力和使用寿命很大程度上决定机床导轨的精度和性能,而数控机床对导轨有更高的要求:如高速进给时不振动,低速进给时不爬行,有高的灵敏度,能在重载下长期连续工作,耐磨性好,精度保持性好。目前,数控机床上的导轨型式主要有滑动导轨、滚动导轨和液体静压导轨等。

6.4.1 对导轨的基本要求

1. 导向精度高

导向精度是指机床的运动部件沿导轨移动时,其运动轨迹与机床有关基面相互位置的准确性。无论在空载或切削状态下,导轨都应有足够的导向精度。导轨的导向精度受导轨的结构形式、组合方式、制造精度和导轨间隙调整等因素的影响。

2. 耐磨性好

导轨的耐磨性是指导轨在长期使用过程中抵抗磨损而保持导轨导向精度的性能。耐磨性好,可使导轨的导向精度得以长久保持。影响导轨的耐磨性的因素有导轨副的材料、硬度、润滑和载荷等。

3. 具有足够的刚度

导轨受力变形会影响部件之间的导向精度和相对位置,因而导轨必须具有足够的刚度。影响导轨刚度的因素有导轨的结构形式和导轨的尺寸。

4. 低速运动平稳性好

运动部件在导轨上低速移动时,不应发生"爬行"现象。影响"爬行"现象的主要因素有摩擦的性质、润滑条件和传动系统的刚度等。

5. 结构简单、工艺性好

设计数控机床导轨时,要考虑制造和维修方便,以便在使用时调整和维护。

6.4.2 滑动导轨

滑动导轨具有结构简单、制造方便、刚度好、抗震性高等优点,在数控机床上应用广泛。金属对金属型式导轨的静摩擦系数大,动摩擦系数随速度变化而变化,在低速时易产生爬行现象。为了提高导轨的耐磨性,改善摩擦特性,可选用合适的导轨材料和热处理方法。例如,可采用优质铸铁、耐磨铸铁或镶淬火钢导轨,采用导轨表面滚压强化、表面淬硬、镀铬、镀钼等方法提高机床导轨的耐磨性能。

为了提高数控机床的定位精度和运动平稳性,目前多数使用金属对塑料型式导轨,称为贴塑滑动导轨。贴塑滑动导轨的塑料化学成分稳定、摩擦系数小、耐磨性好、耐腐蚀性强、吸振性好、比重小、加工成形简单,能在任何液体或无润滑条件下加工工件。其缺点是耐热性差、导热率低,热膨胀系数比金属大,在外力作用下易产生变形,刚性差、吸湿性大,影响尺寸稳定性。

目前,常用的塑料导轨有以下两种。

(1) 以聚四氟乙烯为基材,添加合金粉和氧化物等构成的高分子复合材料。聚四氟乙烯的摩擦系数很小(为 0.04),但它不耐磨,因而需要添加青铜粉、石墨、MoS_2、铅粉等填充料增加耐磨性。这种材料具有良好的耐磨、吸振性能,适用工作温度范围广($-200\sim280$ ℃),动静摩擦系数小且相差不大,防爬行性能好,可在干摩擦下使用,能吸收外界进入导轨面的硬粒,使配对金属导轨不至拉伤和磨损。这种材料可制成塑料软带的型式。目前,我国已有TSF、F4S 等标准软带产品,产品厚度有 0.8 mm、1.1 mm、1.4 mm、1.7 mm、2 mm 等几种,宽度有 150 mm、300 mm 两种,长度有 500 mm 以上几种规格。

(2) 以环氧树脂为基体,加入 MoS_2、胶体石墨、T_iO_2 等制成的抗磨涂层材料。这种涂料附着力强,可用涂敷工艺或压注成形工艺涂到预先加工成锯齿形状的导轨上。涂层厚度 1.5∼2.5 mm。我国已生产有环氧树脂耐磨涂料(HNT),它与铸铁的导轨副摩擦系数 $f=0.1\sim0.12$,在无润滑油情况下仍有较好的润滑和防爬行性能。

塑料导轨副的塑料软带一般贴在短的动导轨上,不受导轨形式的限制,各种组合形式的滑动导轨均可粘贴,图 6-34 所示为几种贴塑滑动导轨的结构。贴塑滑动导轨主要用于大型及重型数控机床上。

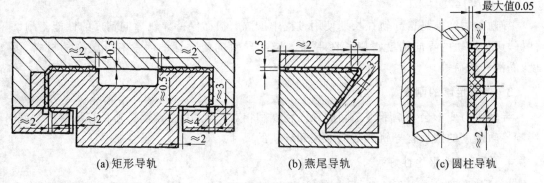

(a) 矩形导轨　　　　　　(b) 燕尾导轨　　　　　　(c) 圆柱导轨

图 6-34　贴塑滑动导轨的结构

6.4.3　滚动导轨

滚动导轨是在导轨工作面之间放置滚珠、滚柱或滚针等滚动体,使导轨面之间形成滚动摩擦而不是滑动摩擦。滚动导轨与滑动导轨相比,其优点是:灵敏度高,摩擦系数小,且其动、静摩擦系数相差很小,因而运动均匀,尤其是在低速移动时,不易出现爬行现象;定位精度高,重复定位精度可达 0.2 μm;牵引力小,移动轻便;磨损小,精度保持性好,使用寿命长。但滚动导轨的抗震性差,对防护要求高,结构复杂,制造困难,成本高。根据滚动体的种类,滚动导轨可以分为下列几种类型。

(1) 滚珠导轨。这种导轨的承载能力小,刚度低。为了防止在导轨面上产生压坑,导轨面一般采用淬火钢做成。滚珠导轨适用于运动部件重量轻,切削力不大的数控机床上。

(2) 滚柱导轨。这种导轨的承载能力和刚度都比滚珠导轨大,适用于载荷较大的机床上。但对于安装的偏斜反应大,支承的轴线与导轨的平行度误差不大时也会引起偏移和侧向滑动,从而使导轨磨损加快、精度降低。

(3) 滚针导轨。这种类型导轨的特点是尺寸小、结构紧凑,主要适用于导轨尺寸受限制的机床上。

(4) 直线滚动导轨(简称为直线导轨)。图 6-35 是直线滚动导轨副的外形图,直线滚动导轨由一根长导轨(导轨条)和一个或几个滑块组成。图 6-36 是直线滚动导轨副的结构图,当滑块 10 相对于导轨条 9 移动时,每一组滚珠(滚柱)都在各自的滚道内循环运动,其所受的载荷形式与滚动轴承类似。

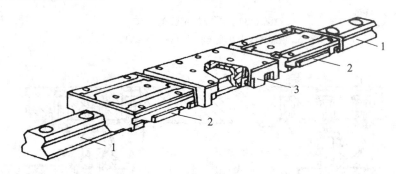

图 6-35　直线滚动导轨副的外形

1—导轨条;2—循环滚柱滑块;3—抗震阻尼滑块

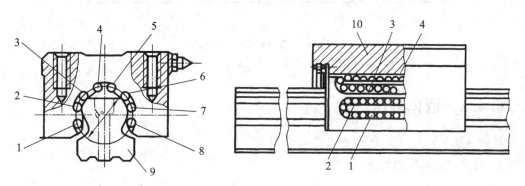

图 6-36　直线滚动导轨副

1、4、5、8—回珠(回柱);2、3、6、7—负载滚珠(滚柱);9—导轨条;10—滑块

直线滚动导轨的特点是摩擦系数小、精度高,安装和维修都很方便。由于直线滚动导轨是一个独立的部件,对机床支承导轨部分的要求不高,既不需要淬硬也不需要磨削或刮研,只需精铣或精刨。因为这种导轨可以预紧,因此其刚度高。

直线滚动导轨通常两条成对使用,可以水平安装,也可以竖直或倾斜安装。当长度不够时,可以多根接长安装。为保证两条或多条导轨平行,通常把一条导轨作为基准导轨,安装在床身的基准面上,其底面和侧面都有定位面;另一条导轨为非基准导轨,床身上没有侧面定位面。这种安装形式称为单导轨定位,如图 6-37 所示。单导轨定位容易安装,便于保证平行,对床身没有侧向定位面的平行要求。

当振动和冲击较大、精度要求较高时,两条导轨的侧面都要定位,称为双导轨定位,如图6-38 所示。双导轨定位要求定位面平行度高。

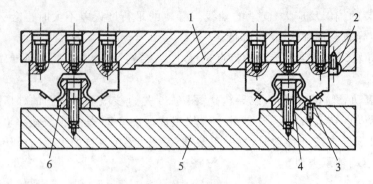

图 6-37　单导轨定位的安装

1—工作台;2、3—楔块;4—基准侧的导轨条;5—床身;6—非定位导轨

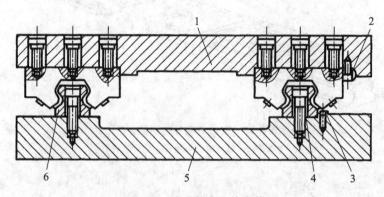

图 6-38　双导轨定位的安装

1—基准侧的导轨条;2、4、5—调整垫;3—工作台;6—床身

6.4.4　液体静压导轨

液体静压导轨主要用于大型、重型数控机床。

1. 液体静压导轨的特点

液体静压导轨的优点是:由于导轨的工作面完全处于纯液体摩擦下,因而工作时摩擦系数极低($f=0.0005$);导轨的运动不受负载和速度的限制,且低速时移动均匀,无爬行现象;由于液体具有吸振作用,因而导轨的抗震性好;承载能力大、刚性好;摩擦发热小,导轨温升小。

液体静压导轨的缺点是:结构复杂,多了一套液压系统;成本高;油膜厚度难以保持恒定不变。

2. 液体静压导轨的结构型式

液体静压导轨可以分为开式和闭式两种,分别如图 6-39 和 6-40 所示。

图 6-39 为开式液体静压导轨工作原理图。来自液压泵的压力油经节流阀 4,压力降至 P_1,进入导轨面,借助压力将动导轨浮起,使导轨面间以一层厚度为 h_0 的油膜隔开,油腔中的油不断地穿过各封闭间隙流回油箱。当动导轨受到外负荷 W 作用时,使动导轨向下产生一个位移,导轨间隙由 h_0 降至 h,使油腔回油阻力增大、油压增大,以平衡负载,使导轨仍在纯液体摩擦下工作。

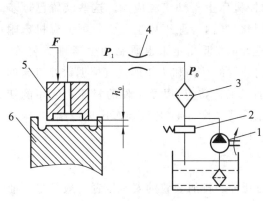

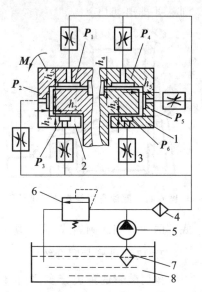

图 6-39　开式液体静压导轨工作原理

1—液压泵；2—溢流阀；3—过滤器；
4—节流器；5—运动导轨；6—床身导轨

图 6-40　闭式液体静压导轨工作原理

1、2—导轨；3—节流阀；4、7—过滤器；
5—液压泵；6—溢流阀；8—油箱

图 6-40 为闭式液体静压导轨的工作原理图。闭式液体静压导轨的各个方向导轨面上均开有油腔，所以闭式液体静压导轨具有承受各方向载荷的能力。设油腔各处的压力分别为 P_1、P_2、P_3、P_4、P_5、P_6，当受到力矩 M 时，P_1、P_6 处间隙变小，P_1、P_6 压力增大，P_3、P_4 处间隙变大，则 P_3、P_4 变小，这样形成一个与力矩 M 反向的力矩，从而使导轨保持平衡。

◀ 6.5　常用辅助装置 ▶

6.5.1　排屑装置

1. 排屑装置在数控机床上的作用

数控机床使机械加工的效率大幅度提高。工件上的多余金属在变成切屑后所占的空间将比普通机床成倍加大，如不及时排除，必然会覆盖或缠绕在工件和刀具上，使自动加工无法继续进行。此外，炽热的切屑向机床或工件散发的热量，会使机床或工件产生热变形，影响加工的精度。因此，迅速、有效地排除切屑对数控机床加工来说是十分重要的，而排屑装置正是完成这项工作的一种必备附属装置，其主要作用是将切屑从加工区域排出数控机床之外。在数控车床和数控磨床上的切屑中往往混合着切削液，排屑装置从其中分离出切屑，并将它们送入切屑收集箱（车）内，而切削液则被回收到切削液箱。数控铣床、加工中心和数控铣镗床的工件安装在工作台面上，切屑不能直接落入排屑装置，故往往需要采用大流量切削液冲刷，或压缩空气吹扫等方法使切屑进入排屑槽，然后再回收切削液并排出切屑。

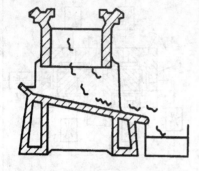

图 6-41　底油盘倾斜式便于排屑图

　　排屑装置是一种具有独立功能的附件,它的工作可靠性和自动化程度随着数控机床技术的发展而不断提高。各主要工业国家都已研究开发了各种类型的排屑装置,在各类数控机床上得到广泛应用。这些装置已逐步标准化和系列化,并由专业工厂生产。我国上海机床附件三厂等专业工厂,近几年来也研制和生产排屑装置。数控机床排屑装置的结构和工作形式应根据数控机床的种类、规格、加工工艺特点,以及工件的材质和使用的切削液种类等来选择。图 6-41 是数控车床床身结构,床身底部的油盘制成倾斜式,便于切屑的自动集中和排出。

2. 典型排屑装置介绍

　　排屑装置的种类繁多,图 6-42 所示为其中的几种。排屑装置的安装位置一般都尽可能靠近刀具切削区域。数控车床的排屑装置安装在回转工件下方,以利于简化机床或排屑装置结构,减小机床占地面积,提高排屑效率。排出的切屑一般都落入切屑收集箱或小车中,有的则直接排入车间排屑系统。

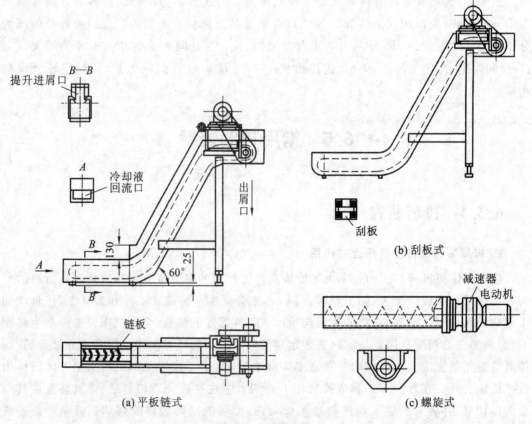

图 6-42　排屑装置

1) 平板链式排屑装置(见图 6-42(a))

该装置以滚动链轮牵引钢质平板链带在封闭箱中运转,加工中的切屑落到链带上被带出机床。这种装置能排除各种形状的切屑,适应性强,各类机床都能采用。其在数控车床上使用时,多与机床切削液箱合为一体,以简化机床结构。

2) 刮板式排屑装置(见图 6-42(b))

该装置传动原理与平板链式排屑装置的传动原理基本相同,只是链板不同,它带有刮板链板。这种装置常用于输送各种材料的短小切屑,排屑能力较强。因其负载大,故需采用较大功率的驱动电动机。

3) 螺旋式排屑装置(见图 6-42(c))

该装置是采用电动机经减速装置驱动安装在沟槽中的一根长螺旋杆进行排屑。螺旋杆转动时,沟槽中的切屑由螺旋杆推动连续向前运动,最终排入切屑收集箱。螺旋杆有两种形式,一种是用扁形钢条卷成螺旋弹簧状,另一种是在轴上焊上螺旋形钢板。这种装置占据空间小,适于安装在机床与立柱间空隙狭小的位置上。螺旋式排屑装置结构简单,排屑性能良好,但只适于沿水平或小角度倾斜直线方向排运切屑,不能大角度倾斜、提升或转向排屑。

6.5.2 回转工作台

为了扩大数控机床的工艺范围,数控机床除了沿 X、Y、Z 三个坐标轴做直线进给外,往往还需要有绕 X 轴、Y 轴或 Z 轴的圆周进给运动。数控机床的圆周进给运动一般由回转工作台来实现。回转工作台除用于进行各种圆弧加工与曲面加工外,还可以实现精确的自动分度。对于加工中心来说,回转工作台已成为一个不可缺少的部件。

数控机床中常用的回转工作台有分度工作台和数控回转工作台。

1. 分度工作台

分度工作台只能完成分度运动,不能实现圆周进给,它是按照数控系统的指令,在需要分度时将工作台连同工件回转一定的角度。分度时也可以采用手动分度。分度工作台一般只能回转规定的角度(如 $90°$、$60°$ 和 $45°$ 等)。

数控机床中,分度工作台按定位机构的不同,可分为定位销式和鼠牙盘式。

1) 定位销式分度工作台

图 6-43 为某型加工中心的分度工作台,这种工作台依靠定位销实现分度。分度工作台面 2 的两侧有长方工作台 11,当不单独使用分度工作台时,可以作为整体工作台使用。分度工作台 2 的底部均匀分布着八个削边定位销 8,在底座 12 上有一个定位衬套 7 及供定位销移动的环形槽。因为定位销之间的分布角度为 $45°$,因此此工作台只能做二、四、八等分的分度。

分度时,由数控系统发出指令,由电器控制的液压阀使六个均布的锁紧液压缸 9 中的压力油经环形槽流回油箱,活塞杆 22 被弹簧 21 顶起,工作台处于松开状态。同时消除间隙液压缸 6 卸荷,液压缸中的压力油流回油箱。油管 15 中压力油进入中央液压缸 16 使活塞 17 上升,并通过螺柱 18、支座 5 把推力轴承 13 向上抬起 $15\ \text{mm}$。固定在工作台面上的定位销

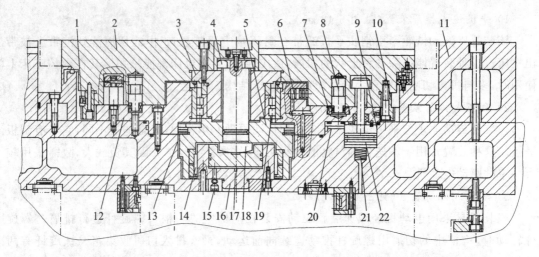

图 6-43　定位销式分度工作台

1—挡块；2—分度工作台；3—锥套；4—螺钉；5—支座；6—间隙消除液压缸；7—定位套；8—定位销；
9—锁紧液压缸；10—齿轮；11—长方工作台；12—底座；13、14、19—轴承；15—油管；16—中央液压缸；
17—活塞；18—螺柱；20—下底座；21—弹簧；22—活塞杆

8 从定位套 7 中拨出，即完成了分度前的准备工作。

　　然后，再由数控系统发出指令，使液压马达驱动减速齿轮（图中未示出），带动固定在工作台 2 下面的大齿轮 10 转动进行分度。分度时，工作台的旋转速度由液压马达和液压系统中的单向节流阀调节，分度初始时做快速转动，在将要到达规定位置前减速，减速信号由大齿轮 10 上的挡块 1（共八个，周向均布）碰撞限位开关发出。当挡块 1 碰撞第二个限位开关时，分度工作台停止转动，同时另一定位销 8 正好对准定位套 7 的孔。

　　分度完毕后，数控系统发出指令使中央液压缸 16 卸荷。液压油经油管 15 流回油箱，分度工作台 2 靠自重下降，定位销 8 进入定位套 7 孔中，完成定位工作。定位完毕后，液压缸 6 的活塞顶住工作台 2，使可能出现的径向间隙消除，然后再进行锁紧。压力油进入锁紧液压缸 9，推动活塞杆 22 下降，通过活塞杆 22 上的 T 形头压紧工作台。

　　定位销式分度工作台的定位精度取决于定位销和定位孔的精度，最高可达 ±5″。

　　2）鼠牙盘式分度工作台

　　鼠牙盘式分度工作台是目前应用较多的一种精密的分度定位机构，鼠牙盘式分度工作台主要由工作台、底座、夹紧液压缸、分度液压缸及鼠牙盘等零件组成，如图 6-44 所示。

　　机床需要分度时，数控装置就发出分度指令，由电磁铁控制液压阀（图中未示出），使压力油经管道 23 至分度工作台 7 中央的夹紧液压缸下腔 10，推动活塞 6 上移，经推力轴承 5 使工作台 7 抬起，上鼠牙盘 4 和下鼠牙盘 3 脱离啮合。工作台上移的同时带动内齿圈 12 上移并与齿轮 11 啮合，即完成了分度前的准备工作。

　　当工作台 7 向上抬起时，推杆 2 在弹簧作用下向上移动，使推杆 1 在弹簧的作用下右移。松开微动开关 D 的触头，控制电磁阀（图中未示出）使压力油从管道 21 进入分度液压缸的左腔 19 内，推动齿条活塞 8 右移，与它相啮合的齿轮 11 做逆时针转动。根据设计要求，当活塞齿条 8 移动 113 mm 时，齿轮 11 回转 90°，因这时内齿圈 12 已与齿轮 11 啮合，故分度工作台 7 也转动了 90°。分度运动速度由节流阀来控制齿条活塞 8 的运动速度来实现。

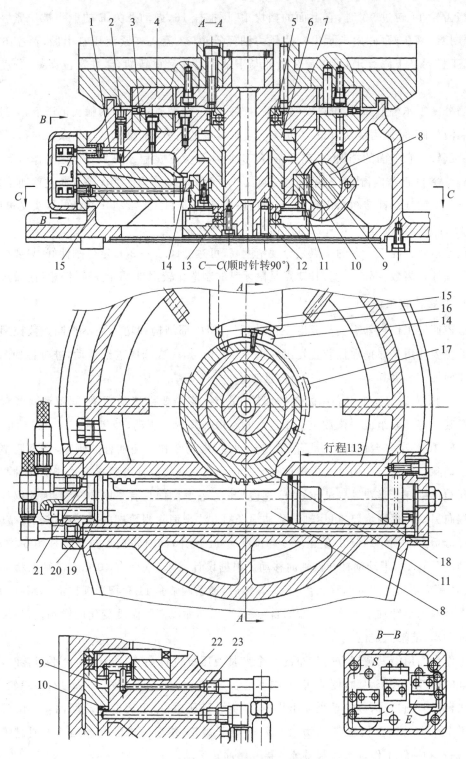

图 6-44　鼠牙盘式分度工作台

1、2、15、16—推杆；3—下鼠牙盘；4—上鼠牙盘；5、13 推力轴承；6—活塞；7—工作台；

8—齿条活塞；9—夹紧液压缸上腔；10—夹紧液压缸下腔；11—齿轮；12—内齿圈；14、17—挡块；

18—分度液压缸右腔；19—分度液压缸左腔；20、21—分度液压缸进回油管道；22、23—升降液压缸进回

当齿轮 11 转过 90°时,它上面的挡块 17 压推杆 16,微动开关 E 的触头被压紧。通过电磁铁控制液压阀(图中未示出),使压力油经管道 22 流入夹紧液压缸上腔,活塞 6 向下移动,工作台 7 下降。于是,上鼠牙盘 4 与下鼠牙盘 3 又重新啮合,并定位夹紧,分度工作完毕。

当分度工作台下降时,推杆 2 被压下,推杆 1 左移,微动开关 D 的触头被压下,通过电磁铁控制液压阀,使压力油从管道 20 进入分度液压缸的右腔 18,推动活塞齿条 8 左移,使齿轮顺时针旋转。它上面的挡块 17 离开推杆 16,微动开关 E 的触头被放松。因工作台面下降,夹紧后齿轮 11 已与内齿圈 12 脱开,故分度工作台面不转动。当活塞齿条 8 向左移动 113 mm 时,齿轮 11 就顺时针转 90°,齿轮 11 上的挡块 14 压下推杆 15,微动开关 C 的触头又被压紧,齿轮 11 停在原始位置,为下一次分度做好准备。

鼠牙盘式分度工作台的优点是分度精度高,可达 ±(0.5″～3″),定位刚性好,只要分度数能除尽鼠牙盘齿数,都能分度;其缺点是鼠牙盘的制造比较困难,不能进行任意角度的分度。

2. 数控回转工作台

数控回转工作台外观上与分度工作台相似,但内部结构和功用大不相同。数控回转工作台的主要作用是根据数控装置发出的指令脉冲信号,完成圆周进给运动,进行各种圆弧加工或曲面加工。另外,它也可以进行分度工作。

图 6-45 为某型加工中心用的数控回转工作台,它主要由传动系统、间隙消除装置和蜗轮夹紧装置等部分组成。该数控工作台由电液步进马达 1 驱动,经齿轮 2 和 4 带动蜗杆 9,通过蜗轮 10 使工作台回转。为了消除传动间隙,齿轮 2 和 4 相啮合的侧隙,是靠调整偏心环 3 来消除。齿轮 4 与蜗杆 9 靠楔形拉紧圆柱销 5 来联接。这种联接方式能消除轴与套的配合间隙。蜗杆 9 是双导程渐厚蜗杆,这种蜗杆左右两侧面具有不同的导程,因此蜗杆齿厚从一端向另一端逐渐增厚,可用轴向移动蜗杆的方法来消除蜗轮副的传动间隙。调整时,先松开螺母 7 上的锁紧螺钉 8,使塞块 6 与调整套 11 松开,同时将楔形拉紧圆柱销 5 松开,然后转动调整套 11,带动蜗杆 9 做轴向移动。根据设计要求,蜗杆有 10 mm 的轴向移动调整量,这时蜗轮副的侧隙可调整 0.2 mm。调整后,锁紧调整套 11 和楔形圆柱销 5,蜗杆的左右两端都有双列滚针轴承支承。左端为自由端,可以伸缩以消除温度变化的影响;右端装有双列止推轴承,能轴向定位。

工作台面用沿其圆周方向分布的八个夹紧液压缸进行夹紧。当工作台不回转时,夹紧液压缸的上腔进入压力油,使活塞 15 向下运动,通过钢球 17,夹紧块 13 及 12,将蜗轮夹紧。当工作台需要回转时,数控系统发出指令,使夹紧液压缸 14 上腔的油流回油箱。由于弹簧 16 的作用将钢球向上抬起,夹紧块 12 及 13 松开蜗轮,然后由电液脉冲马达 1 通过传动装置,使蜗轮和回转工作台按控制系统的指令做回转运动。

数控回转工作台设有零点。返回零点时分两步完成:首先由安装在蜗轮上的撞块 19 撞击行程开关减速,再通过感应块 20 和无触点开关准确地停在原点位置上。

该数控工作台可做任意角度回转和分度,可利用圆光栅 18 进行读数,圆光栅 18 在圆周

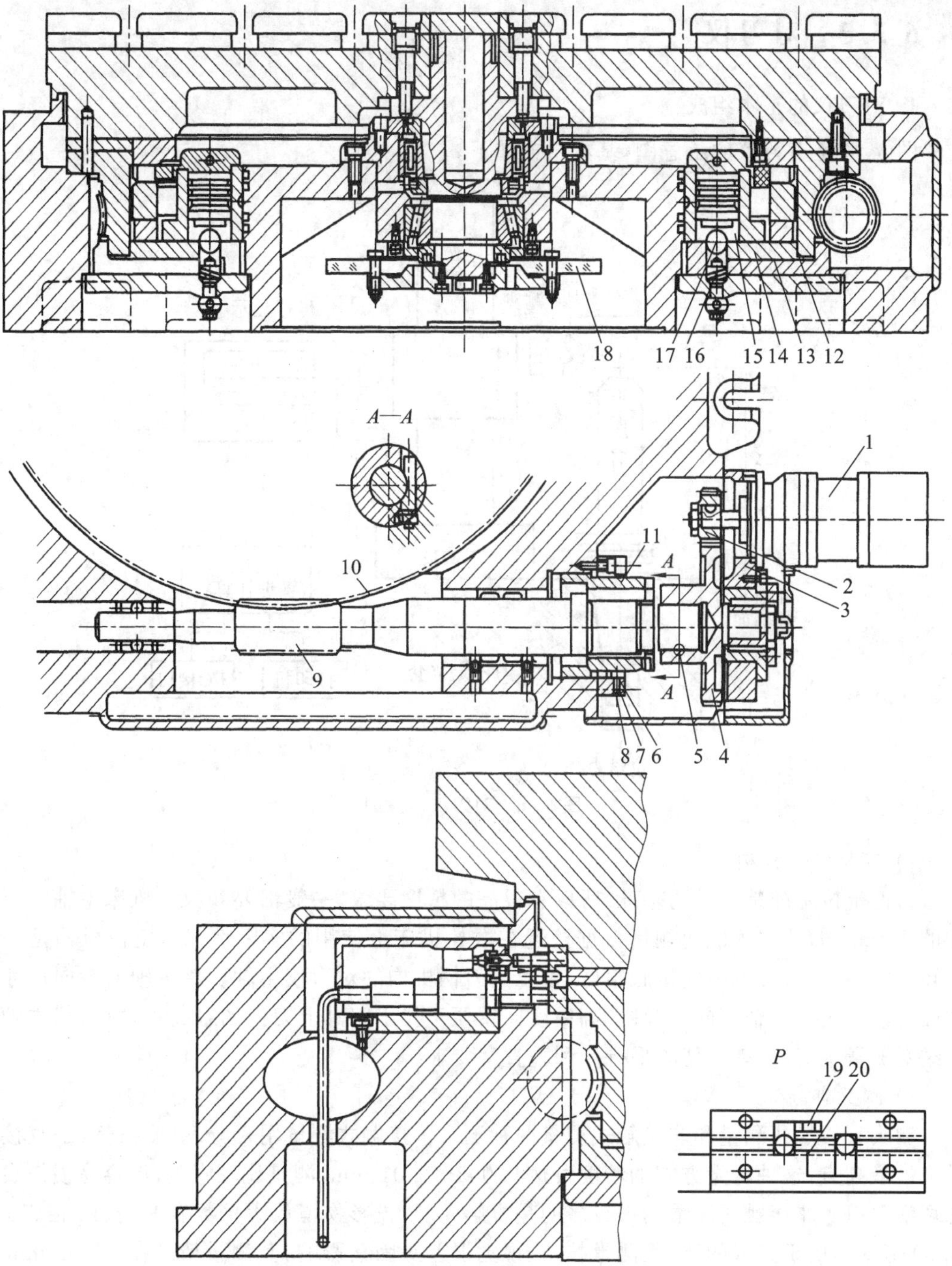

图 6-45 数控回转工作台

1—电液脉冲马达;2、4—齿轮;3—偏心环;5—楔形拉紧销;6—压块;7—螺母;8—锁紧螺钉;9—蜗杆;10—蜗轮;
11—调整套;12、13—夹紧块;14—夹紧液压缸;15—活塞;16—弹簧;17—钢球;18—圆光栅;19—撞块;20—感应块

上有 21600 条刻线,通过六倍频电路,使刻度分辨率为 10″,故分度精度可达 ±10″。

6.5.3 对刀仪

1. 对刀仪的基本组成

图 6-46 是对刀仪的示意图,基本组成如下。

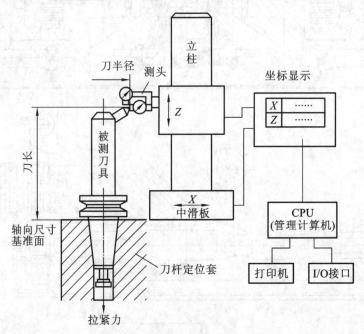

图 6-46　对刀仪示意图

1) 刀柄定位机构

刀柄定位基准是测量的基准,所以有很高的精度要求,一般都要和数控机床主轴定位基准的要求相同,这样才能使测量数据接近在数控机床上使用的实际情况。定位机构是一个回转精度很高、与刀柄锥面接触很好、带拉紧刀柄机构的对刀仪主轴。该主轴的轴向尺寸基准面与数控机床主轴相同,主轴能高精度回转便于找出刀具上刀齿的最高点,对刀仪主轴中心线对测量轴 Z、X 有很高的平行度和垂直度要求。

2) 测头部分

测头有接触式测量和非接触式测量两种测头。接触式测量用百分表(或扭簧仪)直接测量刀齿最高点,这种测量方式的精度可达 0.002～0.01 mm,测量比较直观,但容易损伤表头和切削刀刃。非接触式测量用得较多的是投影光屏,投影物镜放大倍数有 8 倍、10 倍、15 倍和 30 倍等。由于光屏的质量、测量技巧、视觉误差等因素影响,其测量精度在 0.005 mm 左右,这种测量不太直观,但可以综合检查刀刃质量。

3) Z、X 轴尺寸测量机构

轴通过带测头部分两个坐标的移动,测得 Z 轴和 X 轴尺寸,即为刀具的轴向尺寸和半径尺寸。两轴使用的实测元件有许多种:机械式测量有游标刻线尺、精密丝杠和刻线尺加读数头;电测量有光栅数显、感应同步器数显和磁尺数显等。

4) 测量数据处理装置

由于柔性制造技术的发展,对数控机床所使用刀具的测试数据也需要进行有效管理,因此在对刀仪上再配置计算机及附属装置,它可以存储、输出、打印刀具预调数据,并可与上一级管理计算机(刀具管理工作站、单元控制器)联网,形成 FMC、FMS 使用的有效刀具管理系统。

2. 对刀仪的使用方法

对刀仪的使用方法,在每台对刀仪说明书中都有介绍。应该注意的是,测量时都应该用一根对刀心轴对对刀仪的 Z、X 轴进行定标和定零位,而这根对刀心轴又应该在所使用的数控机床主轴上测量过误差,这样,测量出的刀具尺寸就能消除对刀仪主轴和数控机床主轴之间的系统误差。

3. 影响刀具测量的一些误差因素

(1) 静态测量和动态加工的误差。影响刀具在静态下测量其尺寸,而实际使用时是在回转条件下,又受到切削力和振动外力等影响,因此加工出的尺寸不会和预调尺寸一致,必然有一个修正量。如果刀具质量比较稳定,加工情况比较正常,一般轴向尺寸和径向尺寸有 $0.01 \sim 0.02$ mm 的修调量。这应根据数控机床和工具系统质量,由操作者凭经验修正。

(2) 刀具质量的影响。刀具的质量和动态刚性直接影响加工尺寸。

(3) 测量技术的影响。使用对刀仪测量的技巧欠佳,也可能造成 0.01 mm 以上的误差。

(4) 零位漂移的影响。使用电测量系统,应注意长期工作时电气系统的零位漂移,要定时检查。

(5) 仪器精度的影响。目前,普通对刀仪精度,轴向(Z 向)在 $0.01 \sim 0.02$ mm 之间,径向(X 向)在 ± 0.005 mm 左右,好的对刀仪也可以达到 ± 0.002 mm 左右(但好的对刀仪必须有高精度刀具系统来相配)。

思考与练习题

6-1 数控机床的机械结构由哪些部分组成?数控机床的机械结构有哪些主要特点?

6-2 数控机床的主传动系统有何特点?常见的主轴传动机构有哪些?

6-3 什么叫主轴准停功能?它的作用是什么?常见的主轴准停控制方式有哪些?

6-4 什么是电主轴?数控机床采用电主轴有哪些优点?

6-5 数控机床的进给传动系统有何特点?进给传动系统主要由哪些部件组成?

6-6 数控机床为什么常采用滚珠丝杠螺母副作为传动元件?

6-7 滚珠丝杠螺母副的保护措施有哪些?

6-8 为什么要消除数控机床滚珠丝杠螺母副的间隙?如何消除?

6-9 滚珠丝杠螺母副有哪些支承方法?

6-10 滚珠丝杠螺母副为什么要有自动平衡装置?试叙述其工作原理。

6-11 为什么要消除数控机床进给传动齿轮的齿侧间隙?消除齿侧间隙的措施有哪些?各有何优缺点?

6-12 对数控机床的导轨有哪些要求?常用的导轨有哪些?

6-13 液体静压导轨有哪几种形式?试叙述其工作原理。

6-14 排屑装置的作用是什么?典型的排屑装置有哪些?

6-15 分别叙述定位销式分度工作台、鼠牙盘式分度工作台的特点。

6-16 试述数控分度工作台的组成及工作原理。

6-17 试述对刀仪的组成及工作原理。

第 7 章
常用数控机床

◀▶ 7.1　数控车床 ◀▶

7.1.1　数控车床的主要加工对象和分类

1. 数控车床的主要加工对象

数控车床是目前使用最广泛的数控机床之一。数控车床主要用于加工轴类、盘类等回转体零件。通过执行数控程序，可以自动完成内外圆柱面、圆锥面、成形回转表面、螺纹、端面等工序的切削加工，并能进行车槽、钻孔、扩孔、铰孔等工作，由于数控车床具有加工精度高、能做直线和圆弧插补以及在加工过程中能自动变速的特点，因此其工艺范围较普通车床大得多。数控车削中心和数控车铣中心可在一次装夹中完成更多的加工工序，提高了加工精度和生产效率。

1）精度要求高的回转体零件

由于数控车床刚性好，制造和对刀精度高，以及能方便和精确地进行人工补偿和自动补偿，所以能加工尺寸精度要求较高的零件，在有些场合可以以车代磨。由于机床的刚性好和制造精度高，所以它能加工直线度、圆度、圆柱度等形状精度要求高的零件。数控车削对提高位置精度还特别有效，不少位置精度要求高的零件用普通车床车削时，因机床制造精度低，工件装夹次数多，而达不到要求，只能在车削后用磨削或其他方法弥补。例如图 7-1 所示的轴承内圈，原采用三台液压半自动车床和一台液压仿形车床加工，需多次装夹，因而造成较大的壁厚差，达不到精度要求，后改用数控车床加工，一次装夹即可完成滚道和内孔的车削，壁厚差大为减少，且加工质量稳定。

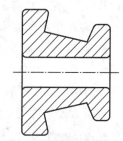

图 7-1　轴承内圈示意图

2）表面质量要求高的回转体零件

数控车床具有恒线速度切削功能，能加工出表面粗糙度 Ra 值小而均匀的零件。在材质、精车余量和刀具已确定的情况下，表面粗糙度取决于进给量和切削速度。在普通车床上车削锥面和端面时，由于转速恒定不变，致使车削后的表面粗糙度 Ra 值不一致，只有某一直径处的表面粗糙度 Ra 值最小，使用数控车床的恒线速度切削功能，就可选用最佳线速度来切削锥面和端面，使车削后的表面粗糙度 Ra 值既小又一致。数控车削还适合于车削各部位表面粗糙度要求不同的零件，表面粗糙度 Ra 值要求大的部位选用大的进给量，要求小的部位选用小的进给量。

3）表面形状复杂的回转体零件

由于数控车床具有直线和圆弧插补功能，所以可以车削任意直线和曲线组成的形状复杂的回转体零件。例如，图 7-2 所示的壳体零件封闭内腔的成型面，在普通车床上是无法加工的，而在数控车床上则很容易加工出来。

4）带特殊螺纹的回转体零件

数控车床具有加工各类螺纹的功能，能车削任何导程的直、锥和端面螺纹，车削增导程、

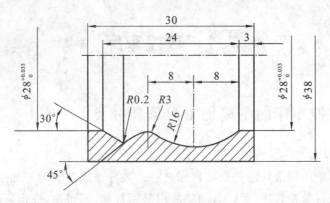

图 7-2　成形内腔零件示例

减导程以及要求等导程和变导程之间平滑过渡的螺纹。数控车床通常在主轴箱内安装有脉冲编码器,主轴的运动通过同步带 1:1 地传到脉冲编码器。当主轴旋转时,脉冲编码器便发出检测脉冲信号给数控系统,使主轴电动机的旋转与刀架的切削进给保持同步关系,即实现加工螺纹时主轴转一转,刀架 Z 向移动一个工件的螺纹导程的运动关系。数控车床车削螺纹时,主轴转向不必像普通车床那样交替变换,它可以一刀又一刀不停顿地循环,直到完成,所以车削螺纹的效率很高。数控车床可以配备精密螺纹切削功能,再加上采用硬质合金成形刀片,以及使用较高的转速,所以车削出来的螺纹精度高、表面粗糙度 Ra 值小。

5)超精密加工要求的零件

磁盘、录像机磁头、激光打印机的多面反射体、复印机的回转鼓、照相机等光学设备的透镜等零件,要求超高的轮廓精度和超低的表面粗糙度值,它们适合于在高精度、高性能的数控车床上加工。数控车床超精加工的轮廓精度可达到 $0.1~\mu m$,表面粗糙度 $Ra=0.02~\mu m$,超精加工所用数控系统的最小分辨率应达到 $0.01~\mu m$。

2. 数控车床的分类

数控车床可采用以下各种分类方法。

1)按数控系统的功能分类

按数控系统的功能分类,数控车床可分为全功能型和经济型两种。

(1)全功能型数控车床。如配有日本 FANUC OTE、德国 SIEMENS 810T 系统的数控车床都是全功能型的。

(2)经济型数控车床。经济型数控车床是在普通车床基础上改造而来的,一般采用步进电动机驱动的开环控制系统,其控制部分通常通过单片机来实现。

2)按主轴的配置形式分类

按主轴的配置形式分类,数控车床可分为卧式和立式两种。

(1)卧式数控车床,车床主轴轴线按水平位置布置的数控车床。具有两根主轴的卧式车床,称为双轴卧式数控车床。

(2)立式数控车床,车床主轴轴线按垂直位置布置的数控车床。具有两根主轴的立式车床,称为双轴立式数控车床。

3)按数控系统控制的轴数分类

按数控系统控制的轴数分类,数控车床可分为两轴控制和四轴控制两种。

(1) 两轴控制的数控车床,其机床上只有一个回转刀架,可实现两坐标轴控制。

(2) 四轴控制的数控车床,其机床上有两个回转刀架,可实现四坐标轴控制。对于车削中心或柔性制造单元来说,还要增加其他的附加坐标轴来满足机床的功能要求。

7.1.2 数控车床组成

如图 7-3 所示,数控车床由数控车床主机、数控系统、驱动系统、辅助装置、机外编码器五个部分组成。

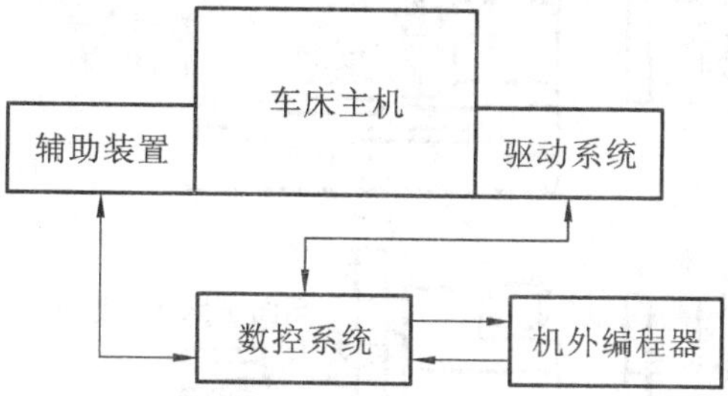

1. 数控车床

数控车床主机即数控车床的机械部件,主要包括床身、主轴箱、刀架、尾座、进给传动机构等。

图 7-3 数控车床的组成

2. 数控系统

数控系统即数字控制系统,是数控车床实现自动加工的核心,主要由输入/输出装置、监视器、主控制系统、可编程序控制器、各类输入/输出接口等组成。主控制系统主要由 CPU、存储器、控制器等组成。数控系统的主要控制对象是位置、角度、速度等机械量,以及温度、压力、流量等物理量。

3. 驱动系统

驱动系统即伺服系统,是数控系统和车床本体之间的电传动联系环节,主要由伺服电动机、驱动控制系统和位置检测与反馈装置等组成。伺服电动机是驱动系统的执行元件,驱动控制系统则是伺服电动机的动力源。数控系统发出的指令信号与位置反馈信号比较后作为位移指令,再经过驱动系统的功率放大后,驱动电动机运转,通过机械传动装置拖动刀架运动。

4. 辅助装置

辅助装置是为了加工服务的配套部分,主要包括自动换刀装置 ATC(automatic tool changer)、自动交换工作台机构 APC(automatic pallet changer)、工件夹紧放松机构、液压控制系统、气动装置、润滑装置、切削液装置、排屑装置、过载保护装置等。

5. 机外编程器

机外编程器是在普通的计算机上安装一套编程软件,使用这套软件以及相应的后置处理软件,就可以生成加工程序。通过数控车床控制系统上的通信接口或其他存储介质(如软盘、光盘等),把生成的加工程序输入到数控车床的控制系统中,完成零件的加工。

7.1.3 数控车床的布局

机床的布局是满足总体设计要求的具体实施办法的重要一环,因此,布局也是一种总体的优化设计。数控车床布局形式受到工件尺寸、质量和形状,机床生产率,机床精度,操纵方便的运行要求和安全与环境保护的要求的影响。随着工件尺寸、质量和形状的变化,数控车床的布局可有卧式车床、端面车床、单柱立式车床、双柱立式车床和龙门移动式立式车床的变化,如图 7-4 所示。

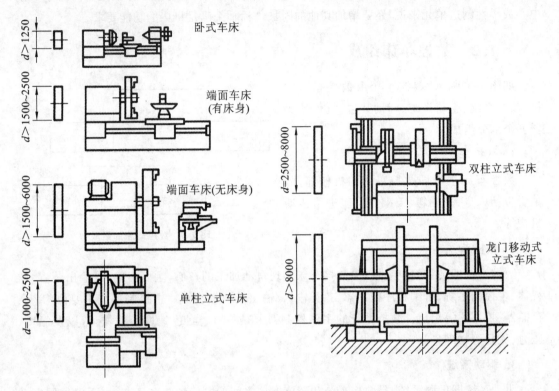

图 7-4　各种数控车床的布局

在卧式数控车床布局中,刀架和导轨的布局已成为重要的影响因素。刀架位置和导轨的位置较大地影响了机床和刀具的调整。考虑到工件的装卸、机床操作的方便性,以及机床的加工精度,并考虑到排屑性和抗震性,导轨宜采用倾斜式。在图 7-5 中,以前斜床身(斜导轨-平滑板式)为最佳数控卧式车床的布局形式。

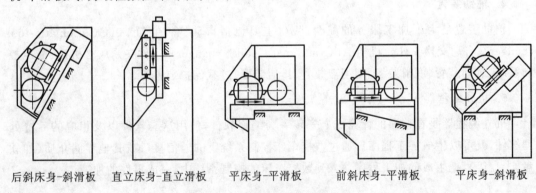

后斜床身-斜滑板　　直立床身-直立滑板　　平床身-平滑板　　前斜床身-平滑板　　平床身-斜滑板

图 7-5　数控卧式车床布局形式

1. 床身和导轨

床身的结构对机床的布局有很大影响。床身是机床的主要承载部件,是机床的主体。按照床身导轨面与水平面的相对位置,床身可分为图 7-5 所示的五种布局形式。一般来说,中、小规格的数控车床多采用斜床身和平床身-斜滑板,只有大型数控车床或小型精密数控车床才采用平床身,直立床身采用的较少。平床身工艺性好,易加工制造,且由于刀架水平放置,对提高刀架的运动精度有好处,但床身下部空间小,排屑困难。刀架横滑板较长,加大了机床的宽度尺寸,影响外观。平床身-斜滑板结构,再配上倾斜的导轨防护罩,这样既保持了平床身工艺性好的优点,床身宽度也不会太大,斜床身和平床身-斜滑板结构在现代数控车床中被广泛应用,因为这种布局形式具有以下特点:

(1) 易实现机电一体化;

(2) 机床外形整齐、美观,占地面积小;

(3) 容易设置封闭式防护装置;

(4) 容易排屑和安装自动排屑器;

(5) 从工件上切下的炽热切屑不至于堆积在导轨上影响导轨精度;

(6) 宜人性好,便于操作;

(7) 便于安装机械手,实现单机自动化。

斜床身按导轨相对于地面倾斜角度不同,可分为 30°、45°、60°、75° 和 90°(即立式床身),其中,30°、45° 多为小型数控车床采用,60° 形式适用于中等规格数控车床,90° 形式多为大型数控车床采用。倾斜角的大小将影响到刚度、排屑,也影响到占地面积、宜人性、外形尺寸高度的比例,以及刀架质量作用于导轨面垂直分力的大小等。选用时,应结合机床的规格、精度等选择合适的倾斜角。

图 7-6 是具有可编程尾座双刀架的数控车床,床身为倾斜形状,位于后侧,有两个数控回转刀架,可实现多刀加工,尾座可实现编程运动,也可安装刀具加工。

数控车床与普通车床比较,具有功率大、精度高、兼做粗精加工的优点,所以其对支承件的刚度和抗震性提出更高的要求。为此,床身和导轨除采用倾斜结构外,还有下述一些结构形式。

(1) 床身采用封闭式箱形结构,具有很高的刚度,如图 7-7 所示。

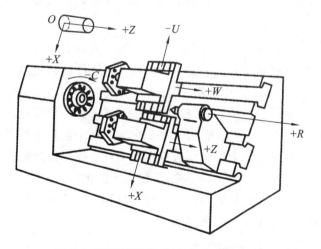

图 7-6　具有可编程尾座双刀架数控车床

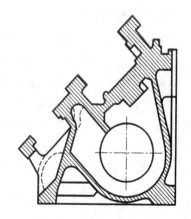

图 7-7　数控车床床身截面

(2) 在床身或底座内腔填充泥芯和混凝土等阻尼材料。当发生振动时,利用阻尼材料之间的相对摩擦耗散振动能量。例如图 7-8 的两种车床床身动态特性比较的结果,显示充填泥芯的床身阻尼显著增加;再如图 7-9 所示为数控车床底座和床身的结构,它充填有混凝土的底座内摩擦阻尼较高,再配以封沙的床身,使机床有较高的抗震性。该床身为四面封闭结构,中间导轨后有纵向肋板,纵向每隔 250 mm 有一横隔板。这样的结构,床身封闭截面可提高抗弯和抗扭刚度,纵向肋板可提高中间导轨的局部刚度,横隔板可减少截面的畸变。

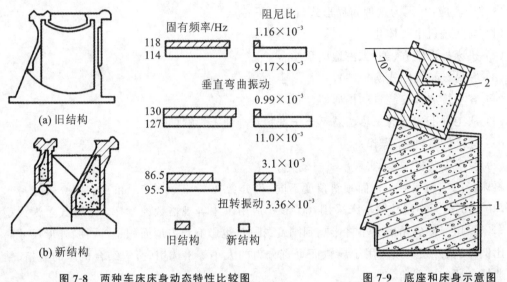

图 7-8　两种车床床身动态特性比较图　　　　　　　图 7-9　底座和床身示意图

1—实心混凝土底座;2—内封泥芯的铸铁床身

（3）采用钢板焊接结构,其突出的优点是制造周期短,省去了制作木模和铸造工序,不易出废品;焊接件在设计上自由度大,便于产品更新、扩大规格和改进结构;焊接件已可以达到与铸件相同,甚至更好的结构特性,因为它容易采用最有利于提高刚度的隔板和纵向肋板布置形式,能充分发挥壁板和纵向肋板的承载及抵抗变形的作用。另外,钢板的弹性模量 E 为 2×10^5 MPa,而铸铁的弹性模量 E 仅为 1.2×10^5 MPa,两者几乎相差 1 倍,因此,采用钢板焊接床身有利于提高固有频率。

2. 刀架布局

刀架是数控车床的重要部件,它对机床整体布局影响很大。两坐标连续控制的数控车床,一般都采用 12 工位的回转刀盘(也有 6、8、10 工位的)。回转刀架在机床上的布局主要有两种:一种是适用于加工轴类和盘形类零件的刀架,其回转轴与主轴平行;另一种是专门用于加工盘形类零件的刀架,其回转轴与主轴垂直。此外,还有分别加装在两个滑板上的回转刀架的结构形式,这种结构的数控车床称为双刀架四坐标数控车床。每个独立刀架的切削进给运动可分别控制,因而可同时切削同一工件的不同部位,不仅加工范围广,还能提高加工效率。四坐标数控车床需要配置专门的 CNC 装置,机械结构也比较复杂,其主要用于加工形状复杂,批量较大的零件,如曲轴、石油钻头、飞机零件等。

7.1.4　数控车床的机械结构

如图 7-10 所示,数控车床的机械结构包括主轴传动机构、进给传动机构、刀架、尾座、床身、辅助装置(刀具自动交换机构、润滑与切削液装置、排屑、过载限位)等部分。

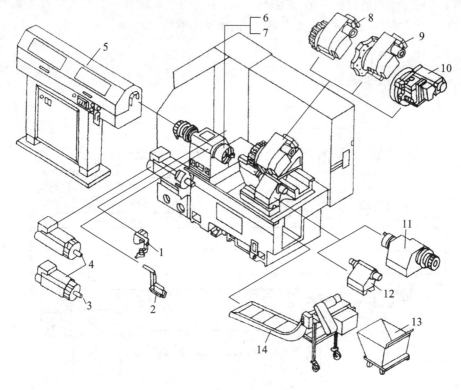

图 7-10   数控车床的机械结构

1—接触式机械对刀仪;2—工件接收器;3—C 轴控制主轴电动机;4—主轴电动机;5—自动送料机;6—三爪自定心卡盘;
7—弹簧夹头;8—标准刀架;9—VDI 刀架;10—动力刀架;11—副主轴;12—尾座;13—集屑车;14—排屑装置

1. 数控车床机械结构特点

数控车床本体结构包括如下几个方面的特点:

(1)采用了高性能的主轴部件,具有传递功率大、刚度高、抗震性好及热变形小等优点;

(2)进给伺服传动采用滚珠丝杠副、直线滚动导轨副等高性能传动件,具有传动链短、结构简单、传动精度高等特点;

(3)高档数控车床有较完善的刀具自动交换和管理系统,零件在车床上一次安装后,能自动地完成各个表面的加工工序。

2. 主轴部件结构

图 7-11 是 MJ-50 型数控车床主轴部件结构。主轴采用两支承结构,前支承由一个双列短圆柱滚子轴承 11 和一对角接触球轴承 10 组成,双列短圆柱滚子轴承 11 用来承受径向载荷,两个角接触球轴承中的一个大口朝向主轴前端,另一个大口朝向主轴后端,用来承受双向的轴向载荷和径向载荷。前支承轴承的间隙用螺母 1、6 来调整,螺钉 13、17 起防松作用。主轴的支承形式为前端定位,主轴受热膨胀向后伸长。前、后支承所用的双列短圆柱滚子轴承的支承刚性好,允许的极限转速高。而角接触球轴承能承受较大的轴向载荷,且允许的极限转速高,该支承结构能满足高速大载荷切削的需要。主轴的运动经过同步带轮 3、16 以及

同步带 2 带动脉冲编码器 4，使其与主轴同步运转。脉冲编码器用螺钉 5 固定在主轴箱体 9 上，利用主轴脉冲编码器检测主轴的运动信号。主轴的运动信号一方面可实现主轴调速的数字反馈，另一方面可用于进给运动的控制，例如车削螺纹等。

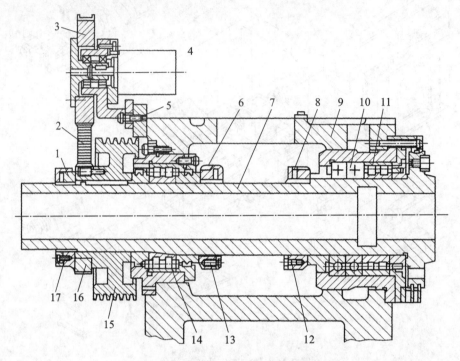

图 7-11　MJ50 型数控车床主轴部件结构

1、6、8—螺母；2—同步带；3、16—同步带轮；4—脉冲编码器；5—螺钉；7—主轴；9—主轴箱体；
10—角接触球轴承；11、14—双列短圆柱滚子轴承；12、13、17—螺钉；15—带轮

3. 主轴端部的结构形状

如图 7-12 所示，主轴端部（已经标准化）用于安装夹持零件的夹具。在设计要求上，应能保证定位准确、安装可靠、连接牢固、装卸方便，并能传递足够的转矩。主轴 1 前端的长、短圆锥面或圆柱面和凸缘端面定位，用端面键 3、螺柱 8 与偏心销 9、平键 11 和主轴前端圆柱面上的螺纹传递转矩，卡盘座 4 安装于主轴端部时，螺柱从凸缘上的孔中穿过，转动快卸卡板将数个螺柱同时装上，再拧紧螺母将卡盘座固牢在主轴端部。

4. 高速动力卡盘

在数控机床中，高速动力卡盘一般只用于数控车床。在金属切削加工中，为提高数控车床的生产效率，对其主轴转速提出越来越高的要求，以实现高速、甚至超高速切削。当前，数控车床的最高转速已由 1000～2000 r/min，提高到每分钟数千转，有的数控车床甚至达到 10000 r/min 以上。对于这样高的转速来说，一般的卡盘已不适用，而必须采用高速动力卡盘才能保证安全可靠地进行加工。

图 7-13 为中空式动力卡盘结构图。图 7-13（a）为 KEF250 型卡盘，图 7-13（b）为 P24160A 型油缸。这种卡盘的工作原理如下。当油缸 21 的右腔进入压力油使活塞 22 向左移动时，通过与联接螺母 5 相连接的中空拉杆 26，使滑动体 6 随联接螺母 5 一起向左移动，

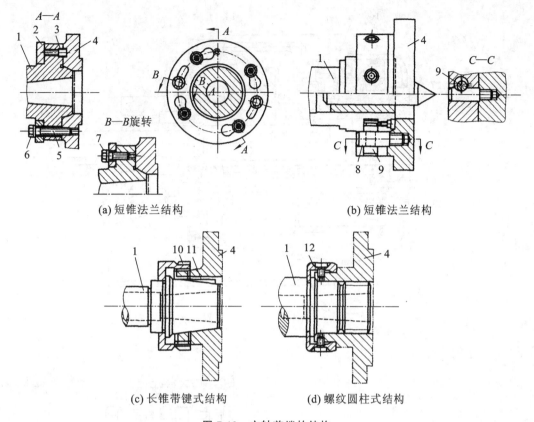

(a) 短锥法兰结构　　　　　　　　　　　　(b) 短锥法兰结构

(c) 长锥带键式结构　　　　　　　(d) 螺纹圆柱式结构

图 7-12　主轴前端的结构

1—主轴；2—锁紧盘；3—端面键；4—卡盘座；5、8—螺柱；6、10—螺母；7—螺钉；9—偏心销；11—平键；12—防松压爪

滑动体 6 上有三组斜槽分别与三个卡爪座 10 相啮合，借助 10°的斜槽，卡爪座 10 带着卡爪 1 向内移动夹紧工件；反之，当油缸 21 的左腔进入压力油使活塞 22 向右移动时，卡爪座 10 带着卡爪 1 向外移动松开工件。当卡盘高速回转时，卡爪组件产生的离心力使夹紧力减小。与此同时，平衡块 3 产生的离心力，通过杠杆 4 变成压向卡爪座的夹紧力，平衡块 3 越重，其补偿作用越大。为了实现卡爪的快速调整和更换，卡爪 1 和卡爪座 10 采用端面梳形齿的活爪连接，只要拧松卡爪 1 上的螺钉，即可迅速调整卡爪位置或更换卡爪。

5. 自动换刀机构

数控车床为了能在零件一次装夹中完成多种甚至所有加工工序，以缩短辅助时间，减少多次安装零件引起的误差，必须配备自动换刀机构。自动换刀机构应满足换刀时间短，刀具重复定位精度高，足够的刀具存储以及安全可靠等基本要求。

1）回转刀架

在数控车床上使用的回转刀架是一种最简单的自动换刀机构。根据加工对象不同，回转刀架有四方刀架、六角刀架和八（或更多）工位的圆盘式轴向装刀刀架等多种形式。回转刀架上分别安装四把、六把或更多刀具，并按数控装置的指令换刀。

回转刀架在结构上必须具有良好的强度和刚度，以承受粗加工时的切削抗力和减少刀架在切削力作用下的位移变形，提高加工精度。由于车削加工精度在很大程度上取决于刀

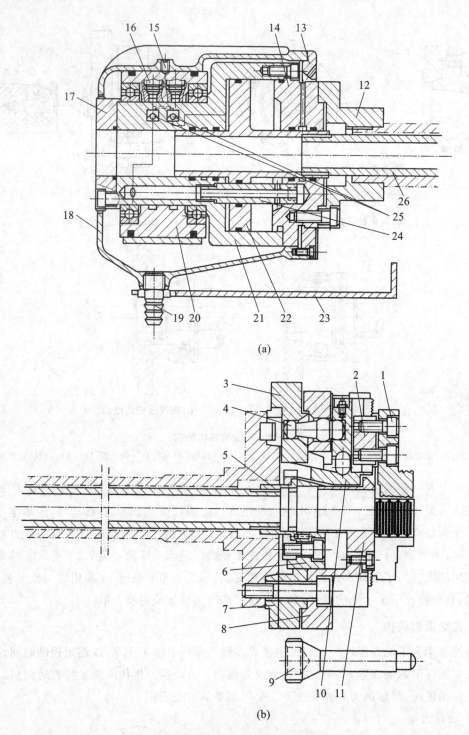

图 7-13 KEF50 型中空式动力卡盘结构

1—卡爪；2—T 形块；3—平衡块；4—杠杆；5—联接螺母；6—滑动体；7—法兰盘；8—盘体；9—扳手；10—卡爪座；
11—防护盖；12—法兰盘；13—前盖；14—油缸盖；15—紧定螺钉；16—压力管接头；17—后盖；18—罩壳；
19—漏油管接头；20—导油套；21—油缸；22—活塞；23—防转支架；24—导向杆；25—安全阀；26—中空拉杆

尖位置,对于数控车床来说,加工过程中刀架部位要进行人工调整,因此更有必要选择可靠的定位方案和合理的定位结构,以保证回转刀架在每次转位之后具有高的重复定位精度(一般为 0.001~0.005 mm)。

回转刀架按其工作原理可分为机械螺母升降转位、十字槽轮转位、凸台棘爪式、电磁式及液压式等多种工作方式,但其换刀的过程一般均为刀架抬起、刀架转位、刀架定位并压紧等几个步骤。

(1)四方回转刀架。

图 7-14 为一螺旋升降式四方刀架,其换刀过程如下。

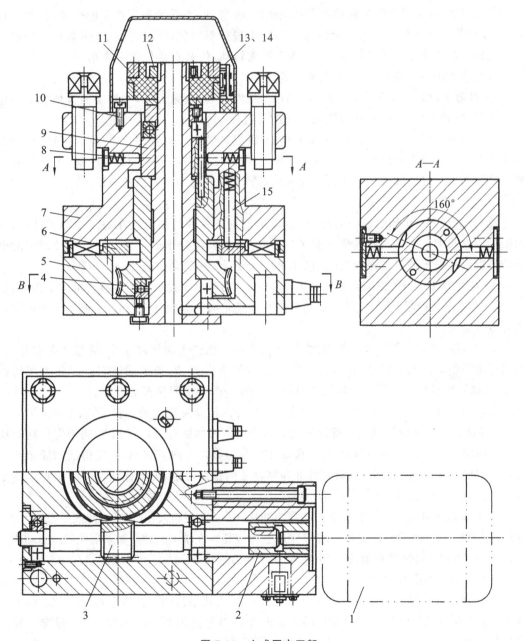

图 7-14 立式四方刀架

1—电动机;2—联轴器;3—蜗杆轴;4—蜗轮丝杠;5—刀架底座;6—粗定位盘;7—刀架体;
8—球头销;9—转位套;10—电刷座;11—发信体;12—螺母;13、14—电刷;15—粗定位销

① 刀架抬起。当数控装置发出换刀指令后,电动机 1 启动正转,并经联轴器 2 使蜗杆轴 3 转动,从而带动蜗轮丝杠 4 转动。刀架体 7 的内孔加工有螺纹,与蜗轮丝杠 4 联接,蜗轮丝杠 4 的蜗轮与丝杠为整体结构。当蜗轮丝杠 4 开始转动时,由于刀架底座 5 和刀架体 7 上的端面齿处于啮合状态,且蜗轮丝杠 4 轴向固定,因此刀架体 7 抬起。

② 刀架转位。当刀架抬起至一定的距离后,端面齿脱开,转位套 9 用销钉与蜗轮丝杠 4 连接,随蜗轮丝杠 4 一起转动,当端面齿完全脱开时,转位套 9 正好转过 160°,球头销 8 在弹簧力的作用下进入转位套 9 的槽中,带动刀架体 7 转位。

③ 刀架定位。刀架体 7 转动时带动电刷座 10 转动,当转到程序指定的位置时,粗定位销 15 在弹簧力的作用下进入粗定位盘 6 的槽中进行粗定位,同时电刷 13 接触导体使电动机 1 反转。由于粗定位槽的限制,刀架体 7 不能转动,使其在该位置垂直落下,刀架体 7 和刀架底座 5 上的端面齿啮合,实现精确定位。

④ 刀架压紧。刀架精确定位后,电动机 1 继续反转,夹紧刀架,当两端面齿增加到一定夹紧力时,电动机停止转动,从而完成一次换刀过程。

译码装置由发信体 11、电刷 13 和电刷 14 组成,电刷 13 负责发信,电刷 14 负责位置判断。当刀架定位出现过位或不到位时,可松开螺母 12 调好发信体 11 与电刷 14 的相对位置。这种刀架在经济型数控车床及普通车床的数控化改造中得到广泛应用。

(2) 六角回转刀架。

图 7-15 为数控车床的六角回转刀架,适用于盘类零件的加工。在加工轴类零件时,可以换成四方刀架。由于两者底部的安装尺寸相同,更换刀架十分方便。六角回转刀架的全部动作由液压系统通过电磁换向阀和顺序阀进行控制,它的动作分为四个步骤。

① 刀架抬起。当数控装置发出换刀指令后,压力油从 a 孔进入压紧液压缸的下腔,活塞 1 上升,刀架体 2 抬起,使定位活动插销 9 与圆柱固定插销 8 脱开。同时,活塞 1 下端的端齿离合器与空套齿轮 5 结合。

② 刀架转位。当刀架体 2 抬起之后,压力油从 c 孔进入液压缸左腔,活塞 6 向右移动,通过连接板带动齿条 7 移动,使空套齿轮 5 逆时针方向转动,通过端齿离合器使刀架转过 60°。活塞 6 的行程应等于空套齿轮 5 节圆周长的 1/6,并由限位开关控制。

③ 刀架压紧。刀架转位之后,压力油从 b 孔进入压紧液压缸的上腔,活塞 1 带动刀架体 2 向下移动。零件 3 的底盘上精确地安装着六个带斜楔的圆柱固定插销 8,利用定位活动插销 9 消除定位销与孔之间的间隙,实现可靠定位。刀架体 2 向下移动时,定位活动插销 9 与另一个圆柱固定插销 8 卡紧,同时零件 3 与零件 4 的锥面接触,刀架体 2 在新的位置定位并压紧。这时,端齿离合器与空套齿轮 5 脱开。

④ 转位液压缸复位。刀架压紧之后,压力油从 d 孔进入转位液压缸右腔,活塞 6 带动齿条 7 复位,由于此时端齿离合器已脱开,齿条 7 带动空套齿轮 5 在轴上空转。如果定位和压紧动作正常,推杆 11 与相应的触头 10 接触,发出信号,表示换刀过程已经结束,可以继续进行切削加工。

(3) 盘形自动回转刀架。

图 7-16 为 CK7815 型数控车床采用的 BA200L 刀架结构图。该刀架可配置 12 位(A 型或 B 型)、8 位(C 型)刀盘。A、B 型回转刀盘的外切刀可使用 25 mm×150 mm 标准刀具和刀杆截面为 25 mm×25 mm 的可调工具,C 型可用尺寸为 20 mm×20 mm×125 mm 的标准刀具。镗刀杆直径最大为 32 mm。

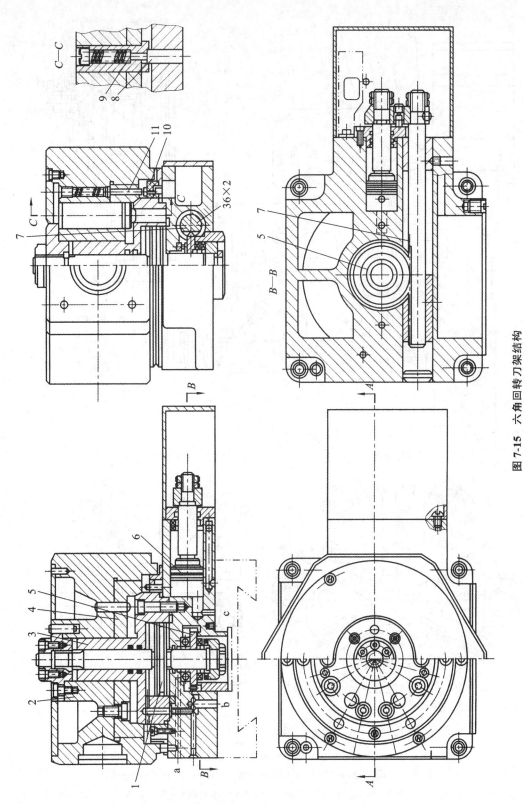

图 7-15 六角回转刀架结构

1、6—活塞; 2—刀架体; 3、4—零件; 5—空套齿轮; 7—齿条; 8—圆柱固定插销; 9—定位活动插销; 10—触头; 11—推杆

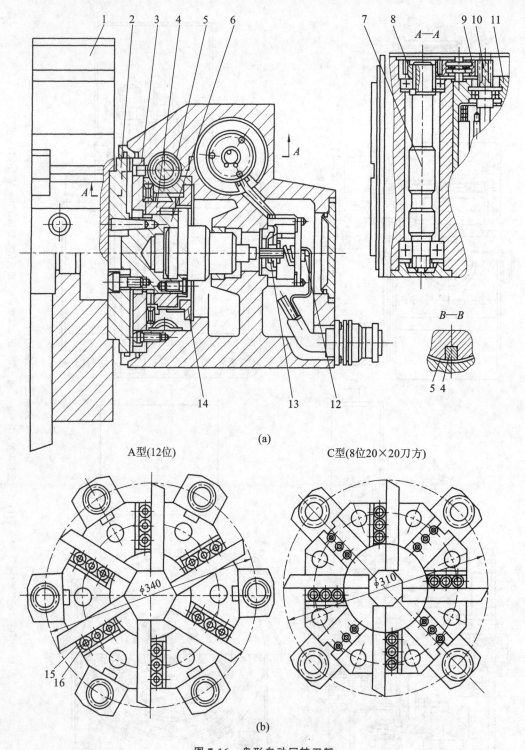

A型(12位)　　　　　　　　　　C型(8位20×20刀方)

(b)

图 7-16　盘形自动回转刀架

1—刀架；2、3—端面齿盘；4—滑块；5—蜗轮；6—轴；7—蜗杆；8、9、10—传动齿轮；
11—电动机；12—微动开关；13—小轴；14—圆环；15—压板；16—楔铁

刀架转位为机械传动,端面齿盘定位。转位开始时,电磁制动器断电,电动机 11 通电转动,通过齿轮 10、9、8 带动蜗杆 7 旋转,使蜗轮 5 转动。蜗轮内孔有螺纹与轴 6 上的螺纹配合。端面齿盘 3 被固定在刀架箱体上,轴 6 固定连接在端面齿盘 2 上,端面齿盘 2 和端面齿盘 3 处于啮合状态,所以当蜗轮转动时,使得轴 6、端面齿盘 2 和刀架 1 同时向左移动,直到端面齿盘 2 与 3 脱离啮合。轴 6 的外圆柱面上有两个对称槽,内装滑块 4。蜗轮 5 的右侧固定连接圆环 14,圆环 14 左侧端面上有凸块,所以蜗轮 5 和圆环 14 同时旋转。当端面齿盘 2、3 脱开后,与蜗轮 5 固定在一起的圆环 14 上的凸块正好碰到滑块 4,蜗轮 5 继续转动,通过圆环 14 上的凸块带动滑块 4 连同轴 6、刀盘一起进行转位。到达要求位置后,电刷选择器发出信号,使电动机 11 反转,这时蜗轮 5 及圆环 14 反向旋转,凸块与滑块 4 脱离,不再带动轴 6 转动;同时,蜗轮 5 与轴 6 上的旋合螺纹使轴 6 右移,端面齿盘 2、3 啮合并定位。压紧端面齿盘的同时,轴 6 右端的小轴 13 压下微动开关 12,发出转位结束信号,电动机断电,电磁制动器通电,维持电动机轴上的反转力矩,以保持端面齿盘 2、3 之间有一定的压紧力。刀具在刀盘上由压板 15 及调节楔铁 16(见图 7-16(b))夹紧。更换和对刀十分方便。刀位选择由电刷选择器进行,松开、夹紧位置检测由微动开关 12 控制。整个刀架控制是一个电气系统,结构简单。

2) 带刀库的自动换刀装置(见图 7-17)

数控车床的自动换刀装置主要采用回转刀盘,刀盘上安装 8～12 把刀。有的数控车床采用两个刀盘,实行四坐标控制,少数数控车床也具有刀库形式的自动换刀装置。图 7-17(a)是一个刀架上的回转刀盘,刀具与主轴中心线平行安装,回转刀盘既具有回转运动又有纵向进给运动(S_H)和横向进给运动(S_Z)。图 7-17(b)为刀盘中心线相对于主轴轴线倾斜的回转刀盘,刀盘上有 6～8 个刀位,每个刀位上可装 2 把刀具,分别加工内孔和外圆。图 7-17(c)为装有两个刀盘的数控车床,刀盘 1 的回转中心线与主轴轴线平行,用于加工外圆;刀盘 2 的回转中心线与主轴轴线垂直,用于加工内表面。图 7-17(d)是安装有刀库的数控车床,刀库可以是回转式或链式,通过机械手交换刀具。图 7-17(e)是带鼓轮式刀库的车削中心,回转刀盘 3 上面装有多把刀具,鼓轮式刀库 4 上可装 6～8 把刀,机械手 5 可将刀库中的刀具换到刀具转轴 6 上去,刀具转轴 6 可由电动机驱动回转进行铣削加工,回转头 7 可交换采用回转刀盘 3 和刀具转轴 6 轮流进行加工。自动换刀装置的结构形式,主要取决于数控车床的结构与性能要求。

3) 排刀式刀架

排刀式刀架一般用于小规格数控车床,以加工棒料。它的结构形式为夹持着各种不同用途刀具的刀夹,沿着机床的 X 坐标轴方向排列在横向滑板上。刀具的典型布置方式如图 7-18 所示。这种刀架刀具的布置和机床的调整等方面都较方便,可以根据具体工件的车削工艺要求,任意组合各种不同用途的刀具,一把刀完成车削任务后,横向滑板只要按程序沿 X 轴向移动预先设定的距离后,第二把刀就达到加工位置,这样就完成了机床的换刀动作。这种换刀方式迅速、省时,有利于提高机床的生产效率。另外,还可以安装各种不同用途的动力刀具来完成一些简单的钻削、铣削、攻螺纹等二次加工工序,从而使机床在一次装夹中完成工件的全部或大部分加工工序。

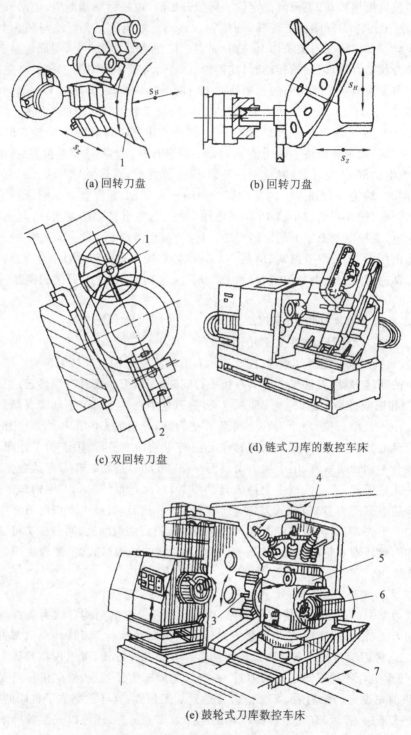

(a) 回转刀盘　　　　　　　(b) 回转刀盘

(c) 双回转刀盘　　　　　(d) 链式刀库的数控车床

(e) 鼓轮式刀库数控车床

图 7-17　数控车床上自动换刀装置

1、2—刀盘；3—回转刀盘；4—鼓轮式刀库；5—机械手；6—刀具转轴；7—回转头

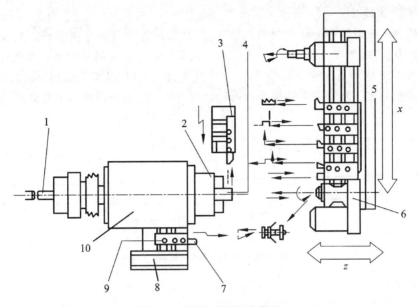

图 7-18　排刀式刀架布置图

1—棒料送进装置；2—卡盘；3—切断刀架；4—工件；5—刀具；6—附加主轴头；

7—去毛刺和背面加工刀具；8—工件托料盘；9—切向刀架；10—主轴箱

◀ 7.2　数控铣床 ▶

7.2.1　数控铣床的主要加工对象和分类

1. 数控铣床的主要加工对象

数控铣床可以用来加工许多普通铣床难以加工甚至无法加工的零件。数控铣床主要对零件的平面、曲面进行铣削加工，还能加工孔、内圆柱面和螺纹面。它可以使各个加工面的形状及位置获得很高的精度。

1）平面类零件

如图 7-19 所示，零件的被加工表面平行、垂直于水平面或加工面与水平面的夹角为定角的零件，称为平面类零件。零件的被加工表面是平面（图 7-19（b）零件上的 P 面）或可以展开成平面，如图 7-19（a）零件上的 M 面和图 7-19（c）零件上的 N 面。

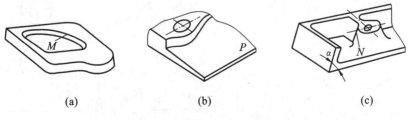

（a）　　　　　　　　　　（b）　　　　　　　　　　（c）

图 7-19　典型的平面类零件

2）变斜角零件

零件被加工表面与水平面夹角呈连续变化的零件,称为变斜角类零件。这类零件一般为飞机上的零部件,如飞机的大梁、桁架框等。以及与之相对应的检验夹具和装配支架上的零件。如图 7-20 所示为一种变斜角零件,该零件共分为三段,从第②肋到第⑤肋的斜角 α 由 3°10′均匀变到 2°32′,从第⑤肋到第⑨肋再均匀变为 1°20′,从第⑨肋到第⑫肋均匀变为 0°。

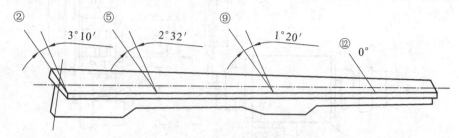

图 7-20 飞机上的变斜角梁缘条

变斜角零件不能展开成为平面,在加工中被加工面与铣刀的圆周母线瞬间接触。它可用五坐标数控铣床进行主轴摆角加工,也可用三坐标数控铣床进行行切法加工。

（1）对曲率变化较小的变斜角面,用 X、Y、Z 和 A 四坐标联动的数控铣床加工。

（2）对曲率变化较大的变斜角面,用 X、Y、Z 和 A、B 五坐标联动的数控铣床加工,也可以用鼓形铣刀采用三坐标方式铣削加工,所留刀痕用钳工修锉抛光去除。

3）曲面类零件

零件被加工表面为空间曲面的零件,称为曲面类零件。曲面可以是公式曲面,如抛物面、双曲面等;也可以是列表曲面,如图 7-21 所示。

曲面类零件的被加工表面不能展开为平面;铣削加工时,被加工表面与铣刀始终是点对点相接触。这类零件在数控铣床的加工中也较为常见,通常采用两轴半联动数控铣床来加工精度要求不高的曲面;精度要求高的曲面需用三轴联动数控机床加工;若曲面周围有干涉表面,需用四轴甚至五轴联动数控铣床加工。

4）孔类零件

孔类零件上都有多组不同类型的孔,一般有通孔、盲孔、螺纹孔、台阶孔、深孔等。在数控铣床上加工的孔类零件,一般是孔的位置要求较高的零件,如圆周分布孔、行列均布孔等（见图 7-22）,其加工方法一般为钻孔、扩孔、铰孔、镗孔、锪孔、攻螺纹等。

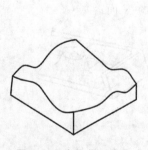

图 7-21 空间曲面零件

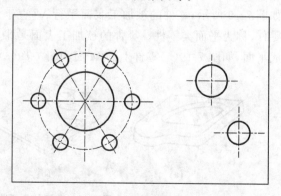

图 7-22 孔类零件

2. 数控铣床的分类

数控铣床种类很多,按尺寸和重量大小可分为小型、中型和大型数控铣床。一般数控铣床是指尺寸规格较小的升降台式数控铣床,其工作台宽度多在 400 mm 以下,尺寸规格较大的数控铣床,其功能已向加工中心靠近,进而演变成柔性加工单元。数控铣床按其控制坐标的联动轴数可分为二轴半联动数控铣床、三轴联动数控铣床和多轴联动数控铣床;按数控系统的功能可分为经济型数控铣床、全功能型数控铣床和高速铣削数控铣床。常用的分类方法是按其主轴的布局分为立式数控铣床、卧式数控铣床、立卧两用数控铣床和龙门铣床。

1)立式数控铣床

立式数控铣床的主轴轴线与机床工作台面垂直,工件安装方便,加工时便于观察,但不便于排屑。它是数控铣床中最常见的一种布局形式,应用范围也最广泛。立式数控铣床中又以三坐标(X、Y、Z)联动铣床居多,其各坐标的控制方式主要有以下两种。

(1)工作台纵、横向移动并升降,主轴不动方式。目前,小型数控铣床一般采用这种方式。

(2)工作台纵、横向移动,主轴升降方式,如图 7-23 所示。这种方式一般运用在中型数控铣床上。

2)卧式数控铣床

如图 7-24 所示,卧式数控铣床的主轴与工作台面平行,加工时不便观察,但排屑通畅。一般配有数控回转工作台,便于加工零件的不同侧面。单纯的数控卧式铣床现在已比较少,而多是在配备自动换刀装置后成为卧式加工中心。

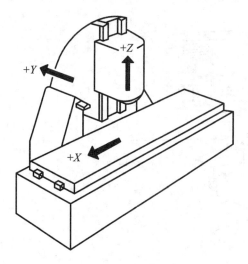

图 7-23 立式数控铣床

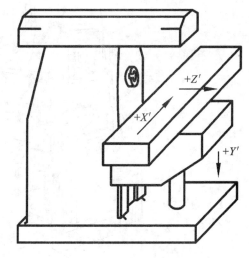

图 7-24 卧式数控铣床

3)立卧两用数控铣床

立卧两用数控铣床的主轴轴线方向可以变换,使一台铣床具备立式数控铣床和卧式数控铣床的功能。这类铣床适应性更强,使用范围更广,生产成本也低。目前,立卧两用数控铣床的数量正在逐渐增多。

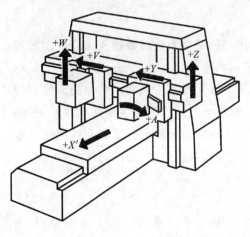

图 7-25 龙门数控铣床

立卧两用数控铣床靠手动和自动两种方式更换主轴方向。有些立卧两用数控铣床采用主轴头可以任意方向转换的万能数控主轴头，使其可以加工出与水平面呈不同角度的工作表面。另外，还可以在这类铣床的工作台上增设数控盘，以实现对零件的五面加工。

4）龙门数控铣床（见图 7-25）

对于大尺寸的数控铣床来说，一般采用对称的双立柱结构，保证机床的整体刚性和强度，即龙门数控铣床有工作台移动和龙门框架移动两种形式。它适用于加工飞机整体结构零件、大型箱体零件和大型模具等。

7.2.2　数控铣床的组成与布局

1. 数控铣床的组成

数控铣床一般由数控系统、主传动系统、进给伺服系统、冷却润滑系统等几大部分组成。图 7-26 所示为立式数控铣床，它主要由下列几部分组成。

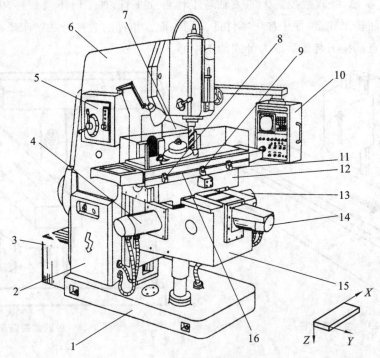

图 7-26　XKS040A 型数控铣床

1—底座；2—强电柜；3—变压器箱；4—垂直升降进给伺服电动机；5—按钮板；6—床身；7—数控柜；

8、11—保护开关；9—挡铁；10—操纵台；12—横向溜板；13—纵向进给伺服电动机；

14—横向进给伺服电动机；15—升降台；16—纵向工作台

（1）主轴部件。

主轴部件是切削加工的功率输出部件。它由主轴箱、主轴电动机、主轴和主轴轴承等组成。主轴的启、停和变速等动作均由数控系统控制，并且通过装在主轴上的刀具参与切削运动。

（2）进给伺服系统。

它由进给电动机和进给执行机构组成，按照程序设定的进给速度实现刀具和工件之间的相对运动，包括直线进给运动和旋转运动。

（3）控制系统。

控制系统部分是由 CNC 装置、可编程控制器、伺服驱动装置以及操作面板等组成。它是执行顺序控制动作和完成加工过程的控制中心。

（4）辅助装置。

辅助装置包括润滑、冷却、排屑、防护、液压、气动和检测系统等部分。这些装置虽然不直接参与切削运动，但对数控铣床的加工效率、加工精度和可靠性起着保障作用，因此也是数控铣床中不可缺少的部分。

（5）机床基础件。

机床基础件通常是指底座、立柱、横梁等，它是整个机床的基础和框架。它们主要承受机床的静载荷以及在加工时产生的切削负载，因此必须有足够的刚度。这些大件可以是铸铁件，也可以是焊接而成的钢结构件，它们是机床中体积和重量最大的部件。

2．数控铣床的布局

数控铣床加工工件时，如同普通铣床一样，由刀具或者工件进行主运动，也可由刀具与工件进行相对的进给运动，以加工一定形状的工件表面。不同的工件表面，往往需要采用不同类型的刀具与工件一起进行不同的表面成型运动，因而就产生了不同类型的数控铣床。数控铣床的这些运动，必须由相应的执行部件（如主运动部件、直线或圆周进给部件）以及一些必要的辅助运动（如转位、夹紧、冷却及润滑）部件等来完成。

加工工件所需要的运动仅仅是相对运动，因此，对部件的运动分配可以有多种方案。图7-27 所示为数控铣床总体布局示意图，由图可见同是用于铣削加工的铣床，根据工件的重量和尺寸的不同，可以有四种不同的布局方案。

图 7-27（a）所示是加工工件较轻的升降台铣床，由工件完成三个方向的进给运动，分别由工作台、滑鞍和升降台来实现。

当加工件较重或者尺寸较高时，则不宜由升降台带着工件进行垂直方向的进给运动，而是改由铣头带着刀具来完成垂直进给运动，如图 7-27（b）所示。这种布局方案，铣床的尺寸参数（即加工尺寸范围）可以取得大一些。

如图 7-27（c）所示的龙门式数控铣床，工作台载着工件进行一个方向上的进给运动，其他两个方向的进给运动由多个刀架（即铣头部件）在立柱与横梁上移动来完成。这样的布局不仅适用于重量大的工件加工，而且由于增多了铣头，使铣床的生产效率得到很大的提高。

当加工更大、更重的工件时，由工件进行进给运动，在结构上是难以实现的，因此采用如图 7-27（d）所示的布局方案，全部进给运动均由铣头运动来完成。这种布局形式可以减小铣

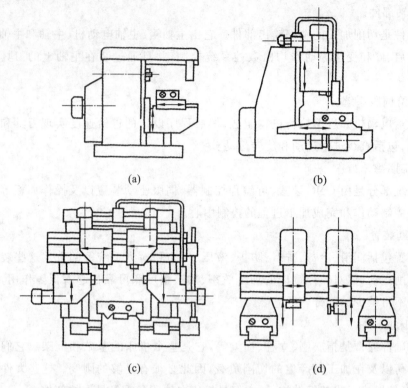

(a)

(b)

(c)

(d)

图 7-27　数控铣床总体布局示意图

床的结构尺寸和重量。

3. 数控铣床总布局的发展趋势

近年来,由于大规模集成电路、微处理机和微型计算机技术的发展,使数控装置和强电控制电路日趋小型化,不少数控装置将控制计算机、按键、开关、显示器等集中装在吊挂按钮站上,其他的电器部分则集中或分散与主机的机械部分装成一体,而且还采用气-液传动装置,省去液压油泵站,这样就实现了机、电、液一体化结构,从而减少铣床占地面积,又便于操作管理。

全封闭结构数控铣床的效率高,一般都采用大流量与高压力的冷却和排屑措施;铣床的运动部件也采用自动润滑装置,为了防止切屑与切屑液飞溅,避免润滑油外泄,将铣床做成全封闭结构,只在工作区处留有可以自动开闭的门窗,用于观察和装卸零件。

7.2.3　数控铣床的机械结构

数控铣床是机械和电子技术相结合的产物,它的机械结构随着电子控制技术在铣床上的普及应用,以及对铣床性能提出的技术要求而逐步发展变化。从数控铣床发展历史看,早期的数控铣床是对普通铣床的进给系统进行革新、改造,之后逐步发展成一种全新的加工设备。

1. 主轴部件结构

数控铣床的主轴部件是铣床的重要组成部分,除了与普通铣床一样要求其具有良好的旋转精度、静刚度、抗震性、热稳定性及耐磨性外,由于数控铣床在加工过程中不进行人工调整,且数控铣床要求的转速更高、功率更大,所以数控铣床的主轴部件比普通铣床主轴部件的要求更高、更严格。

图 7-28 为数控铣床典型的二级齿轮变速主轴结构。主轴采用两支承结构,其主电动机的运动经双联齿轮带动中间传动轴,再经一对圆柱齿轮带动主轴旋转。

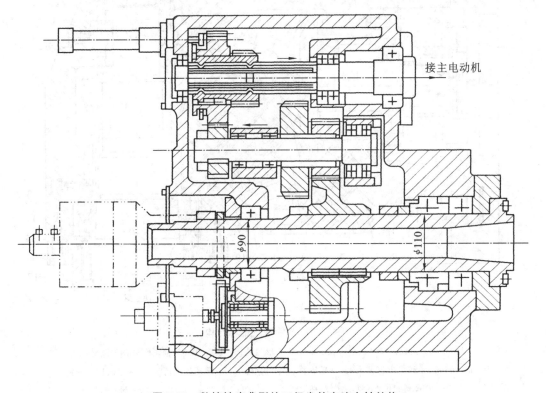

接主电动机

图 7-28 数控铣床典型的二级齿轮变速主轴结构

万能铣头部件结构如图 7-29 所示,主要由前壳体 12、后壳体 5、法兰 3、传动轴 Ⅱ、传动轴 Ⅲ、主轴 Ⅳ 及两对弧齿锥齿轮组成。万能铣头用螺柱和定位销安装在滑枕前端。铣削主运动由滑枕的传动轴 Ⅰ(图中未画出)的端面键传到轴 Ⅱ,端面键与连接盘 2 的径向槽相配合,连接盘与轴 Ⅱ 之间由两个平键 1 传递运动。轴 Ⅱ 右端为弧齿锥齿轮,通过轴 Ⅲ 上的两个锥齿轮 22、21 和用花键联接方式装在主轴 Ⅳ 上的锥齿轮 27,将运动传到主轴上。主轴为空心轴,前端有 7:24 的内锥孔,用于刀具或刀具心轴的定心;通孔用于安装拉紧刀具的拉杆通过。主轴端面有径向槽,并装有两个端面键 18,用于主轴向刀具传递转矩。

万能铣头能通过两个互成 45° 的回转面 A、B 调节主轴 Ⅳ 的方位,在法兰 3 的回转面 A 上开有 T 形圆环槽 a,松开 T 形螺柱 4、24,可使铣头绕水平轴 Ⅱ 转动,调整到要求位置后将 T 形螺柱拧紧即可;在万能铣头后壳体 5 的回转面 B 内,也开有 T 形圆环槽 b,松开 T 形螺柱 6、23,可使铣头主轴绕与水平轴线成 45° 夹角的轴 Ⅲ 转动。绕两个轴线转动组合起来,可使主轴轴线处于前半球面的任意角度。

万能铣头作为直接带动刀具的运动部件,不仅要能传递较大的功率,更要具有足够的旋转精度、刚度和抗震性。万能铣头除在零件结构、制造和装配精度要求较高外,还要选

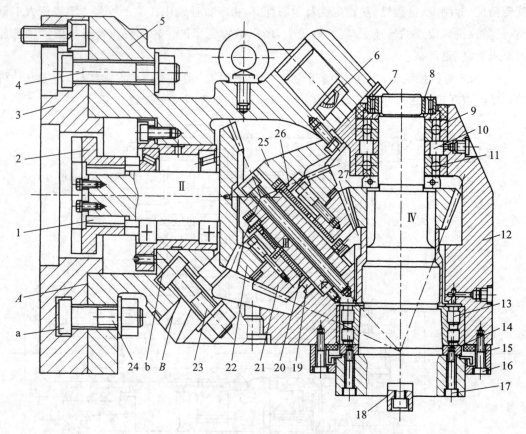

图 7-29　万能铣头部件结构

1—键;2—连接盘;3—法兰;4、6、23、24—T形螺柱;5—后壳体;7—锁紧螺钉;8—螺母;
9、11—角接触球轴承;10—隔套;12—前壳体;13—轴承;14—半圆环垫片;15—法兰;16、17—螺钉;
18—端面键;19、25—推力短圆柱滚子轴承;20、26—滚针轴承;21、22、27—锥齿轮

用承载力和旋转精度都较高的轴承。两个传动轴都选用了 P5 级精度的轴承,轴Ⅱ上为一对圆锥滚子轴承,轴Ⅲ上为一对向心滚针轴承 20、26,承受径向载荷,轴向载荷由两个推力短圆柱滚子轴承 19、25 承受。主轴Ⅳ上前后支承均为 P4 级精度轴承,前支承是双列圆柱滚子轴承,只承受径向载荷;后支承为两个角接触球轴承 9、11,既承受径向载荷,也承受轴向载荷。

为了保证旋转精度,主轴轴承不仅要消除间隙,而且要有预紧力,轴承磨损后也要进行间隙调整。前轴承间隙的消除和预紧的调整是靠改变轴承内圈在锥形颈上的位置,使内圈外胀实现的。调整时,先拧下四个螺钉 16,卸下法兰 15,再松开螺母 8 上的锁紧螺钉 7,拧松螺母 8 将主轴Ⅳ向后(向上)推动 2 mm 左右;然后拧下两个螺钉 17,将半圆环垫片 14 取出,根据间隙大小磨薄垫片,最后将上述零件重新装好。后支承的两个角接触球轴承开口相背(轴承 9 开口朝上,轴承 11 开口朝下),做消除间隙和预紧调整时,两轴承外圈不动,用内圈的端面距离相对减小的办法实现,具体是通过控制两轴承内圈隔套 10 的尺寸。调整时,取下隔套 10,修磨到合适尺寸,重新装好后,用螺母 8 顶紧轴承内圈及隔套即可。最后,要拧紧锁紧螺钉 7。

2. 工作台纵向传动结构

图 7-30 是工作台纵向传动结构。交流伺服电动机 20 的轴上装有圆弧齿同步齿形带轮 19，通过同步齿形带 14 和装在丝杠右端的同步齿形带轮 11 带动丝杠 2 旋转，使底部装有螺母 1 的工作台 4 移动。装在伺服电动机中的编码器将检测到的位移量反馈回数控装置，形成半闭环控制。同步齿形带轮与电动机轴，以及与丝杠之间的连接采用锥环无键式连接，这种连接方法不需要开键槽，而且配合无间隙，对中性好。滚珠丝杠两端采用角接触球轴承支承，右端支承采用三个 7602030TN/P4TFTA 轴承，精度等级 P4，径向载荷由三个轴承分担。两个开口向右的轴承 6、7 承受向左的轴向载荷，向左开口的轴承 8 承受向右的轴向载荷。轴承的预紧力，由两个轴承 7、8 的内、外圈轴向尺寸差实现，当用螺母 10 通过隔套将轴承内圈压紧时，外圈因为比内圈轴向尺寸稍短，仍有微量间隙，用螺钉 9 通过法兰盘 12 压紧轴承外圈时，就会产生预紧力。调整时修磨垫片 13 的厚度尺寸即可。丝杠左端的角接触球轴承（7602025TN/P4），除承受径向载荷外，还通过螺母 3 的调整，使丝杠 2 产生预拉伸，以提高丝杠的刚度和减小丝杠的热变形。5 为工作台纵向移动时的限位行程挡铁。

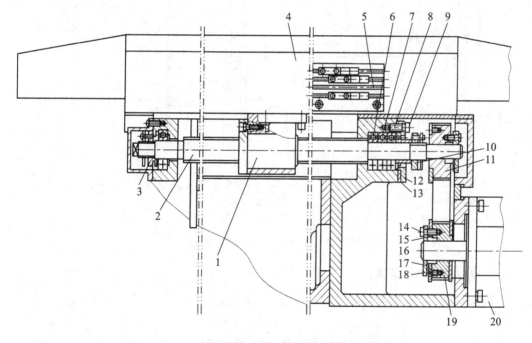

图 7-30　工作台纵向传动结构

1、3、10—螺母；2—丝杠；4—工作台；5—限位行程挡铁；6、7、8—轴承；9、15—螺钉；11、19—同步齿形带轮；
12—法兰盘；13—垫片；14—同步齿形带；16—外锥环；17—内锥环；18—端盖；20—交流伺服电动机

3. 升降台升降传动结构

图 7-31 是升降台升降传动结构。交流伺服电动机 1 经一对齿形带轮 2、3 将运动传到传动轴Ⅶ，轴Ⅶ右端的弧齿锥齿轮 7 带动弧齿锥齿轮 8 使垂直滚珠丝杠Ⅷ旋转，升降台上升、下降。传动轴Ⅶ由左、中、右三点支承，轴向定位由中间支承的一对角接触球轴承来保证，由

螺母 4 锁定轴承与传动轴 VII 的轴向位置,并对轴承预紧,预紧量用修磨两轴承的内外圈之间隔套 5、6 的厚度来保证。传动轴 VIII 的轴向定位由螺钉 25 调节。垂直滚珠丝杠螺母副的螺母 24 由支承套 23 固定在机床底座上,滚珠丝杠通过弧齿锥齿轮 8 与升降台连接,其支承由深沟球轴承 9 和角接触球轴承 10 承受径向载荷;由 P5 级精度的推力圆柱滚子轴承 11 承受轴向载荷。图 7-31 中轴 IX 的实际安装位置是在水平面内,与轴 VII 的轴线呈 90° 相交(图中为展开画法)。

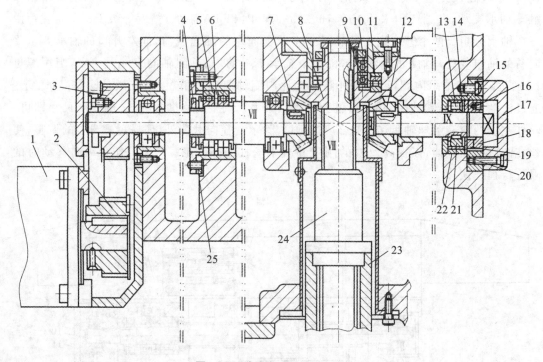

图 7-31　升降台升降传动结构

1—交流伺服电动机;2、3—齿形带轮;4、18、24—螺母;5、6—隔套;7、8、12—弧齿锥齿轮;9—深沟球轴承;
10—角接触球轴承;11—滚子轴承;13—滚子;14—外环;15、22—摩擦环;16、25—螺钉;17—端盖;
19—碟形弹簧;20—防转销;21—星轮;23—支承套

4. 升降台自动平衡装置

升降台自动平衡装置如图 6-25 所示,此处不再叙述。

◀ 7.3　加 工 中 心 ▶

加工中心是在数控铣床的基础上发展起来的。它和数控铣床有很多相似之处,主要的区别在于增加刀库和自动换刀装置,是一种具有刀库并能自动更换刀具对工件进行多工序加工的数控机床。通过在刀库上安装不同用途的刀具,加工中心可在一次装夹中实现零件的铣、钻、镗、铰、攻螺纹等多工序加工。

7.3.1　加工中心的主要加工对象和分类

1.加工中心的主要加工对象

加工中心适用于形状复杂、工序多、精度要求较高、需用多种类型的普通机床和数量较多的刀具、工艺装备,经多次装夹和调整才能完成加工的零件,其主要加工对象如下。

1）箱体类零件

箱体类零件一般都需要进行多工位孔系及平面加工,精度要求较高,特别是形状精度和位置精度要求严格,通常要经过铣、钻、扩、镗、铰、锪、攻螺纹等多工序加工,需要刀具数量较多。箱体类零件在普通机床上加工难度大,需用的工艺装备数量多、成本高,加工周期长,需多次装夹、找正,加工精度难以保证。而在数控加工中心上加工,一次装夹可完成普通机床65%～95%的工序内容,零件各项精度一致性好,质量稳定,成本低,生产周期短。

2）具有复杂曲面形状的零件

在航空、航天、航海及车辆制造业中,具有复杂曲面形状的零件应用非常广泛,如航空发动机的整体叶轮、螺旋桨、模具型腔等。这类零件采用普通机床加工或精密铸造难以达到预定的加工精度,且难以检测。而使用多轴联动的加工中心,配合自动编程技术和专用刀具,可大幅度提高其生产效率并保证曲面的形状精度,使复杂零件的加工变得非常容易。

3）异形件

异形件是外形不规则的零件,大都需要点、线、面多工位混合加工,如图 7-32 所示的异形支架零件,还有各种样板、靠模等均属此类。由于其外形不规则,在普通机床上只能采取工序分散的原则加工,需要工艺装备多,生产周期长。异形件的刚性一般较差,夹紧变形难以控制,加工精度难以保证,甚至个别零件的某些加工部位无法加工。

利用加工中心加工时,通过采取合理的工艺方法,一次或二次装夹,即能完成零件的多道工序或全部的工序内容。加工异形件时,零件形状越复杂,精度要求越高,使用加工中心越能显示优越性。

4）盘、套、轴、壳体类零件

带有键槽、径向孔或端面具有孔系及曲面的盘、套、轴类零件,如带法兰的轴套,带键槽或带方头的轴类零件,具有较多孔加工的板类零件和各种壳体类零件等。如图 7-33 所示的板类零件。加工部位集中在单一端面上的盘、套、轴、壳体类零件宜选择立式加工中心,加工部位不在同一方向表面上的零件可选择卧式加工中心。

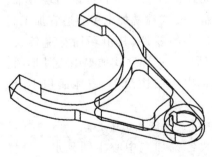

图 7-32　异形支架零件

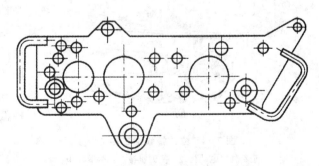

图 7-33　板灯零件

2. 加工中心的分类

加工中心有以下几种分类方法。

1）按加工方式分类

按加工方式分类，加工中心可分为车削加工中心、镗铣加工中心和复合加工中心三种。

（1）车削加工中心。

车削加工中心以车削为主，主体是数控车床，机床上配备有转塔式刀库或由换刀机械手和链式刀库组成的大容量刀库。机床数控系统多为二、三伺服轴配置，即 X 轴、Z 轴、C 轴，有些高性能车削加工中心配置有铣削动力头。

（2）镗铣加工中心。

镗铣加工中心是机械制造业应用最多的数控设备，有立式和卧式两种。其工艺范围主要是铣削、钻削和镗削。镗铣加工中心的数控系统控制的坐标轴多为三个，高性能的数控系统控制的坐标轴可以达到五个或更多。不同的数控系统对刀库的控制采用的方式各不相同，有伺服轴控制和 PLC 轴控制两种。立式镗铣加工中心的回转工作台大多采用伺服轴控制，并能实现回转工作台在 360°范围内任意定位。

（3）复合加工中心。

能够完成车、铣、镗、钻等多种工序加工的加工中心称为复合加工中心，它可替多台机床实现多工序的加工。在复合加工中心上加工零件既能减少装卸时间，提高机床生产效率，减少半成品库存量，又能保证和提高零件的形状和位置精度。

2）按主轴布局形式分类

按主轴布局形式分类，加工中心可分为立式镗铣加工中心、卧式镗铣加工中心和立、卧复合式镗铣加工中心三种。

（1）立式镗铣加工中心。

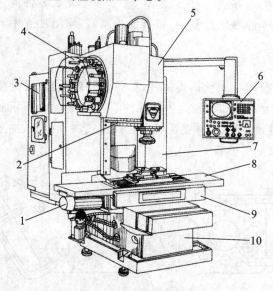

立式镗铣加工中心的主轴垂直设置。其结构形式多为固定立柱式，工作台为长方形，无分度回转功能，适合加工只进行单面加工的零件。它能完成铣削、镗削、钻削、攻螺纹等加工内容。配合其他辅具，立式加工中心还可以铣削螺纹和螺旋槽。多为三轴联动，可实现三维曲面的铣削加工。高档的立式镗铣加工中心可以实现五轴、六轴控制。立式镗铣加工中心适宜加工高度尺寸较小的零件，其市场拥有量较大。图 7-34 所示为一种立式加工中心外形图。立式加工中心结构简单，占地面积小，价格低。

（2）卧式镗铣加工中心。

卧式镗铣加工中心主轴是水平设置的。通常都有带有可进行分度回转运动的正方形分度工作台。卧式镗铣加工中心一

图 7-34 立式镗铣加工中心

1—进给伺服电动机；2—换刀机械手；3—数控柜；
4—刀库；5—主轴箱；6—操作面板；7—驱动电源；
8—工作台；9—滑枕；10—床身

般有三到五个坐标轴控制,通常配备一个旋转坐标轴(回转工作台),常见的是三个直线运动坐标(X 轴、Y 轴、Z 轴)加一个回转运动坐标(回转工作台)。

卧式镗铣加工中心的刀库容量一般比立式镗铣加工中心的刀库容量大,整体结构也比较复杂,体积和占地面积大,价格较高,市场占有量较小。卧式镗铣加工中心比立式镗铣加工中心更适合加工形状复杂的箱体类零件,一次装夹可对工件的多个表面(除安装面和顶面以外)进行铣、镗、钻、攻螺纹等工序加工,特别适合孔与定位基准面或孔与孔之间存在较高相对位置精度要求的箱体零件的加工,容易保证其加工精度。图 7-35 为一种卧式镗铣加工中心的外形图。

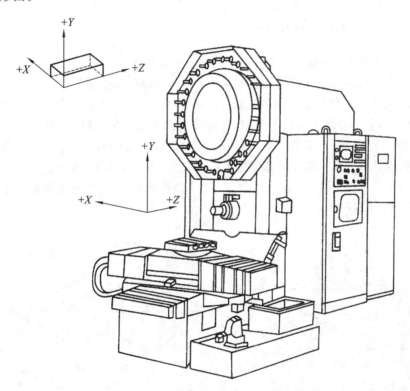

图 7-35 卧式镗铣加工中心

(3) 立、卧复合式镗铣加工中心。

立、卧复合式镗铣加工中心是指立、卧两用加工中心,既有立式加工中心的功能又有卧式加工中心的功能。这种加工中心通常有两类:一类是主轴可以旋转 90°,实现立、卧加工模式的切换;另一类靠数控回转台绕 X 轴旋转 90°,实现两种加工功能。立、卧复合式镗铣加工中心能在工件一次装夹后,完成除安装面外其他五个面的加工,减少了工件多次安装引起的定位误差,大幅度提高了加工精度和生产效率。但立、卧复合式镗铣加工中心结构复杂、造价高、占地面积大,所以它的使用和生产在数量上远不如其他类型的加工中心。

3) 按换刀形式分类

按换刀形式分类,加工中心可以分为带刀库、机械手的加工中心、无机械手的加工中心和转塔刀库式加工中心三种。

(1) 带刀库、机械手的加工中心。

加工中心的换刀装置(ATC)是由刀库和机械手组成,换刀机械手完成换刀工作。这是加工中心采用的最普遍的换刀形式。

（2）无机械手的加工中心。

这种加工中心的换刀是通过刀库和主轴箱的配合动作来完成。一般采用把刀库放在主轴可以运动到的位置，或整个刀库（或某一刀位）能移动到主轴箱可以达到的位置。刀库中刀的存放位置方向与主轴装刀方向一致。换刀时，主轴运动到刀位上的换刀位置，由主轴直接取走或放回刀具。多用于 40 号以下刀柄的小型加工中心。

（3）转塔刀库式加工中心。

一般在小型立式加工中心上采用转塔刀库形式，主要以孔加工为主。

7.3.2　加工中心的布局

图 7-36 是某型立式镗铣加工中心外形的示意图。其床身采用龙门式架构，封闭形的结构使床身具有较高的刚性，龙门下宽敞的空间便于驱动设备和控制器件的安装。主轴头 19 通过 X 轴、Z 轴滚动导轨的连接安装在龙门框架 28 的上框，加工过程中产生的切屑由双管路喷射的强力切削液冲向工作台的两侧，通过除屑机 9 送入集屑桶 10 中。刀库 3 具有 24 个刀位，打开刀库门 5 可以安装刀具或对刀库刀具的位置进行调整。主轴温控机 4 具有独立的系统，向主轴部件及传动支承部件提供经过滤净化、满足设定温度的冷却润滑油。其操纵箱 12 安放在机床的前方右上部，CRT/MDI 操作面板 13 可以根据需要绕垂直轴旋转 90°，以满足操作及编程的需要。

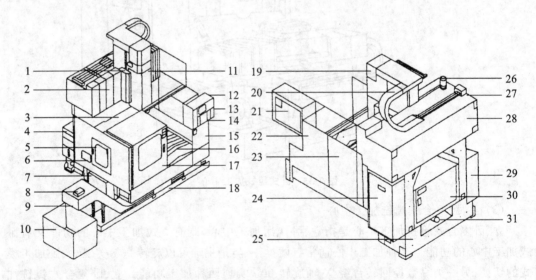

图 7-36　立式镗铣加工中心外形示意图

1—鞍座；2—X 轴护罩；3—刀库；4—主轴温控机；5—刀库门；6—刀库操作面板；7—液压油箱；8—除屑机操作盒；9—除屑机；10—集屑桶；11—主轴头；12—操纵箱；13—CRT/MDI 操作面板；14—机器操作面板；15、22、23—防护罩；16—工作台；17—操作门；18—冷却液箱；19—主轴头；20—绕性护带；21—机器操作面板；24—电气箱；25—底座；26—警示灯；27—液压阀；28—龙门框架；29—主轴温控机；30—电控箱；31—Y 轴电动机

工作台 16 具有 1050 mm×630 mm 的工作台面，可以适应大部分中、小零件的精密加工，配备回转工作台后可以进一步扩展机床的工艺范围。数控系统的基本配置为三坐标轴控制，还具有增设一个旋转坐标轴的能力。

机床的三个坐标轴采用半闭环控制方式,三轴重复定位精度可达到 0.005 mm。机床的动力要求为三相 220 V、50 Hz 交流电电源,并提供大于 0.5 MPa 的压缩空气。

7.3.3 加工中心的机械结构

图 7-34 是立式铣镗加工中心的外形图。加工中心虽有各种类型,外形结构各异,但总体上是由床身、立柱、工作台、主轴部件、数控系统和自动换刀装置(ATC)等部分组成。

1. 主轴部件

加工中心的主轴部件一般由主轴、主轴轴承、传动件、刀具自动夹紧装置、主轴准停装置和主轴装刀孔吹净装置等组成。图 6-5 所示为 JCS-018 型加工中心的主轴部件。

1) 主轴

主轴前端有 7:24 的锥孔,用于装夹 BT40 刀柄或刀杆。主轴端面有一端面键,既可通过它传递刀具的转矩,又可用于刀具的周向定位。主轴的主要尺寸参数包括:主轴的直径、内孔直径、悬伸长度和支承跨距。评价和考虑主轴主要尺寸参数的依据是主轴的刚度、结构工艺性和主轴组件的工艺适用范围。主轴材料的选择主要根据刚度、载荷特点、耐磨性和热处理变形大小等因素确定。主轴材料常采用的有 38CrMoAlA、GCrl5 等,需经渗氮和感应加热淬火。

立式加工中心的主轴前支承采用双列短圆柱滚子轴承和 60°角接触双列向心推力球轴承,后支承采用向心推力球轴承。这种支承结构使主轴的承载能力较强,主轴刚性好,可以满足强力切削的要求。主轴支承前端定位,主轴受热向后伸长,能较好地满足精度需要。

2) 主轴组件结构

见第 6 章 6.2.4 主轴组件。

2. 主轴准停装置

加工中心的主轴部件上设有准停装置,其作用是使主轴每次都准确地停在固定不变的周向位置上,以保证自动换刀时主轴上的端面键能对准刀柄上的键槽,同时使每次装刀时刀柄与主轴的相对位置不变,提高刀具的重复安装精度,从而可提高孔加工时孔径的一致性。JCS-018 加工中心采用电气准停装置,其原理如图 7-37 所示。

在带动主轴旋转的多楔带轮 1 的端面上装有一个厚垫片 4,垫片上装有一个体积很小的永久磁铁 3,在主轴箱箱体的对应于主轴准停的位置上,装有磁传感器 2。当机床需要停车换刀时,数控装置发出主轴停转的指令,主轴电动机立即降速,在主轴以最低转速慢转几圈、永久磁铁 3 对准磁传感器 2 时,磁传感器发出准停信号,该信号经放大后,由定向电路控制主轴电动机停在规定的周向位置上。

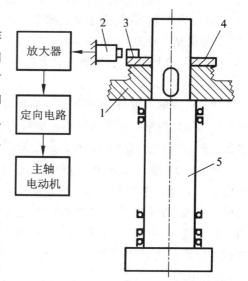

图 7-37 JCS-018 加工中心的主轴准停装置
1—多楔带轮;2—磁传感器;
3—永久磁铁;4—垫片;5—主轴

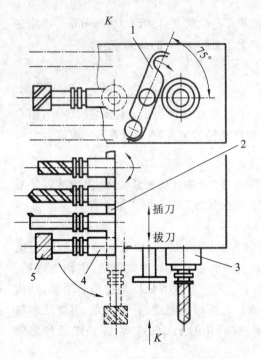

图 7-38 换刀过程示意图

1—机械手；2—刀库；3—主轴；4—刀套；5—刀具

3. 刀库

刀库是加工中心自动换刀装置中最主要的部件之一，其容量、布局及具体结构对数控机床的总体设计有很大影响。

1）换刀过程

在介绍刀库结构之前，先了解一下换刀过程。刀库位于立柱左侧，其中刀具的安装方向与主轴轴线垂直，换刀前应改变在换刀位置的刀具轴线方向，使之与主轴轴线平行。某工序加工完毕，主轴定向后，可由自动换刀装置换刀，如图 7-38 所示。

（1）刀套下翻换刀前，刀库 2 转动，将待换刀具 5 送到换刀位置。换刀时，带有刀具 5 的刀套 4 下翻 90°，使刀具轴线与主轴轴线平行。

（2）机械手抓刀：机械手 1 从原始位置顺时针旋转 75°（K 向观察），两手爪分别抓住刀库上和主轴 3 上的刀具。

（3）刀具松开：主轴内的刀具自动夹紧机构松开刀具。

（4）机械手拔刀：机械手下降，同时拔出两把刀具。

（5）刀具位置交换：机械手带着两把刀具逆时针旋转 180°（K 向观察），交换两把刀具位置。

（6）机械手插刀：机械手上升，分别把刀具插入主轴锥孔和刀套中。

（7）刀具夹紧：主轴内的刀具自动夹紧机构夹紧刀具。

（8）液压缸活塞复位：驱动机械手逆时针旋转 180°的液压缸活塞复位（机械手无动作）。

（9）机械手松刀：机械手逆时针旋转 75°（K 向观察），松开刀具回到原始位置。

（10）刀套上翻：刀套带着刀具上翻 90°。

2）刀库的容量

所谓刀库的容量，是指刀库能存放的刀具数量。应当根据被加工零件的工艺要求，合理地确定刀库的容量。用成组技术方法对 1500 种工件进行分组，并对各种加工所必需的刀具进行分析，得到统计曲线，如图 7-39 所示。

从图 7-39 中可以看出，5 把铣刀可以完成 90%以上的铣削加工，10 把孔加工刀具可以完成 70%左右的钻削加工，8 把车刀可以完成 90%左右的车削加工。在加工过程中经常使用的刀具数目并不很多，因此，从使用的角度来看，刀库的容量一般为 20～40 把较为合适，多的可达 60 把以上。

3）刀库的类型

如图 7-40 所示，加工中心上普遍采用的刀库有盘式刀库、鼓筒弹夹式刀库、链式

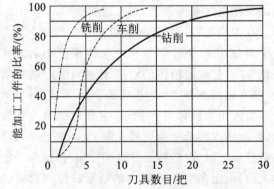

图 7-39 加工工件与刀具数目关系曲线

刀库和格子式刀库等。

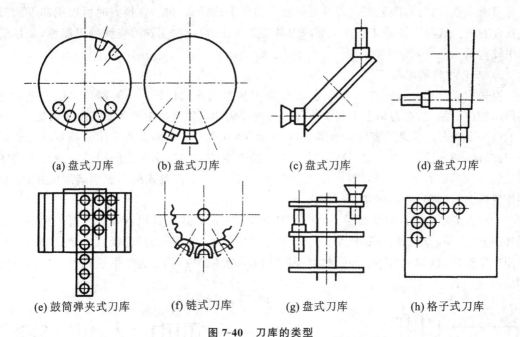

图 7-40　刀库的类型

(1) 盘式刀库如图 7-40(a)～图 7-40(g)所示。该刀库结构简单,应用较多,但由于刀具环形排列,空间利用率低,因此采用多层盘式刀库(见图 7-40(g))。

(2) 鼓筒弹夹式刀库如图 7-40(e)所示。其结构十分紧凑,在相同的空间内刀库容量较大,但选刀和取刀的动作较复杂。

(3) 链式刀库如图 7-40(f)所示。该刀库的结构紧凑,刀库容量较大,链环的形状可以根据机床布局成各种形状,也可以将换刀位置突出以利换刀。当需要增加刀库容量时,只需增加链条的长度。这为刀库的设计和制造带来了很大的方便,可以满足不同使用条件。刀具数量 30 把以上,一般采用链式刀库。

(4) 格子式刀库如图 7-40(h)所示。刀具分几排直线排列,由纵、横向移动的取刀机械手完成选刀运动,将选取的刀具送到固定的换刀位置刀座上,由换刀机械手交换刀具。由于刀具排列密集,因此空间利用率高,刀库容量大。

4) 刀具的选择方式

在自动换刀过程中,根据程序中的刀具功能指令,数控装置发出自动选刀的信号,在刀库中挑选下一工步所需要的刀具。目前,刀具的选择方式主要有顺序选刀方式、固定地址选刀方式、任意选刀方式。

(1) 顺序选刀方式。选用刀具按顺序进行,在每次换刀时,刀库转过一个刀具的位置。这种选刀方式的控制过程简单,但要求加工前严格按加工顺序将各刀具顺次插入刀座。采用顺序选刀方式时,为某一工件准备的刀具,不能用于其他工件的加工。

(2) 固定地址选刀方式。固定地址选刀方式又称为刀座编码方式,这种方式是对刀库的刀座进行编码,并将与刀座编码相对应的刀具一一放入指定的刀座中,然后根据刀座的编码选取刀具。该方式可使刀柄结构简化,但刀具不能任意排放,一定要插入对应的刀座中,与顺序选刀方式相比较,刀座编码方式的刀具在加工过程中可以重复使用。

（3）任意选刀方式。任意选刀方式又称为刀具编码方式，刀具的编码直接编在刀柄上，供选刀时识别，而与刀座无关。刀具可以放入刀库中的任意刀座，在换刀时可以把卸下的刀具就近安放。这种方法简化了加工前的刀具准备工作，也减少了选刀失误的可能性，是目前采用较多的一种方式。

5）刀具的编码方式

当采用任意选刀方式选择刀具时，必须给刀具编上识别代码。一般都是根据二进制数编码原理进行编码，在刀柄上安装编码环。刀具代码的识别有接触式和非接触式两类。

（1）接触式刀具识别装置。如图 7-41 所示，接触式刀具识别装置采用的是对准编码环的一排触针的方法，大直径的圆环与触针相接触产生信号"1"，小直径的圆环与触针不接触产生信号"0"，若有 6 个圆环，则共有 $2^6 = 64$ 种刀具编码。接触式编码识别装置简单，但长期使用后会有磨损，可靠性差，寿命短。

（2）非接触式刀具识别装置。如图 7-42 所示，非接触式刀具识别装置一般采用磁性编码环的方法，编码环采用导磁材料（软钢）和非导磁材料（黄铜或塑料）制成。导磁材料环使线圈产生感应，信号为"1"，非导磁材料环使线圈不产生感应，信号为"0"，这样可以获得不同的编码。

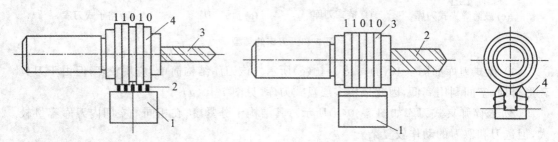

图 7-41 接触式刀具识别装置　　　　　　图 7-42 非接触式刀具识别装置

1—刀具识别装置；2—触针；3—刀具；4—编码环　　　1—刀具识别装置；2—刀具；3—编码环；4—线圈

4. 刀具交换装置

实现刀库与机床主轴之间传递和装卸刀具的装置，称为刀具交换装置。刀具交换装置一般分为无机械手换刀和机械手换刀两类。

1）无机械手换刀

这种换刀方式是利用刀库与机床主轴之间的相对运动实现刀具交换，常用于中、小型加工中心，如图 7-43 所示。图 7-43（a）中，当本工步工作结束后执行换刀指令，主轴准停，主轴箱沿 Y 轴上升。这时，刀库上刀位的空当位置正好处于交换位置，装夹刀具的卡爪打开。图7-43（b）中，主轴箱上升到极限位置，被更换的刀具刀杆进入刀库空刀位，即被刀具定位卡爪钳住，同时，主轴内刀杆自动夹紧装置放松刀具。图 7-43（c）中，刀库伸出，从主轴锥孔中将刀具拔出。图 7-43（d）中，刀库转位，按照程序指令要求将选好的刀具转到最下面的位置，同时压缩空气将主轴锥孔吹净。图 7-43（e）中，刀库退回，同时将新刀插入主轴锥孔。主轴内刀具夹紧装置将刀杆拉紧。图 7-43（f）中，主轴下降到加工位置后启动，开始下一工步的加工。

这种换刀机构不需要机械手，结构简单、紧凑。由于机床在交换刀具时不工作，所以不会影响加工精度，但会影响生产率。另外，受刀库尺寸的限制，装刀数量不能太多。

2）机械手换刀

利用机械手进行刀具交换比较灵活，可以减少换刀时间，因此这种刀具交换方式应用比

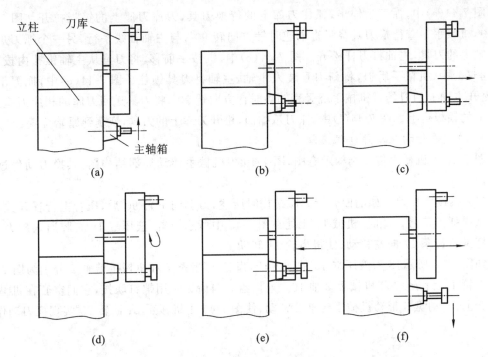

图 7-43　无机械手换刀过程

较广泛。TH65100 型卧式镗铣加工中心采用机械手换刀的原理,如图 7-44 所示。

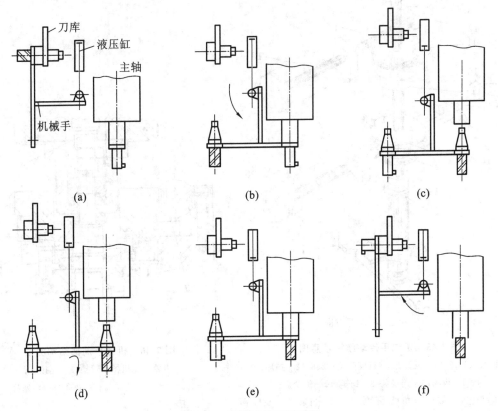

图 7-44　机械手换刀原理图

图 7-44(a)中,抓刀爪伸出,抓住刀库上的待换刀具,刀库刀座上的锁板拉开。图 7-44(b)中,机械手带着待换刀具绕竖直轴逆时针方向转 90°,与主轴轴线平行,另一个抓刀爪抓住主轴上的刀具,主轴将刀杆松开。图 7-44(c)中,机械手前移,将刀具从主轴锥孔内拔出。图 7-44(d)中,机械手后退,将新刀具装入主轴,主轴将刀具锁住。图 7-44(e)中,抓刀爪缩回,松开主轴上的刀具。机械手绕竖直轴顺时针方向转 90°,将刀具送回刀库的相应刀座上,刀库上的锁板合上。图 7-44(f)中,抓刀爪缩回,松开刀库上的刀具,恢复到原始位置。

3)机械手结构及动作过程

图 7-45 为机械手传动结构示意图,图 7-46 为机械手传动局部结构图,其换刀动作过程如下。

(1)机械手抓刀。如前面介绍刀库结构时所述,刀套向下转 90°后,压合上行程开关,发出机械手抓刀信号。此时,机械手 21 处在图 7-45 中所示位置,液压缸 18 右腔通入压力油。活塞杆推着齿条 17 向左移动,使得齿轮 11 转动。

如图 7-46 所示,8 为液压缸 15 的活塞杆,齿轮 1、齿条 7 和机械手臂轴 2 分别为图 7-45 中的齿轮 11、齿条 17 和机械手臂轴 16。连接盘 3 与齿轮 1 用螺钉联接,它们空套在机械手臂轴 2 上,传动盘 5 带动机械手臂轴 2 转动,使图 7-45 中机械手 21 回转 75°实现抓刀动作。

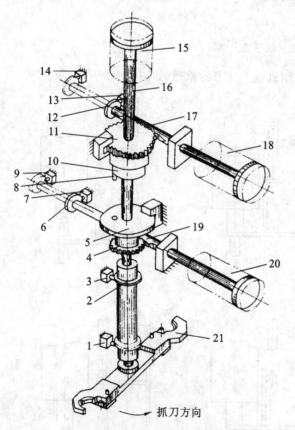

图 7-45　机械手传动结构示意图

1、3、7、9、13、14—位置开关(行程开关);2、6、12—挡环;
4、11—齿轮;5—连接盘;8—销子;10—传动盘;
15、18、20—液压缸;16—机械手臂轴;17、19—齿条;21—机械手

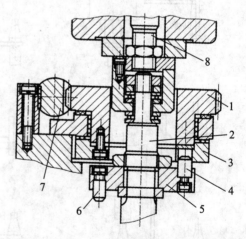

图 7-46　机械手局部结构图

1—齿轮;2—机械手臂轴;3—连接盘;
4、6—销子;5—传动盘;7—齿条;8—活塞杆

（2）机械手拔刀。如图 7-45 所示，抓刀动作结束时，齿条 17 上的挡环 12 压合位置开关 14，发出拔刀信号，液压缸 15 的上腔通入压力油，活塞杆推动机械手臂轴 16 下降实现拔刀动作。在机械手臂轴 16 下降时，传动盘 10 随之下降，其下端的销子 8（即图 7-46 中的销子 6）插入连接盘 5 的销孔中，连接盘 5 和其下面的齿轮 4 也是用螺钉联接的，它们空套在机械手臂轴 16 上。

（3）机械手换刀。当拔刀动作完成后，机械手臂轴 16 上的挡环 2 压合位置开关 1，发出换刀信号。这时，液压缸 20 的右腔通入压力油，活塞杆推着齿条 19 向左移动，使齿轮 4 和连接盘 5 转动，通过销子 8，由传动盘 10 带动机械手 21 转动 180°，交换两刀具位置，完成换刀动作。

（4）机械手插刀。换刀动作完成后，齿条 19 上的挡环 6 压合位置开关 9，发出插刀信号，使液压缸 15 的下腔通入压力油。活塞杆带动机械手臂轴 16 上升实现插刀动作。同时，传动盘 10 下面的销子 8 从连接盘 5 的销孔中移出。

（5）机械手复位。插刀动作完成后，机械手臂轴 16 上的挡环 2 压合位置开关 3，使液压缸 20 的左腔通入压力油，活塞杆带着齿条 19 向右移动复位，而齿轮 4 空转，机械手无动作。齿条 19 复位后，其上的挡环 6 压合位置开关 7，使液压缸 18 的左腔通入压力油，活塞杆带着齿条 17 向右移动，通过齿轮 11、传动盘 l0 及机械手臂轴 16 使机械手 21 反转 75°复位。机械手 21 复位后，齿条 17 上的挡环 12 压合位置开关 13，发出换刀完成信号，使刀套向上翻转 90°，为下次选刀做好准备。

5．工件交换系统

为了减少工件安装、调整等辅助时间，提高自动化生产水平，在有些加工中心上已经采用了多工位托盘自动交换机构。目前，较多地采用双工作台形式，如图 7-47 所示，当其中一个托盘工作台进入加工中心内进行自动循环加工时，另一个在机床外的托盘工作台就可以进行工件的装卸调整。这样，工件的装卸调整时间与机床加工时间重合，节省了加工辅助时间。图 7-48 所示为具有 10 工位托盘自动交换系统的柔性加工单元，托盘支承在圆柱环形导轨上，由内侧的环链拖动而实现回转，链轮由电动机驱动。

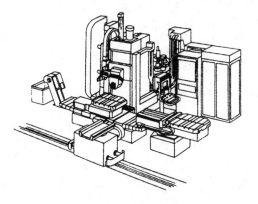

图 7-47　配备双工作台的加工中心

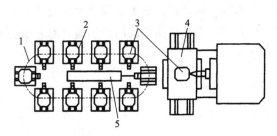

图 7-48　具有托盘自动交换系统的柔性加工单元

1—环形交换工作台；2—托盘座；3—托盘；

4—加工中心；5—托盘交换装置

思考与练习题

7-1 数控车床适用于哪些类型零件的加工？

7-2 数控车床怎样分类？数控车床由哪几部分组成？

7-3 对数控车床进行总体布局时，需要考虑哪些方面的问题？

7-4 斜床身和平床身-斜滑板这两种布局形式各有什么特点？

7-5 数控车床的机械结构包括哪些部分？数控车床的机械结构有哪些特点？

7-6 试分析 MJ-50 型数控车床主轴部件结构。

7-7 分析高速动力卡盘的工作原理。

7-8 分析四方回转刀架的工作原理。

7-9 分析六角回转刀架的工作原理。

7-10 分析盘形自动回转刀架的工作原理。

7-11 数控铣床适用于哪些类型零件的加工？

7-12 数控铣床怎样分类？数控铣床由哪几部分组成？

7-13 万能铣头部件主轴如何进行轴向定位？

7-14 万能铣头部件主轴轴承间隙如何进行消除？

7-15 试分析工作台纵向传动结构的工作原理。

7-16 试分析升降台升降传动结构的工作原理。

7-17 升降台自动平衡装置的作用是什么？试分析其工作原理。

7-18 加工中心适用于哪些类型零件的加工？如何选用加工中心？

7-19 加工中心怎样分类？加工中心由哪几部分组成？

7-20 试分析 JCS-018 型加工中心的主轴部件结构及特点。

7-21 自动换刀装置的形式有哪些？各有何特点？

7-22 刀库的形式有哪些？各有何特点？

7-23 刀具的选择方式有哪几种？各有何特点？

7-24 刀具的编码方式有哪些？

7-25 试述无机械手换刀的动作过程。

7-26 机械手有哪些类型？

7-27 试分析机械手结构及动作过程。

7-28 工件交换系统的作用是什么？试分析其工作过程。

参考文献 CANKAOWENXIAN

1. 张虎,周云飞,唐小琦,陈吉红.数控机床精度强化方法研究[J].机械与电子,2000(6)：46-49.

2. 王侃夫.机床数控技术基础[M].北京:机械工业出版社.2005.

3. 李宏胜.机床数控技术及应用[M].北京:高等教育出版社.2008.

4. 晏初宏.数控机床[M].北京:机械工业出版社.2004.

5. 罗学科,谢富春.数控原理与数控机床[M].北京:化学工业出版社.2004.

6. 雷才洪,陈志雄.数控机床[M].北京:科学出版社.2005.

7. 邹晔.典型数控系统及应用[M].北京:高等教育出版社.2009.

8. 郑堤.数控机床与编程[M].北京:机械工业出版社.2005.

9. 杨有君.数控技术[M].北京:机械工业出版社.2005.

10. 罗学科,赵玉侠.典型数控系统及其应用[M].北京:化学工业出版社.2006.

11. 王爱玲.数控原理及数控系统[M].北京:机械工业出版社.2006.

12. 晏初宏,袁金成.数控机床[M].长沙:中南大学出版社.2006.

13. 李业农.数控机床及其应用[M].北京:国防工业出版社.2006.

14. 蔡厚道,吴晗.数控机床构造[M].北京:北京理工大学出版社.2007.

15. 杨建明.数控加工工艺与编程[M].北京:北京理工大学出版社.2007.

16. 何伟.数控机床原理及应用[M].北京:机械工业出版社.2007.

17. 王志城.数控原理与控制系统[M].北京:国防工业出版社.2007.

18. 王金泉.现代数控车床[M].北京:中国轻工业出版社.2008.